高校核心课程学习指导丛书

微积分学习指导

上册

CALCULUS
STUDY GUIDE

第2版

陈祖墀 / 主审
段雅丽　叶　盛　顾新身 / 编著

中国科学技术大学出版社

内 容 简 介

本书基本上按照《微积分学导论》(上册)和《微积分》(上)的章节对应编写,包括极限与连续、单变量函数的微分学、单变量函数的积分学、微分方程等.每节包括知识要点、精选例题和小结三部分,尤其对基本概念和基本定理给出详细的注记,是微积分学课程教学内容的补充、延伸、拓展和深入,对教师在教学中不易展开的问题和学生学习、复习中的疑难问题进行了一定的探讨.

本书可作为理工科院校本科生学习微积分的辅导书及习题课的参考书,也可作为考研的复习指南.

图书在版编目(CIP)数据

微积分学习指导.上册/段雅丽,叶盛,顾新身编著.—2版.—合肥:中国科学技术大学出版社,2023.7

(高校核心课程学习指导丛书)

ISBN 978-7-312-05692-5

Ⅰ.微… Ⅱ.①段… ②叶… ③顾… Ⅲ.微积分—高等学校—教学参考资料 Ⅳ.O172

中国国家版本馆CIP数据核字(2023)第091225号

微积分学习指导(上册)

WEI-JIFEN XUEXI ZHIDAO(SHANG CE)

出版 中国科学技术大学出版社
安徽省合肥市金寨路96号,230026
http://press.ustc.edu.cn
https://zgkxjsdxcbs.tmall.com

印刷 安徽省瑞隆印务有限公司

发行 中国科学技术大学出版社

开本 710 mm×1000 mm 1/16

印张 17.75

字数 355千

版次 2014年8月第1版 2023年7月第2版

印次 2023年7月第6次印刷

定价 59.00元

序

微积分课程是大学生, 特别是理工科大学生最重要的基础课程之一, 它对后续课程有直接的影响. 学好微积分对刚入学的大学生有至关重要的作用.

数学大师陈省身先生说过, 数学是做出来的, 不是读出来的. 也就是说, 做数学题是提高数学素质的关键一步. 如何做题? 怎样把题目做好? 做题的思想是如何想出来的? 等等, 由段雅丽副教授、叶盛副教授和顾新身教授撰写的这本《微积分学习指导》全面地回答了这些问题. 他们在中国科学技术大学从事微积分课程的教学工作十余年, 具有丰富的教学经验, 对学生的要求有具体的了解, 从而写出的这本书深刻、生动、翔实, 贴近学生诉求, 解答了学生在解题中的诸多困惑. 特别是对很多题目给出了解题的思路和适用的方法, 让学生不但知其然, 还知其所以然. 另外, 紧扣微积分教材各章节内容, 对很多典型的题目给出多思多解, 还收编或改编了中国科学技术大学多年来的期末或期中考试题目, 并对其作了分析与解答.

我深信这本书将成为学生学习微积分过程中的良师益友.

陈祖墀

2014 年 4 月

中国科学技术大学数学科学学院

写在中国科学技术大学校园樱花盛开的季节

第 2 版前言

《微积分学习指导》作为中国科学技术大学非数学专业的基础课“单变量微积分”“多变量微积分”“数学分析 B”的辅导教材，自 2014 年推出以来，受到广大师生的欢迎，并得到了读者的积极反馈.

鉴于目前非数学专业的基础课“微积分”选用教材《微积分学导论》、“数学分析 B”选用教材《数学分析讲义》，为了兼顾适用这两种教材，现对《微积分学习指导》（上、下册）进行修订.

本版将部分较简单的习题更换为偏分析性的例题，增加一些具有一般推广结论性和知识点综合性例题及分析类的例题，把以前相应的例题编为思考题. 在相应章节增加一些大学生数学竞赛试题、考研试题及“数学分析 B”的期中和期末试题. 对于所提出的小的勘误，我们已经在这几年的新的印刷批次中逐一校正.

另外，在新的教育环境和社会大背景下，会有更多的本科生需要了解研究生入学考试及大学生数学竞赛，并为其做好准备. 所以有必要在修订版里增加这方面的例题，更有针对性地为不同层次的学生提供帮助. 相信这也同样会受到校外读者的大力欢迎.

编著者

2023 年 4 月

前　　言

微积分是一门非常重要的基础课, 为了帮助广大学生学好微积分这门课程, 我们根据多年的教学经验, 编写了这本与教材相配套的辅导书, 基本上按照《微积分学导论》(上册) 和《微积分》(上) 的章节对应编写. 每节包括知识要点、精选例题和小结三部分. 知识要点部分对基本概念和基本定理作了简述和分析, 给出详细的注记, 包括举反例、作对比等, 对有些定理作了相应拓展. 在精选例题部分, 选择了有代表性的典型例题, 阐述了解题方法、解题思路与运算技巧, 几乎每道题都以"分析"或"注记"的形式给出解题思路或拓展性的解读; 注记中给出了题型归类、方法指导或题目延伸等, 有的是一题多解, 有的是一题在不同条件下的解读, 有的综合多个知识点, 涉及多个章节的内容, 由简到难, 多方面分析, 意在培养学生分析问题、解决问题的能力; 同时, 有的例题后面还有相关的思考题, 以培养学生的独立思考能力, 更好地巩固所学知识, 提高实际解题能力. 小结部分对每节题型或知识点作提纲性的总结.

本书是微积分教学的重要辅导书, 对教师教学中不易展开的问题和学生学习中的疑难问题进行了一定的探讨. 例题中选编或改编了一些中国科学技术大学非数学专业本科生期中或期末试题及全国硕士研究生入学考试数学试题, 进行归纳分类, 给出分析与解答, 开阔思路, 使学生所学知识融会贯通. 另外, 整本书的例题序号按自然数编排, 这样视觉上直观、简洁, 并且便于老师与学生或读者之间的交流.

本书可作为理工科院校本科生学习微积分的辅导书及习题课的参考书, 也可作为考研的复习指南.

对在编写过程中所有给予帮助的同事们和朋友们表示由衷的感谢, 特别感谢陈祖墀教授, 他为我们编写此书提供了指导性建议和意见, 并给予了鼓励与帮助.

由于水平有限, 本书错漏和不当之处在所难免, 还望读者指正.

编著者
2014 年 4 月
中国科学技术大学数学科学学院

目　　次

第 1 章　极限与连续

1.1　预 备 知 识

首先, 我们介绍一些基础而重要的等式和不等式 (证明略), 以供读者查阅使用.

1. 合比与分比的关系

设所有分母 a_i 不为零且同号 (同大于零或同小于零), 则有

$$\min\left\{\frac{b_i}{a_i}\right\}_{i=1}^{n} \leqslant \frac{\sum\limits_{i=1}^{n} b_i}{\sum\limits_{i=1}^{n} a_i} \leqslant \max\left\{\frac{b_i}{a_i}\right\}_{i=1}^{n},$$

其中等号成立当且仅当分比 $\left\{\dfrac{b_i}{a_i}\right\}_{i=1}^{n}$ 全相等.

2. 乘积的变差

$$AB-ab=A(B-b)+b(A-a).$$

3. 三角不等式

对任给的两个实数 a, b 都有

$$\big||a|-|b|\big| \leqslant |a\pm b| \leqslant |a|+|b|.$$

4. 阿贝尔 (Abel) 分部求和及其估算

记 $A_k=a_1+a_2+\cdots+a_k$, $1\leqslant k\leqslant n$, 则有:

(1) $\sum\limits_{k=1}^{n} a_k b_k = A_n b_n + \sum\limits_{k=1}^{n-1} A_k(b_k - b_{k+1})$;

(2) 若对于 $k=1,2,\cdots,n$ 皆有 $|A_k| \leqslant L$, 且数列 $\{b_k\}_{k=1}^{n}$ 是单调的, 那么

$$\left|\sum_{k=1}^{n} a_k b_k\right| \leqslant L(|b_1| + 2|b_n|);$$

(3) 若对于 $k=1,2,\cdots,n$ 皆有 $m \leqslant A_k \leqslant M$, 且 $\{b_k\}_{k=1}^{n}$ 是非负单调递减的, 那么

$$mb_1 \leqslant \sum_{k=1}^{n} a_k b_k \leqslant Mb_1.$$

5. 余弦 (正弦) 和式

当 x 不是 2π 的整数倍时, 有

$$\sum_{k=1}^{n} \cos(a+kx) = \frac{\sin\left(a+\left(n+\frac{1}{2}\right)x\right) - \sin\left(a+\frac{x}{2}\right)}{2\sin\frac{x}{2}};$$

$$\sum_{k=1}^{n} \sin(a+kx) = \frac{\cos\left(a+\frac{x}{2}\right) - \cos\left(a+\left(n+\frac{1}{2}\right)x\right)}{2\sin\frac{x}{2}}.$$

6. 伯努利 (Bernoulli) 不等式

假设 $-1 < h \neq 0$, 则有:

(1) 当 $0 < \alpha < 1$ 时, $(1+h)^\alpha < 1 + \alpha h$;

(2) 当 $\alpha > 1$ 或 $\alpha < 0$ 时, $(1+h)^\alpha > 1 + \alpha h$.

7. 加权均值不等式

假设 $\lambda_1 + \lambda_2 + \cdots + \lambda_n = 1$, $\lambda_i > 0$ $(i = 1,2,\cdots,n; n \geqslant 2)$, 则对任给的 n 个正数 x_1, x_2, $\cdots$, x_n, 都有

$$\frac{1}{\sum\limits_{i=1}^{n} \frac{\lambda_i}{x_i}} \leqslant \prod_{i=1}^{n} x_i^{\lambda_i} \leqslant \sum_{i=1}^{n} \lambda_i\, x_i,$$

其中等号成立当且仅当 $x_1, x_2, \cdots, x_n$ 全相等.

(当 λ_i 皆为 $\dfrac{1}{n}$ 时, 上式便是平均值不等式.)

8. 赫尔德 (Hölder) 不等式

设 $x_1,x_2,\cdots,x_n;y_1,y_2,\cdots,y_n$ 为两组不全为零的非负实数 $(n\geqslant 2)$, $p>1$, $q>1$, $\dfrac{1}{p}+\dfrac{1}{q}=1$, 则有

$$\sum_{i=1}^{n}x_iy_i\leqslant\left(\sum_{i=1}^{n}x_i^p\right)^{\frac{1}{p}}\left(\sum_{i=1}^{n}y_i^q\right)^{\frac{1}{q}},$$

其中等式成立当且仅当存在常数 $\lambda>0$, 使得对于 $i=1,2,\cdots,n$ 皆有 $x_i^p=\lambda y_i^q$.

(当 $p=q=2$ 时, 即柯西 (Cauchy)-施瓦茨 (Schwarz) 不等式.)

9. 闵可夫斯基 (Minkowski) 不等式

设 $x_1,x_2,\cdots,x_n;y_1,y_2,\cdots,y_n$ 为两组不全为零的非负实数 $(n\geqslant 2)$, $p>1$, 则有

$$\left[\sum_{i=1}^{n}(x_i+y_i)^p\right]^{\frac{1}{p}}\leqslant\left(\sum_{i=1}^{n}x_i^p\right)^{\frac{1}{p}}+\left(\sum_{i=1}^{n}y_i^p\right)^{\frac{1}{p}},$$

其中等式成立当且仅当存在常数 $\lambda>0$, 使得对于 $i=1,2,\cdots,n$ 皆有 $x_i=\lambda y_i$.

(当 $p=2$ 时, 就是通常的三角不等式.)

注记　(1) 前五条有中学知识范围内的初等证明.

(2) 写出函数 $f(h)=(1+h)^\alpha$ 在 $h=0$ 处的一阶带拉格朗日 (Lagrange) 余项的泰勒 (Taylor) 展式, 并以此可以证明结论 6 (伯努利不等式).

(3) 结论 6(1) 与结论 7 ($n=2$ 情形) 等价. 实际上, 结论 6(1) 可改写为: 当 $0<1+h\neq 1$ 时

$$1^{1-\alpha}(1+h)^\alpha<(1-\alpha)\cdot 1+\alpha\cdot(1+h);$$

而结论 7($n=2$ 情形) 可写成: 当 $0<\alpha<1$, $x_1>0$, $x_2>0$, $x_1\neq x_2$ 时

$$x_1^{1-\alpha}x_2^\alpha<(1-\alpha)\cdot x_1+\alpha\cdot x_2 \iff (1+h)^\alpha<1+\alpha h\ ,$$

其中 $h=\dfrac{x_2}{x_1}-1$.

(4) 在结论 7(加权均值不等式) 中, $n=2$ 情形蕴含一般的 $n\geqslant 2$ 情形 (数学归纳法).

(5) $\ln x$ 在区间 $(0,+\infty)$ 中是凹函数, 可用此事实证明结论 7.

(6) 由结论 7 ($n=2$ 情形) 证结论 8 (赫尔德不等式), 由结论 8 证结论 9 (闵可夫斯基不等式). 关于结论 8 与结论 9, 读者还可参考书末综合练习题中积分意义上两相应不等式的证明方法.

1.2 数列极限

知识要点

◇ **数列极限的定义**

(**ε-N 定义**) 设有数列 $\{a_n\}$ 及实数 a, 若对任给的 $\varepsilon>0$, 总存在自然数 $N=N(\varepsilon)$, 使得当 $n>N$ 时, 都有

$$|a_n-a|<\varepsilon,$$

则称数列 $\{a_n\}$ 收敛于 a, 或称 a 是 $\{a_n\}$ 的极限, 记为

$$\lim_{n\to\infty} a_n=a \quad 或 \quad a_n\to a \quad (n\to\infty).$$

也就是

$$\lim_{n\to\infty} a_n=a \Longleftrightarrow 对\forall\ \varepsilon>0, \exists\ N=N(\varepsilon)\in\mathbb{N}, 使得当 n>N 时, 恒有 |a_n-a|<\varepsilon.$$

注记 (1) 收敛性的定义中, 至关重要的是**正数 ε 的任意性**、与之相关的合乎要求的**自然数 N 的存在性**, 至于 $N=N(\varepsilon)$ 的大小以及它是否是合乎要求的最小的自然数都无关紧要.

(2) 收敛性的定义中, 作如下改变, 仍然得到等价的定义. 比如将“对任给的 $\varepsilon>0$”换为“对任给的 $0<\varepsilon<1$”, 或“对任给的 $\varepsilon=\dfrac{1}{n}$ (n 是正整数)”; 又比如将“$|a_n-a|<\varepsilon$”中的“$<\varepsilon$”换为“$\leqslant\varepsilon$”, 或将“ε”换为“$\dfrac{1}{3}\varepsilon$”“2ε”“ε^3”“$\sqrt{\varepsilon}$”或“$\ln(1+\varepsilon)$”等, 也都与原定义等价.

(3) 增加、减少或改变数列的有限项不影响一个数列的敛散性.

(4) $\{a_n\}$ 不以 a 为极限 (可能收敛但收敛值不等于 a) 描述为: 对实数 a, $\exists\,\varepsilon_0>0$, 对 $\forall\,N\in\mathbb{N}$, 总存在 $n_0>N$, 满足

$$|a_{n_0}-a|\geqslant\varepsilon_0.$$

记为 $a_n\not\to a(n\to\infty)$.

(5) 如果数列 $\{a_n\}$ 不以任意实数 a 为极限, 即 $\{a_n\}$ 没有极限, 此时称 $\{a_n\}$ 为**发散数列**, 即对 $\forall a\in\mathbb{R}$, $\exists\,\varepsilon_0>0$, 使得对 $\forall\,N\in\mathbb{N}$, 总存在 $n_0>N$, 满足

$$|a_{n_0}-a|\geqslant\varepsilon_0.$$

特别地, 若对任给的 $M>0$, 总存在自然数 N_M, 使得只要 $n>N_M$ 就有 $|a_n|>M$, 则称数列 $\{a_n\}$ 发散到无穷, 或称当 $n\to\infty$ 时 $\{a_n\}$ 是**无穷大量**, 并记 $\lim\limits_{n\to\infty}a_n=\infty$ (类似地定义 $\lim\limits_{n\to\infty}a_n=+\infty$ 和 $\lim\limits_{n\to\infty}a_n=-\infty$).

◇ 收敛数列的性质

1. 有界性

收敛数列 $\{a_n\}$ 一定是有界的, 即存在 $M>0$, 使得对所有 $n\in\mathbb{N}$, 成立 $|a_n|\leqslant M$.

注记　有界性只是数列收敛的必要条件, 但不是充分条件, 即“有界数列未必收敛, 无界数列一定发散”.

2. 极限唯一性

收敛数列的极限是唯一的.

3. 四则运算性

设数列 $\{a_n\}$ 和 $\{b_n\}$ 都收敛, 则有:

(1) $\lim\limits_{n\to\infty}(a_n \pm b_n) = \lim\limits_{n\to\infty} a_n \pm \lim\limits_{n\to\infty} b_n$;

(2) $\lim\limits_{n\to\infty}(a_n b_n) = \lim\limits_{n\to\infty} a_n \lim\limits_{n\to\infty} b_n$;

(3) $\lim\limits_{n\to\infty}\dfrac{a_n}{b_n} = \dfrac{\lim\limits_{n\to\infty} a_n}{\lim\limits_{n\to\infty} b_n}\ (\lim\limits_{n\to\infty} b_n \neq 0)$.

4. 线性性质

若数列 $\{a_n\}$ 与 $\{b_n\}$ 皆收敛, 则 a_n 与 b_n 的线性组合也收敛, 且

$$\lim_{n\to\infty}(c_1 a_n + c_2 b_n) = c_1 \lim_{n\to\infty} a_n + c_2 \lim_{n\to\infty} b_n,$$

其中 c_1 与 c_2 是两个常数.

5. 保序性

设数列 $\{a_n\}$ 和 $\{b_n\}$ 都收敛.

(1) 如果当 n 充分大时 $a_n \geqslant b_n$, 则 $\lim\limits_{n\to\infty} a_n \geqslant \lim\limits_{n\to\infty} b_n$;

(2) 如果 $\lim\limits_{n\to\infty} a_n > \lim\limits_{n\to\infty} b_n$, 则当 n 充分大时 $a_n > b_n$.

特别地:

(1) 如果当 n 充分大时 $a_n \geqslant 0$, 则 $\lim\limits_{n\to\infty} a_n \geqslant 0$;

(2) 如果 $\lim\limits_{n\to\infty} a_n > 0$, 则当 n 充分大时 $a_n > 0$;

(3) 如果当 n 充分大时 $b \leqslant a_n \leqslant c$, 则 $b \leqslant \lim\limits_{n\to\infty} a_n \leqslant c$;

(4) 如果 b 和 c 两个实数满足 $b < \lim\limits_{n\to\infty} a_n < c$, 则当 n 充分大时 $b < a_n < c$.

注记 这就是数列极限的**最终保序性**, 即如果收敛数列 $\{a_n\}$ 的极限值落入实数集的某个开区间内, 则当 n 足够大以后, 所有 a_n 都将落入这个开区间内; 另一方面, 如果当 n 充分大时, 数列 $\{b_n\}$ 的各项全都在实数集的某个闭区间上, 则在 $\{b_n\}$ 收敛的情形下, 其极限值也必然落在这个闭区间上.

6. 夹逼性

若数列 $\{a_n\}$ 与 $\{b_n\}$ 满足 $|a_n| \leqslant b_n\ (n = 1, 2, \cdots)$, $\lim\limits_{n\to\infty} b_n = 0$, 则 $\{a_n\}$ 也收敛且 $\lim\limits_{n\to\infty} a_n = 0$ (这是收敛性判别法之一的夹逼定理的简单情形).

7. 子列收敛性

数列 $\{a_n\}$ 收敛于 $a \Longleftrightarrow \{a_n\}$ 的所有子列皆收敛于 a.

注记 极限的四则运算性蕴含线性性质, 之所以把线性性质从四则运算性中单列出来, 是因为线性性质是基本而重要的. 求导运算、(不) 定积分运算也都具有线性性质, 但它们的线性性质均来自于极限的线性性质.

◇ 判别数列收敛的方法

1. 利用数列收敛的 ε-N 定义

关键是如何找到 N, 一般有两种方法: 定义分析法和适当放大法.

(1) 定义分析法

通过解不等式, 从 $|a_n - a| < \varepsilon$ 中解出 n, 即可求得 N.

(2) 适当放大法

有时 $|a_n - a| < \varepsilon$ 比较复杂, 不便解出 n, 可考虑

$$|a_n - a| \leqslant f(n) < \varepsilon,$$

$f(n)$ 要形式简单, 易从 $f(n) < \varepsilon$ 解出 n.

另外, 并不要求对所有的 n 都满足 $|a_n - a| \leqslant f(n)$, 只要 $n > N_1$ (N_1 是某个自然数) 时满足即可, 而从 $f(n) < \varepsilon$ 解出 $n > N_2$, 令 $N = \max\{N_1, N_2\}$, 则 $n > N$ 时, 有 $|a_n - a| < \varepsilon$.

2. 夹逼定理

如果数列 $\{b_n\}$ 和 $\{c_n\}$ 都收敛于 l, 且从某项 a_n 开始, 总有

$$b_n \leqslant a_n \leqslant c_n,$$

则数列 $\{a_n\}$ 也收敛于 l.

3. 单调有界判别法

单调递增 (减) 有上 (下) 界的数列必然收敛.

4. 柯西收敛准则

数列 $\{a_n\}$ 收敛 $\Longleftrightarrow$ 对 $\forall\varepsilon>0$, $\exists N(\varepsilon)\in\mathbb{N}$, 使得当 $n>N(\varepsilon)$ 时, $|a_{n+p}-a_n|<\varepsilon$ 对一切正整数 p 都成立.

从柯西收敛准则得: 数列 $\{a_n\}$ 发散 $\Longleftrightarrow$ $\exists\varepsilon_0>0$, 使得对 $\forall N\in\mathbb{N}$, 有自然数 $n'>N, n''>N$, 满足 $|a_{n'}-a_{n''}|\geqslant\varepsilon_0$.

注记 某些情况下, 斯托尔兹 (Stolz) 定理也是计算数列极限值或判断数列是否收敛的有效方法 (在例题中参见该定理及其证明).

精选例题

例 1 若数列 $\{a_n\}$ 的奇偶子列分别满足

$$\lim_{k\to\infty} a_{2k+1}=a \quad 和 \quad \lim_{k\to\infty} a_{2k}=a,$$

试证: $\lim\limits_{n\to\infty} a_n=a$.

证明 由 $\lim\limits_{k\to\infty} a_{2k+1}=a$, 即对 $\forall\ \varepsilon>0$, $\exists N_1\in\mathbb{N}$, 使得当 $k>N_1$ 时, 有 $|a_{2k+1}-a|<\varepsilon$;

再由 $\lim\limits_{k\to\infty} a_{2k}=a$, 则对上面的 ε, $\exists N_2\in\mathbb{N}$, 使得当 $k>N_2$ 时, 有 $|a_{2k}-a|<\varepsilon$. 取

$$N=2\max\{N_1,N_2\}+1,$$

则当 $n>N$ 时, $|a_n-a|<\varepsilon$, 即 $\lim\limits_{n\to\infty} a_n=a$.

注记 这实质是等价命题, 即

$$\lim_{n\to\infty} a_n=a \Longleftrightarrow \lim_{k\to\infty} a_{2k}=a \quad 且 \quad \lim_{k\to\infty} a_{2k+1}=a.$$

例 2 设 $a_n\geqslant 0$, $\lim\limits_{n\to\infty} a_n=a$, 试证:

(1) $\lim\limits_{n\to\infty}\sqrt{a_n}=\sqrt{a}$; (2) $\lim\limits_{n\to\infty}\sqrt[3]{a_n}=\sqrt[3]{a}$.

证明 两式证法类似, 选证式 (2). 由极限的保号性知 $a\geqslant 0$.

当 $a=0$ 时, 用数列极限的 ε-N 定义来证.

由 $\lim\limits_{n\to\infty} a_n=0$, 即对 $\forall\varepsilon>0$, $\exists N\in\mathbb{N}$, 使得当 $n>N$ 时, 有 $0\leqslant a_n<\varepsilon^3$. 因而当 $n>N$ 时, $0\leqslant\sqrt[3]{a_n}<\varepsilon$, 故由定义, $\lim\limits_{n\to\infty}\sqrt[3]{a_n}=0$.

当 $a>0$ 时, 由分母有理化及适当放大得不等式

$$|\sqrt[3]{a_n}-\sqrt[3]{a}|=\left|\frac{(\sqrt[3]{a_n})^3-(\sqrt[3]{a})^3}{\sqrt[3]{a_n^2}+\sqrt[3]{a_n}\cdot\sqrt[3]{a}+\sqrt[3]{a^2}}\right|\leqslant\frac{|a_n-a|}{\sqrt[3]{a^2}}.$$

令 $n\to\infty$, 由夹逼定理得

$$\lim_{n\to\infty}(\sqrt[3]{a_n}-\sqrt[3]{a})=0 \quad 即 \quad \lim_{n\to\infty}\sqrt[3]{a_n}=\sqrt[3]{a}.$$

注记 一般地, 设 $a_n\geqslant 0$, $\lim\limits_{n\to\infty}a_n=a$, 则 $\lim\limits_{n\to\infty}\sqrt[k]{a_n}=\sqrt[k]{a}$, 其中 k 为正整数.

例 3 求下列极限:

(1) $\lim\limits_{n\to\infty}\dfrac{3n^2-5n+8}{\sqrt{4n^4+3n}}$; (2) $\lim\limits_{n\to\infty}\dfrac{3^n+2^{n+3}}{\sqrt[3]{27^n-9^{n+1}}}$.

分析 先对数列通项实施恒等变形, 再利用极限的四则运算及例 2 的结论.

解 (1)
$$\lim_{n\to\infty}\frac{3n^2-5n+8}{\sqrt{4n^4+3n}}=\lim_{n\to\infty}\frac{3-\dfrac{5}{n}+\dfrac{8}{n^2}}{\sqrt{4+\dfrac{3}{n^3}}}=\frac{\lim\limits_{n\to\infty}\left(3-\dfrac{5}{n}+\dfrac{8}{n^2}\right)}{\lim\limits_{n\to\infty}\sqrt{4+\dfrac{3}{n^3}}}=\frac{3}{\sqrt{4}}=\frac{3}{2}.$$

(2)
$$\lim_{n\to\infty}\frac{3^n+2^{n+3}}{\sqrt[3]{27^n-9^{n+1}}}=\lim_{n\to\infty}\frac{1+8\cdot\left(\dfrac{2}{3}\right)^n}{\sqrt[3]{1-9\cdot\left(\dfrac{1}{3}\right)^n}}=\frac{\lim\limits_{n\to\infty}\left[1+8\cdot\left(\dfrac{2}{3}\right)^n\right]}{\lim\limits_{n\to\infty}\sqrt[3]{1-9\cdot\left(\dfrac{1}{3}\right)^n}}=\frac{1}{\sqrt[3]{1}}=1.$$

例 4 试证: (1) $\lim\limits_{n\to\infty}\sqrt[n]{n}=1$; (2) $\lim\limits_{n\to\infty}\sqrt[n]{a}=1\,(a>0)$.

证明 (1) 由平均值不等式, 当 $n\geqslant 3$ 时 (下述表示中有 $n-2$ 个 1)

$$1<\sqrt[n]{n}=\sqrt[n]{\sqrt{n}\cdot\sqrt{n}\cdot 1\cdot\cdots\cdot 1}<\frac{\sqrt{n}+\sqrt{n}+1+\cdots+1}{n}=\frac{2}{\sqrt{n}}+\frac{n-2}{n}.$$

令 $n\to\infty$, 并利用夹逼定理得

$$\lim_{n\to\infty}\sqrt[n]{n}=1\quad\left(\Longrightarrow\lim_{n\to\infty}\frac{\ln n}{n}=0\right).$$

(2) 当 $a\geqslant 1$ 且 $n\geqslant a$ 时

$$1\leqslant\sqrt[n]{a}\leqslant\sqrt[n]{n}.$$

令 $n\to\infty$, 并利用 (1) 的结论和夹逼定理得

$$\lim_{n\to\infty}\sqrt[n]{a}=1\quad(a\geqslant 1).$$

当 $0<a<1$ 时, $\dfrac{1}{a}>1$, 有

$$\lim_{n\to\infty}\sqrt[n]{a}=\lim_{n\to\infty}\frac{1}{\sqrt[n]{\dfrac{1}{a}}}=\frac{1}{1}=1.$$

故有

$$\lim_{n\to\infty}\sqrt[n]{a}=1\quad(a>0)\ .$$

例 5 设数列 $\{a_n\}$ 满足 $0<a_n<2,\ a_{n+1}(2-a_n)\geqslant 1$, 证明 $\{a_n\}$ 是单调增数列, 并求极限 $\lim\limits_{n\to\infty}a_n$.

证明 由已知, 得 $2-a_n>0,\ a_{n+1}\geqslant\dfrac{1}{2-a_n}$, 故有

$$a_{n+1}-a_n\geqslant\frac{1}{2-a_n}-a_n=\frac{(1-a_n)^2}{2-a_n}\geqslant 0\quad 即\quad a_{n+1}\geqslant a_n,$$

则 $\{a_n\}$ 是单调增有上界的数列, 所以数列 $\{a_n\}$ 收敛.

设 $\lim\limits_{n\to\infty}a_n=a$, 则对 $a_{n+1}(2-a_n)\geqslant 1$ 两边取极限 $(n\to\infty)$, 得

$$a(2-a)\geqslant 1\quad 即\quad (1-a)^2\leqslant 0,$$

因而必有 $a=1$, 即 $\lim\limits_{n\to\infty}a_n=1$.

例 6 令 $a_0=\dfrac{1}{5},\ a_{n+1}=\dfrac{1}{2}\left(1+\dfrac{1}{a_n}\right),\ n=0,1,2,\cdots$, 证明数列 $\{a_n\}$ 收敛, 并求其极限值.

证明　(提要) 易见, 偶子列 $\{a_{2k}\}_{k=0}^{\infty}$ 的通项都满足 $0<a_{2k}<1$, 而奇子列 $\{a_{2k+1}\}_{k=0}^{\infty}$ 的通项都满足 $a_{2k+1}>1$. 又因为

$$a_0=\frac{1}{5},\quad a_1=3,\quad a_2=\frac{2}{3},\quad a_3=\frac{5}{4},\quad a_2-a_0>0,\quad a_3-a_1<0,$$

$$a_{n+2}=\frac{1}{2}\left(1+\frac{1}{a_{n+1}}\right)=\frac{1}{2}\left(1+\frac{1}{\frac{1}{2}\left(1+\frac{1}{a_n}\right)}\right)=\frac{1}{2}+\frac{a_n}{1+a_n},\quad n=0,1,2,\cdots,\tag{1}$$

以及当 $n\geqslant 2$ 时

$$a_{n+2}-a_n=\left(\frac{1}{2}+\frac{a_n}{1+a_n}\right)-\left(\frac{1}{2}+\frac{a_{n-2}}{1+a_{n-2}}\right)=\frac{a_n-a_{n-2}}{(1+a_n)(1+a_{n-2})},$$

由此式知, $a_{n+2}-a_n$ 与 a_n-a_{n-2} 同号 $(n=2,3,4,\cdots)$, 并且偶子列 $\{a_{2k}\}_{k=0}^{\infty}$ 在区间 $(0,1)$ 内严格单调增, 奇子列 $\{a_{2k+1}\}_{k=0}^{\infty}$ 在区间 $(1,+\infty)$ 内严格单调减, 由单调有界定理, 两子列都收敛.

令 $\lim\limits_{k\to\infty}a_{2k}=a\ (0<a\leqslant 1)$, 则对式 (1) 两边取极限 $(n=2k\to\infty)$, 得

$$a=\frac{1}{2}+\frac{a}{1+a}\quad 即\quad 2a^2-a-1=0,$$

上述方程在 $a>0$ 中仅有唯一解 $a=1$, 即偶子列极限

$$\lim_{k\to\infty}a_{2k}=1.$$

同理, 得奇子列极限

$$\lim_{k\to\infty}a_{2k+1}=1.$$

故数列 $\{a_n\}$ 收敛, 并有 $\lim\limits_{n\to\infty}a_n=1$.

注记　可以证明, 一般地, 若任给正数 $a_0\neq 1$, 令 $a_{n+1}=\dfrac{1}{2}\left(1+\dfrac{1}{a_n}\right)$, $n=0,1,2,\cdots$, 则有 $\lim\limits_{n\to\infty}a_n=1$, 并且 $\{a_n\}_{n=0}^{\infty}$ 的奇偶子列分别都是严格单调的.

例 7　记 $a_n=\sum\limits_{k=1}^{n}\dfrac{\sin(k!)}{k^2}$, $n=1,2,\cdots$. 试证: 数列 $\{a_n\}$ 收敛.

证明 对于正整数 n,p 有

$$|a_{n+p}-a_n| \leqslant \sum_{k=n+1}^{n+p}\frac{|\sin(k!)|}{k^2} \leqslant \sum_{k=n+1}^{n+p}\frac{1}{k^2} \leqslant \sum_{k=n+1}^{n+p}\frac{1}{(k-1)k} \qquad \text{(裂项相消法)}$$

$$= \sum_{k=n+1}^{n+p}\left(\frac{1}{k-1}-\frac{1}{k}\right) = \frac{1}{n}-\frac{1}{n+p} < \frac{1}{n}.$$

所以对 $\forall\varepsilon>0$, 当 $n>\left[\dfrac{1}{\varepsilon}\right]$ 时, 有

$$|a_{n+p}-a_n| < \frac{1}{n} < \varepsilon,$$

对一切正整数 p 都成立. 由柯西收敛准则, 数列 $\{a_n\}$ 收敛.

例 8 记 $e_n=\left(1+\dfrac{1}{n}\right)^n$, $d_n=\left(1+\dfrac{1}{n}\right)^{n+1}$, $n=1,2,\cdots$, 试证:

(1) $e_n<e_{n+1}<d_{n+1}<d_n, n=1,2,\cdots$ ($\Longrightarrow e_n<\mathrm{e}<d_n, n=1,2,\cdots$, 其中 e 是数列 $\{e_n\}$ 和 $\{d_n\}$ 的共同极限值, 即自然对数的底);

(2) $\dfrac{(n+1)^n}{n!}<\mathrm{e}^n<\dfrac{(n+1)^{n+1}}{n!}$;

(3) $\lim\limits_{n\to\infty}\dfrac{n}{\sqrt[n]{n!}}=\mathrm{e}$.

证明 (1) 仅需要证明数列 $\{e_n\}$ 严格单调增, $\{d_n\}$ 严格单调减. 实际上, 利用平均值不等式, 对所有正整数 n,

$$e_n=\left(\frac{n+1}{n}\right)^n=\left(\frac{n+1}{n}\right)^n\cdot 1<\left(\frac{n\cdot\left(\dfrac{n+1}{n}\right)+1}{n+1}\right)^{n+1}=\left(\frac{n+2}{n+1}\right)^{n+1}=e_{n+1};$$

$$\frac{1}{d_n}=\left(\frac{n}{n+1}\right)^{n+1}=\left(\frac{n}{n+1}\right)^{n+1}\cdot 1<\left(\frac{(n+1)\cdot\left(\dfrac{n}{n+1}\right)+1}{n+2}\right)^{n+2}$$

$$=\left(\frac{n+1}{n+2}\right)^{n+2}=\frac{1}{d_{n+1}}.$$

从而 (1) 得证.

(2) 利用 (1) 的结论, 有 $e_1e_2\cdots e_n<\mathrm{e}^n<d_1d_2\cdots d_n$, 也就是

$$\prod_{k=1}^{n}\left(\frac{k+1}{k}\right)^k<\mathrm{e}^n<\prod_{k=1}^{n}\left(\frac{k+1}{k}\right)^{k+1},$$

即

$$\frac{(n+1)^n}{n!} < \mathrm{e}^n < \frac{(n+1)^{n+1}}{n!}.$$

(3) 注意到 (2) 中结论等价于

$$\frac{1}{\sqrt[n]{n+1}} \cdot \frac{\mathrm{e}}{n+1} < \frac{1}{\sqrt[n]{n!}} < \frac{\mathrm{e}}{n+1},$$

即

$$\frac{1}{\sqrt[n]{n+1}} \cdot \frac{n\mathrm{e}}{n+1} < \frac{n}{\sqrt[n]{n!}} < \frac{n\mathrm{e}}{n+1}.$$

令 $n \to \infty$, 并利用夹逼定理即得 $\lim\limits_{n\to\infty} \dfrac{n}{\sqrt[n]{n!}} = \mathrm{e}$.

例 9　证明数列 $\{x_n\}$ 的极限存在, 其中 $x_n = 1 + \dfrac{1}{2} + \dfrac{1}{3} + \cdots + \dfrac{1}{n} - \ln n$.

证明　对例 8 (1) $\left(1+\dfrac{1}{n}\right)^n < \mathrm{e} < \left(1+\dfrac{1}{n}\right)^{n+1}$, 左右两边的不等式分别取对数, 即得不等式 $\dfrac{1}{n+1} < \ln\left(1+\dfrac{1}{n}\right) < \dfrac{1}{n}$, 则

$$x_{n+1} - x_n = \frac{1}{n+1} - \ln(n+1) + \ln n < 0,$$

数列 $\{x_n\}$ 单调减. 又

$$x_n > \ln(1+1) + \ln(1+\frac{1}{2}) + \cdots + \ln(1+\frac{1}{n}) - \ln n = \ln(n+1) - \ln n > 0,$$

数列 $\{x_n\}$ 单调递减有下界, 所以由单调有界定理知数列 $\{x_n\}$ 收敛.

此数列的极限为 **Euler 常数**$\gamma \approx 0.5772156649\cdots$.

例 10　设正数列 $\{a_n\}$ 的部分和数列 $\left\{A_n = \sum\limits_{k=1}^{n} a_k\right\}$ 收敛于有限值 A, 记 $P_n = \prod\limits_{k=1}^{n}(1+a_k)$, 试证: 数列 $\{P_n\}$ 收敛.

证明　由于 $\{a_n\}$ 是正数列, 显然 $\{A_n\}$ 与 $\{P_n\}$ 都是严格单调增的数列 (且 $A_n < A$), 下证 $\{P_n\}$ 有上界. 实际上, 利用平均值不等式得

$$\begin{aligned} P_n = \prod_{k=1}^{n}(1+a_k) &\leqslant \left(\frac{(1+a_1)+(1+a_2)+\cdots+(1+a_n)}{n}\right)^n \\ &= \left(1+\frac{A_n}{n}\right)^n < \left(1+\frac{A}{n}\right)^n, \end{aligned}$$

由于数列 $\left\{\left(1+\dfrac{A}{n}\right)^n\right\}$ 收敛到 e^A, 所以它是有界数列, 从而 $\{P_n\}$ 是有界数列, 故递增数列 $\{P_n\}$ 收敛.

例 11 设 $\lambda_1,\lambda_2,\lambda_3$ 都为正数, 且 $\lambda_1+\lambda_2+\lambda_3=1$, $0<x_0<y_0<z_0$, 令

$$x_{n+1}=\frac{1}{\dfrac{\lambda_1}{x_n}+\dfrac{\lambda_2}{y_n}+\dfrac{\lambda_3}{z_n}},\quad y_{n+1}=x_n^{\lambda_1}y_n^{\lambda_2}z_n^{\lambda_3},\quad z_{n+1}=\lambda_1x_n+\lambda_2y_n+\lambda_3z_n,$$

试证:(1) $x_n<x_{n+1}<y_{n+1}<z_{n+1}<z_n, n=0,1,2,\cdots$;

(2) $\{x_n\}$, $\{y_n\}$, $\{z_n\}$ 三数列收敛到同一值.

证明 (1) 由数学归纳法, 并利用加权均值不等式得

$$0<x_n<y_n<z_n\quad(n=0,1,2,\cdots).$$

另外, 对于 $n=0,1,2,\cdots$, 有

$$z_{n+1}=\lambda_1x_n+\lambda_2y_n+\lambda_3z_n<\lambda_1z_n+\lambda_2z_n+\lambda_3z_n=(\lambda_1+\lambda_2+\lambda_3)z_n=z_n;$$

$$x_{n+1}=\frac{1}{\dfrac{\lambda_1}{x_n}+\dfrac{\lambda_2}{y_n}+\dfrac{\lambda_3}{z_n}}>\frac{1}{\dfrac{\lambda_1}{x_n}+\dfrac{\lambda_2}{x_n}+\dfrac{\lambda_3}{x_n}}=\frac{x_n}{\lambda_1+\lambda_2+\lambda_3}=x_n,$$

故

$$x_n<x_{n+1}<y_{n+1}<z_{n+1}<z_n.$$

(2) 从结论 (1) 知数列 $\{x_n\}_{n=0}^{\infty}$ 严格单调增并以 z_0 为其上界, 而数列 $\{z_n\}_{n=0}^{\infty}$ 严格单调减并以 x_0 为其下界, 因而 $\{x_n\}$ 与 $\{z_n\}$ 都收敛. 另外, 从 z_n 的递归定义式得

$$y_n=\frac{1}{\lambda_2}(z_{n+1}-\lambda_1x_n-\lambda_3z_n)\quad(n=0,1,2,\cdots),$$

故数列 $\{y_n\}$ 也收敛.

令 $\lim\limits_{n\to\infty}x_n=x$, $\lim\limits_{n\to\infty}y_n=y$, $\lim\limits_{n\to\infty}z_n=z$, 则由 (1) 得

$$x_0<x\leqslant y\leqslant z<z_0.$$

在 z_n 的递归定义式中, 令 $n\to\infty$ 得

$$(\lambda_1+\lambda_2+\lambda_3)z=z=\lambda_1x+\lambda_2y+\lambda_3z\quad\text{或}\quad\lambda_1(z-x)+\lambda_2(z-y)=0.$$

所以 $z-x=0$, $z-y=0$, 即 $x=y=z$. 故三数列 $\{x_n\}$, $\{y_n\}$, $\{z_n\}$ 收敛到同一值.

例 12 证明斯托尔兹定理.

(1) $\left(\dfrac{0}{0}\text{型斯托尔兹定理}\right)$ 设数列 $\{x_n\}_{n=1}^{\infty}$ 与严格单调数列 $\{y_n\}_{n=1}^{\infty}$ 满足

$$\lim_{n\to\infty} x_n = \lim_{n\to\infty} y_n = 0, \quad \lim_{n\to\infty} \frac{x_{n+1}-x_n}{y_{n+1}-y_n} = l,$$

则有 $\lim\limits_{n\to\infty} \dfrac{x_n}{y_n} = l$ (允许 $l=+\infty$ 或 $-\infty$);

(2) $\left(\dfrac{*}{\infty}\text{型斯托尔兹定理}\right)$ 设数列 $\{x_n\}_{n=1}^{\infty}$ 与严格单调数列 $\{y_n\}_{n=1}^{\infty}$ 满足

$$\lim_{n\to\infty} y_n = \infty, \quad \lim_{n\to\infty} \frac{x_{n+1}-x_n}{y_{n+1}-y_n} = l,$$

则有 $\lim\limits_{n\to\infty} \dfrac{x_n}{y_n} = l$ (允许 $l=+\infty$ 或 $-\infty$).

证明 设 l 为有限数 ($l=+\infty$ 或 $-\infty$ 情形的证明留给读者).

令变换 $X_n = x_n - l y_n$ 后, 两种类型的斯托尔兹定理中, 部分条件都转化为下式

$$(\mathcal{C}): \quad \lim_{n\to\infty} \frac{X_{n+1}-X_n}{y_{n+1}-y_n} = 0,$$

而两种类型的斯托尔兹定理中的结论都等价于 $\lim\limits_{n\to\infty} \dfrac{X_n}{y_n} = 0$. 后面的证明中还将用到合比与分比的关系以及下式:

$$(\mathcal{H}): \quad \frac{X_{n+p}-X_n}{y_{n+p}-y_n} = \frac{(X_{n+p}-X_{n+p-1})+(X_{n+p-1}-X_{n+p-2})+\cdots+(X_{n+1}-X_n)}{(y_{n+p}-y_{n+p-1})+(y_{n+p-1}-y_{n+p-2})+\cdots+(y_{n+1}-y_n)}.$$

(1) (类型 (1) 有 $\lim\limits_{n\to\infty} X_n = 0$.) 对任给的 $\varepsilon>0$, 由条件 $(\mathcal{C})$, 存在自然数 N, 使得当 $n>N$ 时

$$-\varepsilon < \frac{X_{n+1}-X_n}{y_{n+1}-y_n} < \varepsilon,$$

因而由合比与分比的关系及式 $(\mathcal{H})$ 得: 当 $n>N$ 时, 对所有正整数 p 都有

$$-\varepsilon < \frac{X_{n+p}-X_n}{y_{n+p}-y_n} < \varepsilon.$$

上式中固定 n, 令 $p\to\infty$ 得

$$-\varepsilon \leqslant \frac{X_n}{y_n} \leqslant \varepsilon,$$

即 $\lim\limits_{n\to\infty}\dfrac{X_n}{y_n}=0$. 故结论 (1) 成立.

(2) (不妨假设 $\{y_n\}_{n=1}^{\infty}$ 是一个正数列并严格单调递增发散到 $+\infty$.) 对任给的 $\varepsilon>0$, 由条件 $(\mathcal{C})$, 选定一个足够大的自然数 N_1, 使得当 $n\geqslant N_1$ 时

$$-\frac{1}{2}\varepsilon<\frac{X_{n+1}-X_n}{y_{n+1}-y_n}<\frac{1}{2}\varepsilon.$$

由极限 $\lim\limits_{n\to\infty}\dfrac{X_{N_1}}{y_n}=0$, 进一步存在一个更大的自然数 $N(>N_1)$, 使得当 $n>N$ 时

$$\left|\frac{X_{N_1}}{y_n}\right|<\frac{1}{2}\varepsilon.$$

从而, 当 $n>N\ (>N_1)$ 时

$$\begin{aligned}\left|\frac{X_n}{y_n}\right|&=\left|\frac{X_{N_1}+(X_n-X_{N_1})}{y_n}\right|\leqslant\left|\frac{X_{N_1}}{y_n}\right|+\left|\frac{X_n-X_{N_1}}{y_n}\right|\leqslant\left|\frac{X_{N_1}}{y_n}\right|+\left|\frac{X_n-X_{N_1}}{y_n-y_{N_1}}\right|\\&<\frac{1}{2}\varepsilon+\left|\frac{X_n-X_{N_1}}{y_n-y_{N_1}}\right|<\frac{1}{2}\varepsilon+\frac{1}{2}\varepsilon=\varepsilon.\end{aligned}$$

也就是, 当 $n>N$ 时, $\left|\dfrac{X_n}{y_n}\right|<\varepsilon$(其中$\left|\dfrac{X_n-X_{N_1}}{y_n-y_{N_1}}\right|<\dfrac{1}{2}\varepsilon$ 来自于合比与分比的关系及式 $(\mathcal{H})$), 即知 $\lim\limits_{n\to\infty}\dfrac{X_n}{y_n}=0$. 故结论 (2) 成立.

例 13 设 $\lim\limits_{n\to\infty}a_n=a$, 求极限:

(1) $l_1=\lim\limits_{n\to\infty}\dfrac{a_1+a_2+\cdots+a_n}{n}$;

(2) $l_2=\lim\limits_{n\to\infty}\dfrac{1\times 5a_1+3\times 7a_2+\cdots+(2n-1)\times(2n+3)a_n}{n^3}$.

解 (1) 由斯托尔兹定理得

$$\lim_{n\to\infty}\frac{(a_1+a_2+\cdots+a_{n+1})-(a_1+a_2+\cdots+a_n)}{(n+1)-n}=\lim_{n\to\infty}\frac{a_{n+1}}{1}=a,$$

故

$$l_1=\lim_{n\to\infty}\frac{a_1+a_2+\cdots+a_n}{n}=a.$$

注记 (1) 这里 a 还可以为 $+\infty$ 或 $-\infty$, 但 $a=\infty$ 未必成立, 如 $a_n=(-1)^n n$.

(2) 该命题也可用 ε-N 定义证得.

(2) 令

$$x_n=1\times 5a_1+3\times 7a_2+\cdots+(2n-1)\times(2n+3)a_n,\quad y_n=n^3\quad(n=1,2,\cdots),$$

则数列 $\{y_n\}_{n=1}^{\infty}$ 严格单调递增, 并满足 $\lim\limits_{n\to\infty} y_n=+\infty$. 由斯托尔兹定理得

$$\begin{aligned}\lim_{n\to\infty}\frac{x_{n+1}-x_n}{y_{n+1}-y_n}&=\lim_{n\to\infty}\frac{(2n+1)\times(2n+5)a_{n+1}}{(n+1)^3-n^3}\\&=\lim_{n\to\infty}a_{n+1}\cdot\lim_{n\to\infty}\frac{4n^2+12n+5}{3n^2+3n+1}\\&=a\cdot\lim_{n\to\infty}\frac{4+12\cdot\dfrac{1}{n}+5\cdot\dfrac{1}{n^2}}{3+3\cdot\dfrac{1}{n}+1\cdot\dfrac{1}{n^2}}=\frac{4}{3}a,\end{aligned}$$

故

$$l_2=\lim_{n\to\infty}\frac{x_n}{y_n}=\frac{4}{3}a.$$

思考题 证明下列极限:

1. 设 $\lim\limits_{n\to\infty} a_n=a$, 则 $\lim\limits_{n\to\infty}\dfrac{a_1+2a_2+\cdots+na_n}{n^2}=\dfrac{a}{2}$.

2. 设 $\left\{S_n=\sum\limits_{k=1}^{n}a_k\right\}$ 收敛, 则 $\lim\limits_{n\to\infty}\dfrac{1}{n}\sum\limits_{k=1}^{n}ka_k=0$.

例 14 求下列极限:

(1) $\lim\limits_{n\to\infty}(1+a)(1+a^2)\cdots(1+a^{2^n})$, 其中 $|a|<1$;

(2) $\lim\limits_{n\to\infty}\left(1-\dfrac{1}{2^2}\right)\cdot\left(1-\dfrac{1}{3^2}\right)\cdot\cdots\cdot\left(1-\dfrac{1}{n^2}\right)$;

(3) $\lim\limits_{n\to\infty}\dfrac{1}{2}\cdot\dfrac{3}{4}\cdot\cdots\cdot\dfrac{2n-1}{2n}$;

(4) $\lim\limits_{n\to\infty}(n!)^{\frac{1}{n^2}}$.

解 (1) 将分子、分母同乘一个因子 $(1-a)$, 使之出现连锁反应, 则有

$$\begin{aligned}\lim_{n\to\infty}(1+a)(1+a^2)\cdot\cdots\cdot(1+a^{2^n})&=\lim_{n\to\infty}\frac{(1-a)(1+a)(1+a^2)\cdot\cdots\cdot(1+a^{2^n})}{1-a}\\&=\lim_{n\to\infty}\frac{1-a^{2^{n+1}}}{1-a}.\end{aligned}$$

再由

$$\lim_{n\to\infty}a^{2^{n+1}}=0\quad(|a|<1),$$

知 $\lim\limits_{n\to\infty}(1+a)(1+a^2)\cdot\cdots\cdot(1+a^{2^n})=\dfrac{1}{1-a}$.

(2) 把通项恒等变形, 使各因子相乘的过程中中间项相消, 则有

$$\begin{aligned}&\lim_{n\to\infty}\left(1-\frac{1}{2^2}\right)\cdot\left(1-\frac{1}{3^2}\right)\cdot\cdots\cdot\left(1-\frac{1}{n^2}\right)\\&=\lim_{n\to\infty}\left(\frac{1}{2}\cdot\frac{3}{2}\right)\cdot\left(\frac{2}{3}\cdot\frac{4}{3}\right)\cdot\cdots\cdot\left(\frac{n-1}{n}\cdot\frac{n+1}{n}\right)\\&=\lim_{n\to\infty}\frac{1}{2}\cdot\frac{n+1}{n}=\frac{1}{2}.\end{aligned}$$

(3) 令 $a_n=\frac{1}{2}\cdot\frac{3}{4}\cdot\cdots\cdot\frac{2n-1}{2n}$, 则

$$a_n^2=\left(\frac{1}{2}\right)^2\cdot\left(\frac{3}{4}\right)^2\cdot\cdots\cdot\left(\frac{2n-1}{2n}\right)^2<\frac{1}{2}\cdot\frac{2}{3}\cdot\frac{3}{4}\cdot\frac{4}{5}\cdot\cdots\cdot\frac{2n-1}{2n}\cdot\frac{2n}{2n+1}=\frac{1}{2n+1},$$

所以

$$0<a_n^2<\frac{1}{2n+1}\quad 即\quad 0<a_n<\frac{1}{\sqrt{2n+1}},$$

故由夹逼定理得

$$\lim_{n\to\infty}a_n=\lim_{n\to\infty}\frac{1}{2}\cdot\frac{3}{4}\cdot\cdots\cdot\frac{2n-1}{2n}=0.$$

(4) 因为

$$(n!)^{\frac{1}{n^2}}=\mathrm{e}^{\frac{1}{n^2}\ln(n!)},$$

而

$$0\leqslant\frac{1}{n^2}\ln(n!)\leqslant\frac{1}{n}\left(\frac{\ln 1}{1}+\frac{\ln 2}{2}+\cdots+\frac{\ln n}{n}\right),$$

又

$$\lim_{n\to\infty}\frac{\ln n}{n}=0,$$

则

$$\lim_{n\to\infty}\frac{1}{n}\left(\frac{\ln 1}{1}+\frac{\ln 2}{2}+\cdots+\frac{\ln n}{n}\right)=0,$$

所以由夹逼定理得

$$\lim_{n\to\infty}\frac{1}{n^2}\ln(n!)=0,$$

故

$$\lim_{n\to\infty}(n!)^{\frac{1}{n^2}}=\mathrm{e}^0=1.$$

例 15 设 $a_n>0, n=1,2,\cdots$, $\lim\limits_{n\to\infty}a_n=a$, 试证: $\lim\limits_{n\to\infty}\sqrt[n]{a_1a_2\cdots a_n}=a$.

分析　利用平均值不等式以及斯托尔兹定理.

证明　(1) 当 $a=0$ 时, 由均值不等式

$$0<\sqrt[n]{a_1a_2\cdots a_n}\leqslant\frac{a_1+a_2+\cdots+a_n}{n},$$

令 $n\to\infty$, 对右端用前面的结论或斯托尔兹定理, 由夹逼定理得

$$\lim_{n\to\infty}\sqrt[n]{a_1a_2\cdots a_n}=0.$$

(2) 当 $a>0$ 时, $\lim\limits_{n\to\infty}\dfrac{1}{a_n}=\dfrac{1}{a}$. 由

$$\left(\frac{\dfrac{1}{a_1}+\dfrac{1}{a_2}+\cdots+\dfrac{1}{a_n}}{n}\right)^{-1}\leqslant\sqrt[n]{a_1a_2\cdots a_n}\leqslant\frac{a_1+a_2+\cdots+a_n}{n},$$

令 $n\to\infty$, 对两端用前面的结论或斯托尔兹定理, 由夹逼定理得

$$\lim_{n\to\infty}\sqrt[n]{a_1a_2\cdots a_n}=a.$$

注记　当 $a=+\infty$ 时, 该例结论仍然成立.

例 16　设 $x_n>0,\ n=1,2,\cdots,\ \lim\limits_{n\to\infty}\dfrac{x_{n+1}}{x_n}=r$, 试证: $\lim\limits_{n\to\infty}\sqrt[n]{x_n}=r$ (允许 $r=+\infty$).

证明　令 $a_1=x_1,\ a_n=\dfrac{x_n}{x_{n-1}}\ (n=2,3,4,\cdots)$, 由例 15 的结论有

$$\lim_{n\to\infty}\sqrt[n]{x_n}=\lim_{n\to\infty}\sqrt[n]{x_1\cdot\frac{x_2}{x_1}\cdot\cdots\cdot\frac{x_n}{x_{n-1}}}=\lim_{n\to\infty}\sqrt[n]{a_1a_2\cdots a_n}=\lim_{n\to\infty}a_n=r.$$

注记　利用此结论可证得 $\lim\limits_{n\to\infty}\dfrac{n}{\sqrt[n]{n!}}=e\left(令\ x_n=\dfrac{n^n}{n!}\right)$. 一般求带 $n!$ 的极限, 用斯特林 (Stirling) 公式更简单.

例 17　证明下列极限:

(1) 设 $a_n\geqslant 0,\ n=1,2,\cdots$, 并有 $\lim\limits_{n\to\infty}\sqrt[n]{a_n}=a<1$, 则 $\lim\limits_{n\to\infty}a_n=0$;

(2) 设 $b_n>0,\ n=1,2,\cdots$, 并有 $\lim\limits_{n\to\infty}\dfrac{b_{n+1}}{b_n}=b<1$, 则 $\lim\limits_{n\to\infty}b_n=0$.

证明　(1) 取实数 s 满足 $(0\leqslant)a<s<1$, 则由数列极限的最终保序性, 对足够大的 n 有

$$\sqrt[n]{a_n}<s<1\quad 或\quad 0\leqslant a_n<s^n<1,$$

令 $n\to\infty$, 并由夹逼定理得 $\lim\limits_{n\to\infty} a_n=0$.

(2) 由例 16, 从极限

$$\lim_{n\to\infty}\frac{b_{n+1}}{b_n}=b<1,$$

得

$$\lim_{n\to\infty}\sqrt[n]{b_n}=b<1,$$

再利用 (1) 的结论得 $\lim\limits_{n\to\infty} b_n=0$.

例 18 计算下列极限:

(1) 设数列 $\{c_n\}_{n=1}^{\infty}$, $c_n=\dfrac{n^n}{3^n\cdot n!}$, 求极限 $\lim\limits_{n\to\infty} c_n$;

(2) 设数列 $\{d_n\}_{n=1}^{\infty}$, $d_n=\dfrac{n}{a^n}$, $a>1$, 求极限 $\lim\limits_{n\to\infty} d_n$.

解 (1) 因为

$$\lim_{n\to\infty}\frac{c_{n+1}}{c_n}=\lim_{n\to\infty}\frac{\left(1+\dfrac{1}{n}\right)^n}{3}=\frac{\mathrm{e}}{3}<1,$$

故由例 17(2) 的结论, 得

$$\lim_{n\to\infty}c_n=\lim_{n\to\infty}\frac{n^n}{3^n\cdot n!}=0.$$

用类似方法, 可证得

$$\lim_{n\to\infty}\frac{n^n}{2^n\cdot n!}=+\infty\qquad\left(\Longleftrightarrow\lim_{n\to\infty}\frac{2^n\cdot n!}{n^n}=0\right).$$

(2) 因为

$$\lim_{n\to\infty}\frac{d_{n+1}}{d_n}=\lim_{n\to\infty}\frac{n+1}{na}=\frac{1}{a}<1,$$

故由例 17(2) 的结论, 得

$$\lim_{n\to\infty}d_n=\lim_{n\to\infty}\frac{n}{a^n}=0.$$

例 19 设 $\lim\limits_{n\to\infty} a_n=a$, $\lim\limits_{n\to\infty} b_n=b$, $\{n_1,n_2,\cdots,n_n\}$ 是自然数集 $\{1,2,\cdots,n\}$ 的一个任意重新排列, $n=1,2,\cdots$, 试证:

$$\lim_{n\to\infty}\frac{a_1b_{n_1}+a_2b_{n_2}+\cdots+a_nb_{n_n}}{n}=ab.$$

证明　由于数列 $\{a_n\}_{n=1}^{\infty}$ 收敛, 所以存在 $M>0$, 使 $|a_n|\leqslant M$, $n=1,2,\cdots$. 因为

$$\begin{aligned}A_n&=\frac{a_1b_{n_1}+a_2b_{n_2}+\cdots+a_nb_{n_n}}{n}\\&=\frac{a_1+a_2+\cdots+a_n}{n}\cdot b+\frac{a_1(b_{n_1}-b)+a_2(b_{n_2}-b)+\cdots+a_n(b_{n_n}-b)}{n}\\&=B_n+C_n,\end{aligned}$$

故由斯托尔兹定理得

$$\lim_{n\to\infty}B_n=\lim_{n\to\infty}\frac{a_1+a_2+\cdots+a_n}{n}\cdot b=ab.$$

又

$$\begin{aligned}|C_n|&\leqslant M\cdot\frac{|b_{n_1}-b|+|b_{n_2}-b|+\cdots+|b_{n_n}-b|}{n}\\&=M\cdot\frac{|b_1-b|+|b_2-b|+\cdots+|b_n-b|}{n},\end{aligned}$$

所以由斯托尔兹定理与夹逼定理得

$$\lim_{n\to\infty}C_n=\lim_{n\to\infty}\frac{a_1(b_{n_1}-b)+a_2(b_{n_2}-b)+\cdots+a_n(b_{n_n}-b)}{n}=0.$$

故

$$\lim_{n\to\infty}A_n=\lim_{n\to\infty}B_n+\lim_{n\to\infty}C_n=ab+0=ab,$$

得证.

特别地, 有

$$\begin{aligned}&\lim_{n\to\infty}\frac{a_1b_n+a_2b_{n-1}+\cdots+a_{n-1}b_2+a_nb_1}{n}\\&=\lim_{n\to\infty}\frac{a_1b_1+a_2b_2+\cdots+a_nb_n}{n}=ab.\end{aligned}$$

例 20　实数列 $\{a_n\},\{b_n\}$ 满足 $\lim\limits_{n\to\infty}a_n=a$, $b_n>0$, $c_n=\dfrac{a_1b_1+a_2b_2+\cdots+a_nb_n}{b_1+b_2+\cdots+b_n}$. 试讨论数列 $\{c_n\}$ 的敛散性.

解　记 $B_n=b_1+b_2+\cdots+b_n$, 由于 $b_n>0$, 故数列 $\{B_n\}$ 严格单调递增.

(1) 若 $\{B_n\}$ 有上界, 由单调有界判别法, 知其收敛, 设 $\lim\limits_{n\to\infty}B_n=B$, 则 $0<B<+\infty$. 由 Cauchy 收敛准则, $\forall\varepsilon>0$, $\exists N_1\in\mathbb{N}$, 当 $n>N_1$ 时, 对 $\forall p\in\mathbb{N}$ 有

$$b_{n+1}+b_{n+2}+\cdots+b_{n+p}<\varepsilon;$$

再由 $\lim\limits_{n\to\infty} a_n = a$ 知, $\exists N_2 \in \mathbb{N}$, 当 $n > N_2$ 时, $|a_n - a| < 1$. 故当 $n > \max\{N_1, N_2\}$ 时, 对 $\forall p \in \mathbb{N}$ 有:

$$\begin{aligned}
&|(a_{n+1}-a)b_{n+1}+(a_{n+2}-a)b_{n+2}+\cdots+(a_{n+p}-a)b_{n+p}|\\
\leqslant\ &|a_{n+1}-a|b_{n+1}+|a_{n+2}-a|b_{n+2}+\cdots+|a_{n+p}-a|b_{n+p}\\
<\ &b_{n+1}+b_{n+2}+\cdots+b_{n+p}<\varepsilon.
\end{aligned}$$

由 Cauchy 收敛准则, 数列 $\{(a_1-a)b_1+(a_2-a)b_2+\cdots+(a_n-a)b_n\}$ 收敛, 设其收敛到 l. 则

$$\begin{aligned}
\lim_{n\to\infty} c_n &= \lim_{n\to\infty}\frac{(a_1-a)b_1+(a_2-a)b_2+\cdots+(a_n-a)b_n+a(b_1+b_2+\cdots+b_n)}{b_1+b_2+\cdots+b_n}\\
&=\frac{l}{B}+a.
\end{aligned}$$

(2) 若 $\{B_n\}$ 无界, 则 $\lim\limits_{n\to\infty} B_n = +\infty$. 由 Stolz 定理可得

$$\lim_{n\to\infty} c_n = \lim_{n\to\infty}\frac{a_{n+1}b_{n+1}}{b_{n+1}} = \lim_{n\to\infty} a_{n+1} = a.$$

例 21 设 $|x|<1$, $s_n = 1+2x+3x^2+\cdots+nx^{n-1}$, $n=1,2,\cdots$, 求极限 $s = \lim\limits_{n\to\infty} s_n$.

解 解法 1 在 s_n 的各项中, 后项系数减去前项系数恒为 1, 故可考虑进行如下计算:

$$\begin{aligned}
(1-x)s_n = s_n - xs_n &= 1+2x+3x^2+\cdots+nx^{n-1}-(x+2x^2+\cdots+nx^n)\\
&=(1+x+\cdots+x^{n-1})-nx^n\\
&=\frac{1-x^n}{1-x}-nx^n,
\end{aligned}$$

即

$$s_n = \frac{1-x^n}{(1-x)^2}-\frac{nx^n}{1-x},$$

令 $n\to\infty$, 并注意到 $\lim\limits_{n\to\infty} nx^n = 0$(参见例 17(2)), 得

$$s = \lim_{n\to\infty} s_n = \lim_{n\to\infty}(1+2x+3x^2+\cdots+nx^{n-1}) = \frac{1}{(1-x)^2}.$$

解法 2 (用阿贝尔分部求和法)

令 $A_k=1+x+\cdots+x^{k-1}=\dfrac{1-x^k}{1-x}$, $k=1,2,\cdots$, 则

$$\begin{aligned}s_n&=nA_n+\sum_{k=1}^{n-1}A_k[k-(k+1)]=nA_n-\sum_{k=1}^{n-1}A_k\\&=\frac{1}{1-x}\cdot\left[n(1-x^n)-\sum_{k=1}^{n-1}(1-x^k)\right]\\&=\frac{1}{1-x}\cdot\left[n(1-x^n)-(n-1)+\frac{x-x^n}{1-x}\right]\\&=\frac{-nx^n}{(1-x)}+\frac{1-x^n}{(1-x)^2},\end{aligned}$$

令 $n\to\infty$, 即得

$$s=\lim_{n\to\infty}s_n=\lim_{n\to\infty}(1+2x+3x^2+\cdots+nx^{n-1})=\frac{1}{(1-x)^2}.$$

解法 3 (使用幂级数的逐项求导)

当 $|x|<1$ 时

$$\begin{aligned}s&=\lim_{n\to\infty}(1+2x+3x^2+\cdots+nx^{n-1})\\&=1+2x+3x^2+4x^3+\cdots\\&=(1+x+x^2+x^3+x^4+\cdots)'\\&=\left(\frac{1}{1-x}\right)'=\frac{1}{(1-x)^2}.\end{aligned}$$

解法 4 (利用绝对收敛级数的交换律、结合律)

$$\begin{aligned}s&=\lim_{n\to\infty}(1+2x+3x^2+\cdots+nx^{n-1})\\&=1+2x+3x^2+4x^3+\cdots\\&=(1+x+x^2+\cdots)+(x+x^2+x^3+\cdots)+(x^2+x^3+x^4+\cdots)+\cdots\\&=\frac{1}{1-x}+\frac{x}{1-x}+\frac{x^2}{1-x}+\cdots=\frac{1}{(1-x)^2}.\end{aligned}$$

(先证 $0\leqslant x<1$ 情形, 后再推至 $|x|<1$.)

解法 5 (两绝对收敛级数的乘积满足分配律, 故幂级数的乘法与多项式的乘法类似)

当 $|x|<1$ 时

$$\begin{aligned}s&=\lim_{n\to\infty}(1+2x+3x^2+\cdots+nx^{n-1})\\&=1+2x+3x^2+4x^3+\cdots\\&=(1+x+x^2+\cdots)\cdot(1+x+x^2+\cdots)\\&=\frac{1}{(1-x)^2}.\end{aligned}$$

小　结

1. 证明数列收敛, 有如下方法:

(1) 利用定义证明、定义分析法和适当放大法;

(2) 利用夹逼定理;

(3) 利用单调有界定理;

(4) 利用柯西收敛准则;

(5) 利用斯托尔兹定理.

2. 利用数列极限的运算法则、夹逼定理、斯托尔兹定理以及已知的一些数列极限求数列极限. 如

$$\begin{aligned}&\lim_{n\to\infty}\frac{1}{n^\alpha}=0\,(\alpha>0),\quad \lim_{n\to\infty}q^n=0\,(|q|<1),\\&\lim_{n\to\infty}\frac{\ln n}{n}=0,\quad \lim_{n\to\infty}\sqrt[n]{n}=1,\\&\lim_{n\to\infty}\sqrt[n]{a}=1\,(a>0),\quad \lim_{n\to\infty}\left(1+\frac{1}{n}\right)^n=\mathrm{e}.\end{aligned}$$

1.3 函数极限

知识要点

◇ 函数极限的定义

1. 函数在一点处的极限

(**ε-δ 定义**) 设函数 $f(x)$ 在 x_0 的某个去心邻域有定义, l 是某给定实数. 若对 $\forall\, \varepsilon>0$, $\exists\, \delta=\delta(\varepsilon,\ x_0)>0$, 使得当 $0<|x-x_0|<\delta$ 时, 有不等式

$$|f(x)-l|<\varepsilon$$

成立, 则称当 $x\to x_0$ 时函数 $f(x)$ 的极限是 l, 或 $f(x)$ 收敛于 l, 或 $f(x)$ 趋于 l; 记为

$$\lim_{x\to x_0} f(x)=l \quad 或 \quad f(x)\to l\,(x\to x_0).$$

也就是

$$\lim_{x\to x_0} f(x)=l \Longleftrightarrow \forall\, \varepsilon>0, \exists\, \delta=\delta(\varepsilon,\ x_0)>0, 使得当 0<|x-x_0|<\delta 时, 恒有$$

$$|f(x)-l|<\varepsilon.$$

2. 函数在一点处的单侧极限

左极限

$$f(x_0-0)=\lim_{x\to x_0^-} f(x)=l$$

$$\Longleftrightarrow \forall\, \varepsilon>0, \exists\, \delta>0, 当 x_0-\delta<x<x_0 时, 有 |f(x)-l|<\varepsilon.$$

右极限

$$f(x_0+0)=\lim_{x\to x_0^+}f(x)=l$$

$$\Longleftrightarrow \forall\ \varepsilon>0,\exists\ \delta>0,\text{当}x_0<x<x_0+\delta\text{时},\text{有}|f(x)-l|<\varepsilon.$$

3. 函数在无穷远处的极限

$$\lim_{x\to+\infty}f(x)=l\Longleftrightarrow\forall\ \varepsilon>0,\exists\ M=M(\varepsilon)>0,\text{使得当}x>M\text{时},\text{恒有}|f(x)-l|<\varepsilon;$$

$$\lim_{x\to-\infty}f(x)=l\Longleftrightarrow\forall\ \varepsilon>0,\exists\ M=M(\varepsilon)>0,\text{使得当}x<-M\text{时},\text{恒有}|f(x)-l|<\varepsilon;$$

$$\lim_{x\to\infty}f(x)=l\Longleftrightarrow\forall\ \varepsilon>0,\exists\ M=M(\varepsilon)>0,\text{使得当}|x|>M\text{时},\text{恒有}|f(x)-l|<\varepsilon.$$

4. 无穷小量

若有 $\lim\limits_{x\to x_0}\alpha(x)=0$, 则称 $\alpha(x)$ 是当 $x\to x_0$ 时的无穷小量. 无穷小量即收敛于零的变量.

有限个无穷小量的和, 以及有限个无穷小量的乘积仍是无穷小量.

无穷小量与有界变量的乘积仍是无穷小量.

5. 无穷大量

设函数 $f(x)$ 在 x_0 的某个去心邻域有定义. 若对 $\forall\ M>0$, $\exists\ \delta>0$, 使得当 $0<|x-x_0|<\delta$ 时, 有 $|f(x)|>M$, 则称当 $x\to x_0$ 时, $f(x)$ 为无穷大量, 记为 $\lim\limits_{x\to x_0}f(x)=\infty$. 即

$$\lim_{x\to x_0}f(x)=\infty\Longleftrightarrow\forall\ M>0,\exists\ \delta>0,\text{使得当}0<|x-x_0|<\delta\text{时},\text{恒有}|f(x)|>M.$$

类似地,

$$\lim_{x\to x_0}f(x)=+\infty$$

$$\Longleftrightarrow\forall\ M>0,\exists\ \delta>0,\text{使得当}0<|x-x_0|<\delta\text{时},\text{恒有}f(x)>M,$$

$$\lim_{x\to x_0}f(x)=-\infty$$

$$\Longleftrightarrow\forall\ M>0,\exists\ \delta>0,\text{使得当}0<|x-x_0|<\delta\text{时},\text{恒有}f(x)<-M.$$

此处 $x\to x_0$ 也可换为 $x\to x_0^-$, $x\to x_0^+$, $x\to\infty$, $x\to+\infty$, $x\to-\infty$ 等. 如

$$\lim_{x\to+\infty}f(x)=\infty\Longleftrightarrow\forall\ M>0,\exists\ A>0,\text{使得当}x>A\text{时},\text{恒有}|f(x)|>M.$$

◇ 函数极限的性质

1. 极限的唯一性

如果函数极限存在, 则其极限是唯一的.

2. 局部有界性

如果 $\lim\limits_{x\to x_0} f(x)$ 存在, 则函数 $f(x)$ 在 x_0 的某个去心邻域有界, 即存在 $\delta>0$ 和 $M>0$, 使得当 $0<|x-x_0|<\delta$ 时, $|f(x)|\leqslant M$.

3. 局部保序性

设 $\lim\limits_{x\to x_0} f(x)$ 和 $\lim\limits_{x\to x_0} g(x)$ 都存在,
(1) 如果在 x_0 的某个去心邻域有 $f(x)\geqslant g(x)$, 则 $\lim\limits_{x\to x_0} f(x)\geqslant \lim\limits_{x\to x_0} g(x)$;
(2) 如果 $\lim\limits_{x\to x_0} f(x)>\lim\limits_{x\to x_0} g(x)$, 则在 x_0 的某个去心邻域 $f(x)>g(x)$.
特别地, 设 $\lim\limits_{x\to x_0} f(x)$ 存在, a 是一个实数,
(1) 如果在 x_0 的某个去心邻域中 $f(x)\geqslant a$, 则 $\lim\limits_{x\to x_0} f(x)\geqslant a$;
(2) 如果 $\lim\limits_{x\to x_0} f(x)>a$, 则在 x_0 的某个去心邻域中 $f(x)>a$.

4. 四则运算性

设 $\lim\limits_{x\to x_0} f(x)$ 和 $\lim\limits_{x\to x_0} g(x)$ 存在, 则:

(1) $\lim\limits_{x\to x_0}(f(x)\pm g(x))=\lim\limits_{x\to x_0} f(x)\pm \lim\limits_{x\to x_0} g(x)$;

(2) $\lim\limits_{x\to x_0}(f(x)g(x))=\lim\limits_{x\to x_0} f(x)\lim\limits_{x\to x_0} g(x)$;

(3) $\lim\limits_{x\to x_0}\dfrac{f(x)}{g(x)}=\dfrac{\lim\limits_{x\to x_0} f(x)}{\lim\limits_{x\to x_0} g(x)}(\lim\limits_{x\to x_0} g(x)\neq 0)$.

5. 线性性质

设 $\lim\limits_{x\to x_0} f(x)$ 和 $\lim\limits_{x\to x_0} g(x)$ 存在, c_1, c_2 是两常数, 则:

$$\lim_{x\to x_0}[c_1 f(x)+c_2 g(x)]=c_1\lim_{x\to x_0} f(x)+c_2\lim_{x\to x_0} g(x).$$

6. 函数极限与单侧函数极限的关系

$$\lim_{x\to x_0} f(x)=l \Longleftrightarrow f(x_0+0)=f(x_0-0)=l.$$

7. 函数极限与数列极限的关系 (归结原则或海涅 (Heine) 定理)

$$\lim_{x\to x_0} f(x)=l \Longleftrightarrow \text{对满足} \lim_{n\to\infty} x_n=x_0\ (x_n\neq x_0)\text{的任何数列}\{x_n\},\text{都有}$$
$$\lim_{n\to\infty} f(x_n)=l.$$

左极限 $f(x_0-0)$ 存在 $\Longleftrightarrow$ 对严格单调递增趋于 x_0 的任何数列 $\{x_n\}$, 数列 $\{f(x_n)\}$ 皆收敛 (皆收敛即可保证收敛到同一值; 关于右极限有对应结论).

8. 复合函数的极限

设函数 $f(x)$ 在点 x_0 的某去心邻域内有定义, 且极限 $\lim\limits_{x\to x_0} f(x)$ 存在, 函数 $\varphi(t)$ 在点 t_0 的某去心邻域内有定义, $\varphi(t)\neq x_0$ 且 $\lim\limits_{t\to t_0}\varphi(t)=x_0$, 则 $\lim\limits_{t\to t_0} f(\varphi(t))=\lim\limits_{x\to x_0} f(x)$.

特别地, 如果 $\lim\limits_{x\to x_0} f(x)=A>0$, $\lim\limits_{x\to x_0} g(x)=B$, 其中 A, B 都是实常数, 则 $\lim\limits_{x\to x_0} f(x)^{g(x)}=A^B$(幂指函数极限).

◇ **函数极限存在的判别方法**

1. 利用函数收敛的定义

以 ε-δ 定义为例, 关键如何找到 δ, 一般有两种方法: 定义分析法和适当放大法.

(1) 定义分析法:

通过解不等式, 从 $|f(x)-l|<\varepsilon$ 中解出 $|x-x_0|$, 便可求得 $\delta(\varepsilon)$.

(2) 适当放大法:

有时 $|f(x)-l|<\varepsilon$ 比较复杂, 不便解出 $|x-x_0|$, 可考虑

$$|f(x)-l|\leqslant g(|x-x_0|)<\varepsilon,$$

$g(|x-x_0|)$ 要形式简单, 易从 $g(|x-x_0|)<\varepsilon$ 解出 $|x-x_0|$.

另外当 $0<|x-x_0|<\delta_1$ (δ_1 是某个正数) 时, 有 $|f(x)-l|\leqslant g(|x-x_0|)$, 而从

$g(|x-x_0|)<\varepsilon$ 解出 $|x-x_0|<\delta_2$, 令 $\delta=\min\{\delta_1,\delta_2\}$, 则当 $0<|x-x_0|<\delta$ 时, 有 $|f(x)-l|<\varepsilon$.

2. 夹逼定理

设 $\lim\limits_{x\to x_0} g(x)=\lim\limits_{x\to x_0} h(x)=l$. 若在点 x_0 的某个去心邻域内, 总有

$$g(x)\leqslant f(x)\leqslant h(x),$$

则函数 $f(x)$ 在点 x_0 的极限也存在, 并且 $\lim\limits_{x\to x_0} f(x)=l$.

3. 单调有界判别法

单调函数在其定义区间中的每一点处的单侧极限都存在.

4. 柯西收敛准则

$\lim\limits_{x\to x_0} f(x)$ 存在 $\iff$ 对 $\forall\ \varepsilon>0$, $\exists\ \delta=\delta(\varepsilon,\ x_0)>0$, 使得当 $0<|x'-x_0|<\delta$, $0<|x''-x_0|<\delta$ 时, 恒有 $|f(x')-f(x'')|<\varepsilon$.

从柯西收敛准则得: $f(x)$ 在点 x_0 处发散 $\iff \exists\ \varepsilon_0>0$, 对 $\forall\ \delta>0$, 有 $x',x''\in\{x\mid 0<|x-x_0|<\delta\}$, 使 $|f(x')-f(x'')|\geqslant\varepsilon_0$.

◇ 控制符 O、量级区分符 o、等价符 $\sim$ 简介

约定: 假设以下所出现的每个函数都在点 x_0 的去心邻域 $U^0(x_0)$ 内有定义.

(1) 若存在 $M>0$ 和 $\delta>0$, 使得当 $0<|x-x_0|<\delta$ 时, 有 $|f(x)|\leqslant M|g(x)|$, 则记

$$f(x)=O(g(x))\quad (x\to x_0).$$

特别地, 有 $f(x)=O(1)\,(x\to x_0)$, 表示函数 $f(x)$ 在点 x_0 局部有界.

(2) 若 $x\in U^0(x_0)$ 时, $g(x)\neq 0$, $\lim\limits_{x\to x_0}\dfrac{f(x)}{g(x)}=0$, 则记

$$f(x)=o(g(x))\quad (x\to x_0).$$

如果上式中的 $f(x)$ 和 $g(x)$ 都是无穷小量, 则称当 $x\to x_0$ 时 $f(x)$ 是比 $g(x)$ 更高阶的无穷小量. 比如 $x^2=o(5\sin x)\,(x\to 0)$, 表示当 $x\to 0$ 时, x^2 是比 $5\sin x$ 更高阶的无穷小量.

如果上式中的 $f(x)$ 和 $g(x)$ 都是无穷大量, 则称当 $x\to x_0$ 时 $g(x)$ 是比 $f(x)$ 更高阶的无穷大量. 比如 $9x=o(3x^2+1)\,(x\to\infty)$, 表示当 $x\to\infty$ 时, $3x^2+1$ 是比 $9x$ 更高阶的无穷大量.

$f(x)=o(1)\,(x\to x_0)$, 表示函数 $f(x)$ 是当 $x\to x_0$ 时的无穷小量.

(3) 若 $\lim\limits_{x\to x_0}\dfrac{f(x)}{g(x)}=a\neq 0$, 则称当 $x\to x_0$ 时 $f(x)$ 与 $g(x)$ 是两个同阶变量. 特别地, 若 $\lim\limits_{x\to x_0}\dfrac{f(x)}{g(x)}=1$, 则称当 $x\to x_0$ 时 $f(x)$ 与 $g(x)$ 是两个等价变量, 记为

$$f(x)\sim g(x)\quad (x\to x_0).$$

(4) 等价替换法:

设 $\alpha(x)\sim\beta(x)(x\to x_0)$, l 是一实数, 则极限 $\lim\limits_{x\to x_0}\alpha(x)\cdot f(x)=l$ 成立, 当且仅当极限 $\lim\limits_{x\to x_0}\beta(x)\cdot f(x)=l$ 成立 (允许 $l=\infty$, $+\infty$, 或 $-\infty$).

注记 (1) O, o, $\sim$ 的简单运算性质 (下面各式中隐去了自变量 "x" 与条件 "$x\to x_0$").

① 假设 $x\in U^0(x_0)$ 时, $f(x)\neq 0$, $g(x)\neq 0$, 则有:

$$O(f)+O(f)=O(f),\quad o(f)+o(f)=o(f),\quad o(f+o(f))=o(f),$$

$$o(f)\cdot o(g)=o(fg),\quad O(f)\cdot o(g)=o(fg),\quad f\cdot o(g)=o(fg),$$

$$o(fg)=f\cdot o(g),\quad f\cdot O(g)=O(fg),\quad O(fg)=f\cdot O(g).$$

其中 "=" 号表示左边类型的变量均属于右边类型的变量族, 即 "=" 号实际指 "∈". 上面的后四式表示非零变量作为乘积因子, 可自由地穿越 O 与 o 两记号.

② $\alpha\sim\beta$ 且 $\beta\sim\gamma\Longrightarrow\alpha\sim\gamma$; $\alpha\sim\alpha_1$ 且 $\beta\sim\beta_1\Longrightarrow\alpha\beta\sim\alpha_1\beta_1$.

③ $\dfrac{1}{\alpha}\sim\dfrac{1}{\beta}\Longleftrightarrow\alpha\sim\beta\Longleftrightarrow\dfrac{\alpha}{\beta}=1+o(1)\Longleftrightarrow\alpha=\beta+o(\beta)\Longleftrightarrow\beta=\alpha+o(\alpha)$.

④ 若 α 与 β 是两个同阶变量, 则 $o(\alpha)=o(\beta)$, $O(\alpha)=O(\beta)$.

(2) 牢记常用的几个等价无穷小量:

当 $x\to 0$ 时

$x\sim\sin x$, $x\sim\tan x$, $x\sim\arcsin x$, $x\sim\arctan x$, $x\sim\ln(1+x)$, $x\sim \mathrm{e}^x-1$, $x\sim\dfrac{(1+x)^\alpha-1}{\alpha}\,(\alpha\neq 0)$;

$1-\cos x\sim\dfrac{1}{2}x^2$;

$x-\sin x \sim \frac{1}{6}x^3$;

$\tan x-\sin x \sim \frac{1}{2}x^3$.

(在学习了微分中值原理、洛必达 (L'Hospital) 法则、泰勒公式之后, 上述等价关系的证明变得更加容易.)

(3) 两个重要极限:

① $\lim\limits_{x\to 0}\frac{\sin x}{x}=1$;　② $\lim\limits_{x\to\infty}\left(1+\frac{1}{x}\right)^x=\lim\limits_{t\to 0}\left(1+t\right)^{\frac{1}{t}}=\mathrm{e}$.

精选例题

例 22　试用函数极限的 ε-δ 定义或 ε-M 定义证明:

(1) $\lim\limits_{x\to+\infty}\frac{1}{x^a}=0\,(a>0)$;　(2) $\lim\limits_{x\to+\infty}b^x=0\,(0\leqslant b<1)$;

(3) $\lim\limits_{x\to 1}\ln x=0$;　(4) $\lim\limits_{x\to 0}\mathrm{e}^x=1$.

这是几个常见的简单极限, 往往利用它们去计算或证明其他极限. 我们选证 (1).

证明　证法 1　任给 $\varepsilon>0$, 要使 $\frac{1}{x^a}<\varepsilon$, 只要

$$x^a>\frac{1}{\varepsilon}\quad 即\quad x>\left(\frac{1}{\varepsilon}\right)^{\frac{1}{a}},$$

取 $M=\left(\frac{1}{\varepsilon}\right)^{\frac{1}{a}}$, 则当 $x>M$ 时, 便有

$$0<\frac{1}{x^a}<\varepsilon.$$

故由 ε-M 定义, $\lim\limits_{x\to+\infty}\frac{1}{x^a}=0$.

证法 2 (不用原定义而改用离散变量夹逼连续变量的方法)

当 $x\geqslant 1$ 时, 有

$$0<\frac{1}{x^a}\leqslant\frac{1}{[x]^a},$$

令 $x\to+\infty$, 则 $\frac{1}{[x]^a}\to 0(a>0)$, 由夹逼定理得 $\lim\limits_{x\to+\infty}\frac{1}{x^a}=0$.

例 23　求极限 $\lim\limits_{x\to+\infty}\left(\frac{2x^2+9x+10^{10}}{3x^2+1}\right)^x$.

分析 这是一个“$\left(\dfrac{2}{3}\right)^{+\infty}$”型极限, 其中 $\dfrac{2}{3}$ 表示括号内函数的极限 (而并非表示常值). 对数列情形, 已有 $\lim\limits_{n\to\infty} a^n = 0\ (|a|<1)$, 故可推测题中极限为 0.

解 因为

$$0 < \lim_{x\to+\infty} \frac{2x^2+9x+10^{10}}{3x^2+1} = \frac{2}{3} < \frac{3}{4},$$

由极限的局部保序性, 存在一个足够大的 $M>0$, 使得当 $x>M$ 时

$$0 < \frac{2x^2+9x+10^{10}}{3x^2+1} < \frac{3}{4}.$$

因而当 $x>M$ 时

$$0 < \left(\frac{2x^2+9x+10^{10}}{3x^2+1}\right)^x < \left(\frac{3}{4}\right)^x \leqslant \left(\frac{3}{4}\right)^{[x]},$$

令 $x\to+\infty$, 则 $\left(\dfrac{3}{4}\right)^{[x]} \to 0$, 由夹逼定理得

$$\lim_{x\to+\infty} \left(\frac{2x^2+9x+10^{10}}{3x^2+1}\right)^x = 0.$$

例 24 证明下列极限:

(1) $\lim\limits_{x\to x_0} \ln x = \ln x_0\ (x_0>0)$; (2) $\lim\limits_{x\to x_0} \mathrm{e}^x = \mathrm{e}^{x_0}$;

(3) 若 $\lim\limits_{x\to x_0} u(x) = a > 0$, $\lim\limits_{x\to x_0} v(x) = b$, 则有 $\lim\limits_{x\to x_0} u(x)^{v(x)} = a^b$.

证明 (1) 当 x, $x_0>0$ 时, $\ln x = \ln x_0 + \ln\dfrac{x}{x_0}$, 故

$$\lim_{x\to x_0} \ln x = \ln x_0 + \lim_{x\to x_0} \ln\frac{x}{x_0} = \ln x_0 + \lim_{t\to 1}\ln t = \ln x_0 \quad \left(令 t = \frac{x}{x_0}\right).$$

(2)

$$\begin{aligned}\lim_{x\to x_0} \mathrm{e}^x &= \lim_{x\to x_0} (\mathrm{e}^{x_0}\cdot \mathrm{e}^{x-x_0}) = \mathrm{e}^{x_0}\cdot \lim_{x\to x_0} \mathrm{e}^{x-x_0} \quad (令 t = x - x_0)\\ &= \mathrm{e}^{x_0}\cdot \lim_{t\to 0}\mathrm{e}^t = \mathrm{e}^{x_0}\cdot 1 = \mathrm{e}^{x_0}.\end{aligned}$$

(3) 因为 $\lim\limits_{x\to x_0} u(x) = a > 0$, $\lim\limits_{x\to x_0} v(x) = b$, 则有

$$\lim_{x\to x_0} \ln u(x) = \ln a, \quad \lim_{x\to x_0} v(x)\ln u(x) = b\ln a,$$

故

$$\lim_{x\to x_0} u(x)^{v(x)} = \lim_{x\to x_0} \mathrm{e}^{v(x)\ln u(x)} = \mathrm{e}^{\lim\limits_{x\to x_0} v(x)\ln u(x)} = \mathrm{e}^{b\ln a} = a^b.$$

例 25 试利用 $\sin x \sim x\,(x\to 0)$, 证明: $\tan x - \sin x \sim \dfrac{1}{2}x^3\,(x\to 0)$.

证明 当 $x\to 0$ 时

$$\begin{aligned}\tan x - \sin x &= \sin x\left(\frac{1}{\cos x}-1\right) = \sin x\cdot\frac{1-\cos x}{\cos x}\\ &= \sin x\cdot\frac{2\sin^2\left(\dfrac{x}{2}\right)}{\cos x} \sim x\cdot\frac{2\cdot\left(\dfrac{x}{2}\right)^2}{1} = \frac{1}{2}x^3.\end{aligned}$$

例 26 求下列极限:

(1) $\lim\limits_{x\to\infty}\left(\dfrac{4x-3}{4x+1}\right)^{3x}$; (2) $\lim\limits_{x\to 0}(\cos x)^{\frac{1}{x\sin x}}$; (3) $\lim\limits_{x\to 0}\left(\dfrac{\sin x}{\tan x}\right)^{\frac{1}{\tan^2 x}}$.

分析 这是三个"1^∞"未定型极限, 联想到第二个重要极限 $\lim\limits_{x\to\infty}\left(1+\dfrac{1}{x}\right)^x$ 也是这种类型, 可考虑利用该重要极限.

解 (1) 因为

$$\left(\frac{4x-3}{4x+1}\right)^{3x} = \left(1+\frac{-4}{4x+1}\right)^{3x} = \left(1+\frac{-4}{4x+1}\right)^{\frac{4x+1}{-4}\cdot\frac{-4}{4x+1}\cdot 3x},$$

并且

$$\lim_{x\to\infty}\left(1+\frac{-4}{4x+1}\right)^{\frac{4x+1}{-4}} = \mathrm{e},\quad \lim_{x\to\infty}\frac{-4}{4x+1}\cdot 3x = -3,$$

故有

$$\lim_{x\to\infty}\left(\frac{4x-3}{4x+1}\right)^{3x} = \mathrm{e}^{-3}.$$

(2) 因为

$$(\cos x)^{\frac{1}{x\sin x}} = [1+(\cos x-1)]^{\frac{1}{\cos x-1}\cdot\frac{\cos x-1}{x\sin x}},$$

并且

$$\lim_{x\to 0}[1+(\cos x-1)]^{\frac{1}{\cos x-1}} = \mathrm{e},$$

由变量的等价替换得

$$\lim_{x\to 0}\frac{\cos x-1}{x\sin x} = \lim_{x\to 0}\frac{-\dfrac{1}{2}x^2}{x^2} = -\frac{1}{2}.$$

故有

$$\lim_{x\to 0}(\cos x)^{\frac{1}{x\sin x}}=\mathrm{e}^{-\frac{1}{2}}=\frac{1}{\sqrt{\mathrm{e}}}.$$

(3) 因为

$$\left(\frac{\sin x}{\tan x}\right)^{\frac{1}{\tan^2 x}}=\left(1+\frac{\sin x-\tan x}{\tan x}\right)^{\frac{\tan x}{\sin x-\tan x}\cdot\frac{\sin x-\tan x}{\tan x}\cdot\frac{1}{\tan^2 x}},$$

并且

$$\lim_{x\to 0}\left(1+\frac{\sin x-\tan x}{\tan x}\right)^{\frac{\tan x}{\sin x-\tan x}}=\mathrm{e},$$

由变量的等价替换得

$$\lim_{x\to 0}\frac{\sin x-\tan x}{\tan x}\cdot\frac{1}{\tan^2 x}=\lim_{x\to 0}\frac{-\frac{1}{2}x^3}{x}\cdot\frac{1}{x^2}=-\frac{1}{2}.$$

故有

$$\lim_{x\to 0}\left(\frac{\sin x}{\tan x}\right)^{\frac{1}{\tan^2 x}}=\mathrm{e}^{-\frac{1}{2}}=\frac{1}{\sqrt{\mathrm{e}}}.$$

例 27 求下列极限:

(1) $\lim\limits_{x\to 0}\dfrac{\ln(\sin x+\mathrm{e}^{3x})-3x}{\ln(\tan x+\mathrm{e}^{5x})-5x}$; (2) $\lim\limits_{x\to 0}\dfrac{(1+x^2)^{\pi}-\cos x}{\sin x^2}$;

(3) $\lim\limits_{x\to 0}\dfrac{(1+ax)^b-(1+cx)^d}{x}$; (4) $\lim\limits_{x\to +\infty}\dfrac{x}{\ln x}\cdot(x^{\frac{1}{x}}-1)$.

分析 可考虑利用合项法、拆项法、函数的恒等变形、变量的等价替换法来求解.

解 (1)

$$\begin{aligned}\lim_{x\to 0}\frac{\ln(\sin x+\mathrm{e}^{3x})-3x}{\ln(\tan x+\mathrm{e}^{5x})-5x}&=\lim_{x\to 0}\frac{\ln(\sin x+\mathrm{e}^{3x})-\ln(\mathrm{e}^{3x})}{\ln(\tan x+\mathrm{e}^{5x})-\ln(\mathrm{e}^{5x})}\\&=\lim_{x\to 0}\frac{\ln(\sin x\cdot\mathrm{e}^{-3x}+1)}{\ln(\tan x\cdot\mathrm{e}^{-5x}+1)}\\&=\lim_{x\to 0}\frac{\sin x\cdot\mathrm{e}^{-3x}}{\tan x\cdot\mathrm{e}^{-5x}}\\&=\lim_{x\to 0}\frac{\sin x}{\tan x}=\lim_{x\to 0}\frac{x}{x}=1.\end{aligned}$$

(2)

$$\begin{aligned}\lim_{x\to 0}\frac{(1+x^2)^{\pi}-\cos x}{\sin x^2} &= \lim_{x\to 0}\frac{(1+x^2)^{\pi}-\cos x}{x^2}\\ &= \lim_{x\to 0}\frac{(1+x^2)^{\pi}-1}{x^2}+\lim_{x\to 0}\frac{1-\cos x}{x^2}\\ &= \lim_{x\to 0}\frac{\pi x^2}{x^2}+\lim_{x\to 0}\frac{\frac{1}{2}x^2}{x^2}=\pi+\frac{1}{2}.\end{aligned}$$

(3)

$$\begin{aligned}\lim_{x\to 0}\frac{(1+ax)^b-(1+cx)^d}{x} &= \lim_{x\to 0}\frac{(1+ax)^b-1}{x}-\lim_{x\to 0}\frac{(1+cx)^d-1}{x}\\ &= \lim_{x\to 0}\frac{bax}{x}-\lim_{x\to 0}\frac{dcx}{x}=ab-cd.\end{aligned}$$

(4) 因为当 $x\to+\infty$ 时, $\dfrac{\ln x}{x}\to 0$, 故

$$\lim_{x\to+\infty}\frac{x}{\ln x}\cdot(x^{\frac{1}{x}}-1)=\lim_{x\to+\infty}\frac{x}{\ln x}\cdot(\mathrm{e}^{\frac{\ln x}{x}}-1)=\lim_{x\to+\infty}\frac{x}{\ln x}\cdot\frac{\ln x}{x}=1.$$

例 28　证明或求解下列各题:

(1) 试证: $[1+a_1t+o(t)]\cdot[1+a_2t+o(t)]=[1+(a_1+a_2)t+o(t)]\,(t\to 0)$;

(2) 已知 $t\to 0$ 时, $\mathrm{e}^t=1+t+o(t)$, $\cos t=1-\dfrac{1}{2}t^2+o(t^2)$, 求极限

$$l=\lim_{x\to 0}\frac{\cos 2x-\mathrm{e}^{x^2}\cos x}{1-\cos x\cos 2x\cos 3x}\ ;$$

(3) 求常数 a, 使其满足: $1-\prod\limits_{k=1}^{9}\sqrt[k]{\cos kx}=ax^2+o(x^2)\,(x\to 0)$.

证明　(1) 所证式左端为三项乘以三项, 按分配律应得到九项, 但在 $t\to 0$ 时, 除 1, a_1t, a_2t 这三项之外, 余下的六项皆属于 $o(t)$ 类型的变量, 而六个 $o(t)$ 类型的变量之和仍为 $o(t)$ 类型的变量, 故 (1) 的结论得证.

实际上, 可将 (1) 的结论推广为

$$\prod_{i=1}^{n}[1+a_it+o(t)]=[1+(a_1+a_2+\cdots+a_n)t+o(t)]\quad(t\to 0).$$

解 (2) 由已知及 (1) 的结论可得, 当 $x\to 0$ 时

$$
\begin{aligned}
1-\cos x\cos 2x\cos 3x &= 1-\left(1-\frac{1}{2}x^2+o(x^2)\right)\cdot\left(1-\frac{1}{2}(2x)^2+o(x^2)\right)\\
&\quad\cdot\left(1-\frac{1}{2}(3x)^2+o(x^2)\right)\\
&= 1-\left(1+\left(-\frac{1}{2}-\frac{4}{2}-\frac{9}{2}\right)x^2+o(x^2)\right)\\
&= 7x^2+o(x^2)\ \sim\ 7x^2,
\end{aligned}
$$

$$
\begin{aligned}
\cos 2x-\mathrm{e}^{x^2}\cos x &= \cos 2x-(1+x^2+o(x^2))\cdot\left(1-\frac{1}{2}x^2+o(x^2)\right)\\
&= \cos 2x-\left(1+\frac{1}{2}x^2+o(x^2)\right)\\
&= 1-\frac{1}{2}(2x)^2+o(x^2)-\left(1+\frac{1}{2}x^2+o(x^2)\right)\\
&= -\frac{5}{2}x^2+o(x^2)\ \sim\ -\frac{5}{2}x^2.
\end{aligned}
$$

综上, 由等价变量替换法知

$$
l=\lim_{x\to 0}\frac{\cos 2x-\mathrm{e}^{x^2}\cos x}{1-\cos x\cos 2x\cos 3x}=\lim_{x\to 0}\frac{-\dfrac{5}{2}x^2}{7x^2}=-\frac{5}{14}.
$$

(3) 首先有 $(1+t)^u=1+ut+o(t)(t\to 0)$, 因而当 $k\neq 0,\ x\to 0$ 时

$$
\begin{aligned}
\sqrt[k]{\cos kx}=\sqrt[k]{1+(\cos kx-1)} &= 1+\frac{1}{k}(\cos kx-1)+o((\cos kx-1))\\
&= 1-\frac{1}{k}(1-\cos kx)+o(x^2)\\
&= 1-\frac{1}{k}\cdot\frac{1}{2}\cdot k^2x^2+o(x^2)=1-\frac{k}{2}x^2+o(x^2).
\end{aligned}
$$

再利用 (1) 的结论得

$$
\prod_{k=1}^{9}\sqrt[k]{\cos kx}=1-\left(\sum_{k=1}^{9}\frac{k}{2}\right)x^2+o(x^2)\quad(x\to 0),
$$

移项、整理化简后得

$$
1-\prod_{k=1}^{9}\sqrt[k]{\cos kx}=\frac{45}{2}x^2+o(x^2)\quad(x\to 0),
$$

故$a=\dfrac{45}{2}$.

思考题　求下列极限:

1. $\lim\limits_{x\to\infty}\dfrac{x(3+4\sin x)}{x^2-9}$;　　2. $\lim\limits_{x\to0}\dfrac{1+\tan ax-e^{bx^2}}{1+\sin px-\cos qx}\,(p\neq0)$;

3. $\lim\limits_{x\to0}\dfrac{\sqrt{3}-\sqrt{2+\cos x}}{x\arcsin x}$;　　4. $\lim\limits_{x\to0}\dfrac{2\sin x-\sin(2x)}{x^2\tan x}$.

例 29　证明下列各题:

(1) $\arctan(\sqrt[3]{x^3+x}-x)\ \sim\ \dfrac{1}{3x}\,(x\to\infty)$;

(2) 当 $\gamma\neq0,\ \alpha>\beta$ 时, 有 $(x^\alpha+x^\beta)^\gamma-x^{\alpha\gamma}\ \sim\ \gamma\cdot x^{\alpha\gamma+\beta-\alpha}\,(x\to+\infty)$;

(3) 若 $\lim\limits_{x\to0}\dfrac{1}{x^2}\left(\sqrt{4+\dfrac{1}{x}f(x)}-2\right)=\dfrac{3}{4}$, 则 $f(x)\sim3x^3\,(x\to0)$.

证明　(1) 当 $x\to\infty$ 时

$$\sqrt[3]{x^3+x}-x=x\left(\sqrt[3]{1+\frac{1}{x^2}}-1\right)\ \sim\ x\cdot\frac{1}{3}\cdot\frac{1}{x^2}=\frac{1}{3x},$$

这是非零无穷小量, 故有

$$\arctan(\sqrt[3]{x^3+x}-x)\ \sim\ \sqrt[3]{x^3+x}-x\ \sim\ \frac{1}{3x}\quad(x\to\infty).$$

(2) 当 $x\to+\infty$ 时, $x^{\beta-\alpha}$ 是非零无穷小量, 故

$$(x^\alpha+x^\beta)^\gamma-x^{\alpha\gamma}=x^{\alpha\gamma}((1+x^{\beta-\alpha})^\gamma-1)\ \sim\ x^{\alpha\gamma}\cdot\gamma\cdot x^{\beta-\alpha}=\gamma\cdot x^{\alpha\gamma+\beta-\alpha}$$

$$(x\to+\infty).$$

(3) 由题中极限式, 当 $x\to0$ 时, $\dfrac{f(x)}{x}$ 是非零无穷小量, 并有

$$\begin{aligned}&\frac{1}{x^2}\left(\sqrt{4+\frac{1}{x}f(x)}-2\right)=\frac{3}{4}+o(1)\\&\quad\Longrightarrow\sqrt{4+\frac{1}{x}f(x)}-2=\frac{3}{4}x^2+o(x^2)\\&\quad\Longrightarrow\sqrt{1+\frac{1}{4x}f(x)}-1=\frac{3}{8}x^2+o(x^2)\\&\quad\Longrightarrow\frac{1}{2}\cdot\frac{1}{4x}f(x)\ \sim\ \sqrt{1+\frac{1}{4x}f(x)}-1\ \sim\ \frac{3}{8}x^2.\end{aligned}$$

则得 $\dfrac{f(x)}{8x} \sim \dfrac{3}{8}x^2\,(x\to 0)$, 故 $f(x) \sim 3x^3\,(x\to 0)$.

例 30 (1) 设 $a>0$, $\lim\limits_{x\to+\infty}(\sqrt{ax^2+2bx+c}-dx-e)=0$, 求 a,b,c,d,e 之间的关系;

(2) 试确定常数 α,β,λ, 使得 $\lim\limits_{x\to 0}\dfrac{\sqrt{4(1+x)^3-3}-\alpha-\beta x-\lambda x^2}{x^2}=0$.

解 (1) 解法 1 在题中条件下必有 $d>0$, 因而 $x\to+\infty$ 时, $\sqrt{ax^2+2bx+c}+dx+e$ 与 $(\sqrt{a}+d)x$ 是等价无穷大量. 则有

$$\begin{aligned}&\lim_{x\to+\infty}\frac{ax^2+2bx+c-(dx+e)^2}{\sqrt{ax^2+2bx+c}+dx+e}\\&=\lim_{x\to+\infty}\frac{(a-d^2)x^2+2(b-de)x+c-\mathrm{e}^2}{(\sqrt{a}+d)x}=0,\end{aligned}$$

故 $a-d^2=0,\ b-de=0\,(d>0)$, 即有 $d=\sqrt{a},\ e=\dfrac{b}{\sqrt{a}}$ (c 对题中极限没有影响).

解法 2 由分子有理化的方法得

$$\lim_{t\to+\infty}\left(\sqrt{t+t_0}-\sqrt{t+t_1}\right)=0,$$

因而

$$\begin{aligned}&\lim_{x\to+\infty}\left(\sqrt{ax^2+2bx+c}-\sqrt{ax^2+2bx+\frac{b^2}{a}}\right)\\&=\lim_{x\to+\infty}\left(\sqrt{ax^2+2bx+c}-\left(\sqrt{a}x+\frac{b}{\sqrt{a}}\right)\right)=0.\end{aligned}$$

上述极限式与题中式相减得

$$\lim_{x\to+\infty}\left(dx+e-\sqrt{a}x-\frac{b}{\sqrt{a}}\right)=0,$$

由此推定 $d=\sqrt{a},\ e=\dfrac{b}{\sqrt{a}}$ (c 的不同选择对题中极限没有影响).

(2) 由已知可得 $\alpha=1$, 则题中函数极限可等价地写成

$$\begin{aligned}&\lim_{x\to 0}\frac{4(1+x)^3-3-(1+\beta x+\lambda x^2)^2}{(\sqrt{4(1+x)^3-3}+1+\beta x+\lambda x^2)x^2}\\&=\lim_{x\to 0}\frac{(12-2\beta)x+(12-\beta^2-2\lambda)x^2+o(x^2)}{2x^2}=0,\end{aligned}$$

则得

$$12-2\beta=0, \quad 12-\beta^2-2\lambda=0.$$

所以题中函数极限成立当且仅当 $\alpha=1$, $\beta=6$, $\lambda=-12$.

注记 在学习了泰勒公式之后, 例 30(2) 可采用如下解法: 先求出函数 $f(x)=\sqrt{4(1+x)^3-3}$ 在 $x=0$ 处的二阶带佩亚诺 (Peano) 余项的泰勒展式.

思考题 1. 设 $f(x)=\dfrac{\sqrt{1+6\tan x-4\tan^2 x}-a-b\tan x}{\ln(1+3x^2)}$, 且函数极限 $\lim\limits_{x\to 0} f(x)$ 存在, 试确定常数 a, b 的值;

2. 试确定常数 α, β 的值, 使得 $\arcsin(\sqrt{3x^2-2\sqrt{x}}-\sqrt{3}x) \sim \dfrac{\beta}{x^\alpha}(x\to+\infty)$.

小　结

极限的概念和相关内容是微积分学的基础, 建立清晰准确的概念, 熟练掌握各种证明方法和计算方法, 对学好微积分大有裨益. 判断一个变量的敛散性或其极限的存在性, 有如下一些常见的方法 (其中后三种方法是学习了微分学或积分学之后的方法):

1. 利用函数极限的 ε-δ 定义, 去判断证明变量收敛或发散.

2. 使用极限的性质, 利用常见简单极限以及初等函数的连续性, 去判断证明变量的极限存在或不存在.

3. 利用两个重要极限.

4. 运用等价变量替换法.

5. 使用夹逼定理.

6. 运用单调有界判别法.

7. 使用极限的柯西收敛准则.

8. 运用函数带佩亚诺余项的泰勒展式.

9. 使用函数极限的洛必达法则 (对应地, 使用数列极限的斯托尔兹定理).

10. 因 a_n 可被视为 n 份分割之下的一个黎曼 (Riemann) 和, 数列 $\{a_n\}$ 收敛到相应的定积分值 ($n\to\infty$ 时, 分割宽度趋于零).

1.4 函数的连续性

知识要点

◇ 连续函数的概念

1. 连续性的定义

设函数 $f(x)$ 在点 x_0 的某个邻域 $U(x_0)$ 内有定义.

$f(x)$ 在点 x_0 处连续 $\Longleftrightarrow \forall\ \varepsilon>0,\ \exists\ \delta>0,$ 使得当 $|x-x_0|<\delta$ 时, 有 $|f(x)-f(x_0)|<\varepsilon \Longleftrightarrow \lim\limits_{x\to x_0} f(x)=f(x_0)$.

$f(x)$ 在点 x_0 处连续的三要素: (1) $f(x)$ 在 x_0 的邻域中有定义; (2) $f(x)$ 在点 x_0 处有极限; (3) $f(x)$ 在点 x_0 处极限等于 $f(x_0)$.

2. 单侧连续性

$f(x)$ 在点 x_0 右连续 $\Longleftrightarrow f(x_0+0)=\lim\limits_{x\to x_0^+} f(x)=f(x_0)$;

$f(x)$ 在点 x_0 左连续 $\Longleftrightarrow f(x_0-0)=\lim\limits_{x\to x_0^-} f(x)=f(x_0)$.

3. 区间上连续

如果函数 $f(x)$ 在区间 I 中每一点都连续, 则称函数 $f(x)$ 在区间 I 中连续. 当区间 I 含有端点时, 端点处的连续性是指相应的单侧连续性.

4. 函数的间断点

当函数 $f(x)$ 在 x_0 处不连续时, 则称 x_0 是 $f(x)$ 的间断点.

若 $f(x)$ 在其间断点 x_0 处的左右极限都存在, 则称 x_0 是 $f(x)$ 的**第一类间断点**. 第一类间断点分为: **可去间断点** $(f(x_0-0)=f(x_0+0))$ 和**跳跃间断点** $(f(x_0-0)\neq f(x_0+0))$.

若 $f(x)$ 在其间断点 x_0 处的左右极限至少有一个不存在, 则称 x_0 是 $f(x)$ 的**第二类间断点**.

5. 一致连续性

设函数 $f(x)$ 在区间 I 中有定义, 如果对 $\forall\,\varepsilon>0, \exists\,\delta=\delta(\varepsilon)>0$, 使得对 I 中的任意两点 x_1 和 x_2, 当 $|x_1-x_2|<\delta$ 时, 就有 $|f(x_1)-f(x_2)|<\varepsilon$, 则称 $f(x)$ 在区间 I 中一致连续.

显见, $f(x)$ 在区间 I 中一致连续蕴含 $f(x)$ 在区间 I 中连续, 反之则不然.

◇ 与连续性相关的性质

1. 局部有界性

若函数 $f(x)$ 在点 x_0 连续, 则 $f(x)$ 在 x_0 的某个邻域内有界.

2. 局部保序性

若函数 $f(x)$ 在点 x_0 连续且 $f(x_0)>c$, 则在 x_0 的某个邻域内恒成立 $f(x)>c$ (不等号反向, 亦有对应结论).

3. 连续函数的四则运算

若 $f(x)$ 与 $g(x)$ 在点 x_0 连续, 则 $f(x)\pm g(x)$, $f(x)g(x)$, $\dfrac{f(x)}{g(x)}(g(x_0)\neq 0)$ 也在点 x_0 连续.

4. 复合函数的连续性

若函数 $\varphi(t)$ 在点 t_0 连续, 而函数 $f(x)$ 在点 $x_0=\varphi(t_0)$ 连续, 则复合函数 $f(\varphi(t))$ 在点 t_0 连续.

5. 反函数的连续性

若 $y=f(x)$ 是定义在区间 I 中的严格单调增 (减) 连续函数, 则其反函数 $x=f^{-1}(y)$ 是定义在对应的像区间 $J=f(I)$ 上的严格单调增 (减) 连续函数.

6. 初等函数的连续性

基本初等函数 (常值函数、幂函数、三角函数、反三角函数、指数函数、对数函数等) 在其定义区间内是连续的. 由基本初等函数经有限次四则运算与复合运算后所得到的函数被称为初等函数, 初等函数在其定义区间内是连续的.

◇ 有界闭区间上连续函数的性质

有界闭区间上的连续函数具有如下一些性质 (这几条性质来自于实数的完备性, 即实数连续性公理, 该公理有五个常见等价表述方式):

1. 零值定理

设 $f(x)$ 是有界闭区间 $[a,b]$ 上的连续函数, 且 $f(a)f(b)<0$, 则至少存在一点 $\xi\in(a,b)$, 使得 $f(\xi)=0$.

2. 介值定理

设 $f(x)$ 是区间 I 上的连续函数, $a,b\in I$ 且 r 是介于 $f(a)$ 和 $f(b)$ 之间的任意实数, 则 a 与 b 之间至少存在一点 c, 使得 $f(c)=r$.

3. 最值定理

设 $f(x)$ 是有界闭区间 $[a,b]$ 上的连续函数, 则它在 $[a,b]$ 上是有界的, 且能取到它在 $[a,b]$ 上的最大值与最小值.

4. 一致连续性定理

设 $f(x)$ 是有界闭区间 $[a,b]$ 上的连续函数, 则 $f(x)$ 在 $[a,b]$ 上一致连续.

精 选 例 题

例 31 指出下列各函数的间断点并说明其间断点的类型:

(1) $f(x)=x\ln|x|$; (2) $g(x)=\dfrac{1}{2^{\frac{1}{x}}+1}$; (3) $h(x)=\dfrac{3^{\frac{1}{x}}+6}{3^{\frac{1}{x}}-3}$.

解　(1) 显见, 当 $x \neq 0$ 时, 函数 $f(x)$ 连续. 而 $x=0$ 处的单侧极限为

$$f(0+0)=f(0-0)=0,$$

故 $f(x)$ 仅有一个间断点 $x=0$, 且它是 $f(x)$ 的可去间断点.

(2) 显见, 当 $x \neq 0$ 时, 函数 $g(x)$ 连续. 而 $x=0$ 处的单侧极限为

$$g(0+0)=0 \neq g(0-0)=1,$$

故 $g(x)$ 仅有一个间断点 $x=0$, 且它是 $g(x)$ 的跳跃间断点.

(3) 显见, 当 $x \neq 0$ 且 $x \neq 1$ 时, 函数 $h(x)$ 连续. $x=0$ 处的单侧极限为

$$h(0+0)=1 \neq h(0-0)=-2,$$

故 $x=0$ 是函数 $h(x)$ 的跳跃间断点.

另外, 在 $x=1$ 处有 $\lim\limits_{x \to 1} h(x)=\infty$, 故 $x=1$ 是函数 $h(x)$ 的第二类间断点 (具体地说, 是无穷间断点; 无穷间断点是局部无界间断点的一种特殊情形).

例 32　讨论函数 $f(x)=\lim\limits_{n \to \infty} \dfrac{x^{n+2}}{\sqrt{2^{2n}+x^{2n}}}$ 在区间 $[0,+\infty)$ 中的连续性.

解　实际上, $f(x)$ 是一个分段函数, 易算得

$$f(x)=\begin{cases} 0 & (0 \leqslant x<2), \\ 2\sqrt{2} & (x=2), \\ x^2 & (x>2). \end{cases}$$

显见, 当 $0 \leqslant x \neq 2$ 时, 函数 $f(x)$ 是连续的. 在点 $x=2$ 的单侧极限为

$$f(2-0)=0 \neq f(2+0)=4,$$

故 $x=2$ 是函数 $f(x)$ 的跳跃间断点.

例 33　设函数 $f(x)$ 与 $g(x)$ 在 x_0 的某邻域中有定义并都在点 x_0 连续, 试证:

(1) $|f(x)|$ 在点 x_0 连续;

(2) $\max\{f(x),g(x)\}$ 与 $\min\{f(x),g(x)\}$ 也在点 x_0 连续.

解　(1) 由于 $f(x)$ 在点 x_0 连续, 故 $\lim\limits_{x \to x_0}|f(x)-f(x_0)|=0$. 又

$$\big||f(x)|-|f(x_0)|\big| \leqslant |f(x)-f(x_0)|,$$

于是

$$\lim_{x\to x_0}(|f(x)|-|f(x_0)|)=0, \quad 即 \quad \lim_{x\to x_0}|f(x)|=|f(x_0)|,$$

也就是 $|f(x)|$ 在点 x_0 连续.

(2) 因为有限个在点 x_0 连续的函数的线性组合, 仍然在该点连续, 而且

$$\max\{f(x),g(x)\}=\frac{1}{2}f(x)+\frac{1}{2}g(x)+\frac{1}{2}|f(x)-g(x)|,$$
$$\min\{f(x),g(x)\}=\frac{1}{2}f(x)+\frac{1}{2}g(x)-\frac{1}{2}|f(x)-g(x)|,$$

故由 (1) 的结论知 $|f(x)-g(x)|$ 在点 x_0 连续, 从而 $\max\{f(x),g(x)\}$ 与 $\min\{f(x), g(x)\}$ 也在点 x_0 连续.

例 34 实常数 a, b, α, β 满足 $a>1$, $\alpha>0$, 试证:

(1) 数列极限 $\lim\limits_{n\to\infty}\dfrac{n^b}{a^n}=0$;

(2) 函数极限 $\lim\limits_{x\to+\infty}\dfrac{x^b}{a^x}=0$;

(3) 函数极限 $\lim\limits_{x\to+\infty}\dfrac{(\ln x)^\beta}{x^\alpha}=0\left(\Longrightarrow \lim\limits_{x\to+\infty}\dfrac{\ln x}{x^\alpha}=0\right)$;

(4) 函数极限 $\lim\limits_{x\to0^+}x^\alpha\cdot(-\ln x)^\beta=0\left(\Longrightarrow \lim\limits_{x\to0^+}x^\alpha\cdot\ln x=0\right)$.

证明 (1) 选定一个正整数 k 满足 $k>b$, 则当 $n>k$ 时

$$a^n=(1+(a-1))^n>\frac{n(n-1)\cdots(n-k+1)}{k!}(a-1)^k.$$

进而当 $n>k$ 时

$$0<\frac{n^b}{a^n}<\frac{k!}{\left(1-\frac{1}{n}\right)\left(1-\frac{2}{n}\right)\cdots\left(1-\frac{k-1}{n}\right)\cdot(a-1)^k}\cdot\frac{1}{n^{k-b}}.$$

令 $n\to\infty$, 由夹逼定理得 $\lim\limits_{n\to\infty}\dfrac{n^b}{a^n}=0$.

(2) 用 “$[x]$” 表示对 x 取整 (即不超过 x 的最大整数), 则当 $x\geqslant1$ 时

$$0<\frac{x^b}{a^x}\leqslant\frac{x^b}{a^{[x]}}=\left(\frac{x}{[x]}\right)^b\cdot\frac{[x]^b}{a^{[x]}}.$$

令 $x\to+\infty$, 则 $\left(\dfrac{x}{[x]}\right)^b\to1$ (幂函数 t^b 在 $t>0$ 时连续), 利用 (1) 中结论及夹逼定理得

$$\lim_{x\to+\infty}\frac{x^b}{a^x}=0.$$

(3) 当 $x>0$ 时

$$\frac{(\ln x)^\beta}{x^\alpha}=\left(\frac{1}{\alpha}\right)^\beta\cdot\frac{(\alpha\ln x)^\beta}{\mathrm{e}^{\alpha\ln x}}.$$

令 $x\to+\infty$, 利用 (2) 中结论得 $\lim\limits_{x\to+\infty}\dfrac{(\ln x)^\beta}{x^\alpha}=0$.

(4) 令 $x=\dfrac{1}{t}(t>0)$, 所证即化为 (3) 的形式.

例 35 已知: $0<\ln(1+t)<t(t>0)$, $\ln(1+t)=t-\dfrac{1}{2}t^2+o(t^2)\,(t\to 0)$, 令 $a_1>0$, $a_{n+1}=\ln(1+a_n)$, $n=1,2,\cdots$. 求数列极限 $\lim\limits_{n\to\infty}na_n$.

解 由已知

$$0<\ln(1+t)<t\,(t>0)\quad 及\quad a_{n+1}=\ln(1+a_n),$$

则知数列 $\{a_n\}$ 是严格单调减的正数列并趋近于零. 又因为

$$\ln(1+t)=t-\frac{1}{2}t^2+o(t^2)\quad(t\to 0),$$

故当 $t\to 0$ 时

$$\ln(1+t)=t+o(t)\sim t,\quad t\ln(1+t)\sim t^2,\quad t-\ln(1+t)=\frac{1}{2}t^2+o(t^2)\sim\frac{1}{2}t^2.$$

由斯托尔兹定理及变量等价替换法 $\left(用到数列\left\{\dfrac{1}{a_n}\right\}严格单调递增发散到 +\infty\right)$,

$$\begin{aligned}\lim_{n\to\infty}na_n=\lim_{n\to\infty}\frac{n}{\dfrac{1}{a_n}}=\lim_{n\to\infty}\frac{(n+1)-n}{\dfrac{1}{a_{n+1}}-\dfrac{1}{a_n}}&=\lim_{n\to\infty}\frac{a_n\cdot a_{n+1}}{a_n-a_{n+1}}\\&=\lim_{n\to\infty}\frac{a_n\cdot\ln(1+a_n)}{a_n-\ln(1+a_n)}\\&=\lim_{t\to 0}\frac{t\cdot\ln(1+t)}{t-\ln(1+t)}\\&=\lim_{t\to 0}\frac{t^2}{\dfrac{1}{2}\cdot t^2}=2.\end{aligned}$$

例 36 记 $x_n=\arctan\circ\arctan\circ\cdots\circ\arctan(n!)$, 表示有 n 重反正切函数的复合, 试证数列 $\{x_n\}$ 收敛并求极限 $\lim\limits_{n\to\infty}x_n$.

分析 注意到当 $0<x<\dfrac{\pi}{2}$ 时, $x<\tan x$, 可推知当 $x>0$ 时, $0<\arctan x<x$.

证明 因为对任意的 $n\in\mathbb{N}$ 都有 $0<\arctan(n!)<\frac{\pi}{2}$, 而 $\arctan x$ 在 $(0,+\infty)$ 上严格单调增. 令

$$y_n=\arctan\circ\arctan\circ\cdots\circ\arctan\frac{\pi}{2}\quad(n-1\text{重反正切函数的复合}),$$

特别地, $y_1=\frac{\pi}{2}$, 则有

$$0<x_n<y_n\quad(n=1,2,\cdots).\tag{1}$$

下证 $\{y_n\}$ 的极限存在且为 0.

易见 $\{y_n\}$ 是严格单调减的数列且有下界 0, 因而它收敛. 令 $\{y_n\}$ 的极限值为 y, 由数列极限的最终保序性知 $y\geqslant 0$. 对递推式

$$y_{n+1}=\arctan y_n$$

两边取极限 $(n\to\infty)$, 并利用函数 $\arctan x$ 的连续性, 得

$$y=\arctan y.$$

再结合 $y\geqslant 0$ 知 $y=0$, 即 $\lim\limits_{n\to\infty}y_n=0$.

在式 (1) 中令 $n\to\infty$, 并由夹逼定理得 $\lim\limits_{n\to\infty}x_n=0$.

注记 满足方程 $f(x)=x$ 的解被称为函数 $f(x)$ 的不动点. 迭代函数值列

$$x_{n+1}=f(x_n)\quad(n=0,1,2,\cdots),$$

在简单情形下, 可能以压缩的方式严格单调地趋近于函数的不动点, 如同上述证明中的数列 $\{y_n\}$ 那样. 另外一个简单情形是, 该函数值列的奇偶子列在函数不动点的两侧去心邻域中的行为分别如前述方式.

思考题 1. 设 $x_n=\sin\circ\sin\circ\cdots\circ\sin(\sqrt{n})$, 表示 n 重正弦函数的复合, 试求数列 $\{x_n\}$ 的极限.

2. 设 $a\neq r$, 且 $a,r>0$, $a_1=a$, $a_{n+1}=\dfrac{(1+r)a_n}{1+a_n}$, $n=1,2,\cdots$, 试证数列 $\{a_n\}$ 严格单调趋于 r.

3. 设 $0<x_1\neq 1, x_{n+1}=x_n\cdot \mathrm{e}^{x_n-1}, n=1,2,\cdots$, 试讨论数列 $\{x_n\}$ 的敛散性.

4. 设 $a>0,x_0>0,x_{n+1}=\dfrac{1}{3}\left(2x_n+\dfrac{a}{x_n^2}\right),n=0,1,2,\cdots$, 试证数列 $\{x_n\}$ 收敛.

5. 试求函数极限 $\lim\limits_{x\to+\infty}\left(\sin\dfrac{4x+9}{2x-1}\right)^{x}$.

例 37　(1) 设函数 $f(x)$ 在区间 $[a,a+nh]$ 上连续, 其中 $h>0$, 整数 $n\geqslant 2$. 试证: 存在 $x_0\in[a,a+(n-1)h]$, 使得

$$f(x_0+h)-f(x_0)=\frac{f(a+nh)-f(a)}{n}.$$

(2) 设 $g(x)$ 是定义在 $(-\infty,+\infty)$ 上的以 $T(>0)$ 为周期的连续函数, 整数 $n\geqslant 2$. 试证: 存在 $x_0\in(-\infty,+\infty)$, 使得

$$g\left(x_0+\frac{T}{n}\right)=g(x_0).$$

证明　(1) 令 $F(x)=f(x+h)-f(x)$, 显然 $F(x)$ 为 $[a,a+(n-1)h]$ 上的连续函数, 且由相邻相消法得

$$\sum_{k=0}^{n-1}F(a+kh)=\sum_{k=0}^{n-1}(f(a+kh+h)-f(a+kh))=f(a+nh)-f(a),$$

从而

$$\min_{0\leqslant k\leqslant n-1}\{F(a+kh)\}\leqslant\frac{f(a+nh)-f(a)}{n}\leqslant\max_{0\leqslant k\leqslant n-1}\{F(a+kh)\},$$

即存在 $k_1,k_2\in\{0,1,\cdots,n-1\}$, 使得

$$F(a+k_1h)\leqslant\frac{f(a+nh)-f(a)}{n}\leqslant F(a+k_2h).$$

由连续函数的介值定理, 存在介于 $a+k_1h$ 与 $a+k_2h$ 之间的一个点 x_0, 使得

$$F(x_0)=f(x_0+h)-f(x_0)=\frac{f(a+nh)-f(a)}{n}.$$

(2) 令 $h=\dfrac{T}{n}$, 并限制在区间 $[0,T]=[0,nh]$ 上来考察连续函数 $g(x)$, 它满足 $g(0)=g(T)$. 对 $g(x)$ 使用 (1) 中的结论, 即可得证.

例 38　设偶次多项式函数 $P(x)=x^{2n}+a_1x^{2n-1}+\cdots+a_{2n-1}x+a_{2n}$ 满足 $a_{2n}<0$, 试证: 方程 $P(x)=0$ 至少有一正根, 也至少有一负根.

证明　由无穷大量的等价关系 $P(x)\sim x^{2n}\,(x\to\infty)$, 有

$$P(\infty)=\lim_{x\to\infty}P(x)=\lim_{x\to\infty}x^{2n}=+\infty.$$

则存在 $M>0$, 使得当 $|x|\geqslant M$ 时, $P(x)>1$.

在区间 $[0,M]$ 上, $P(0)=a_{2n}<0, P(M)>1$, 由连续函数的介值定理,

$$\exists\xi_1\in(0,M)\quad 使得\quad P(\xi_1)=0;$$

同理,

$$\exists\xi_2\in(-M,0)\quad 使得\quad P(\xi_2)=0.$$

所以, 方程 $P(x)=0$ 至少有一正根, 也至少有一负根.

注记 设函数 $f(x)$ 在开区间 $I=(a,b)$ 内连续, 存在两单侧极限

$$\lim_{x\to a^+}f(x)=f(a+0)=l,\quad \lim_{x\to b^-}f(x)=f(b-0)=r,$$

且 $l\neq r$, 则函数 $f(x)$ 在开区间 I 内可取到严格介于 l 与 r 之间的任何值 (允许 I 是无界开区间, 也允许 l,r 为 $-\infty$ 或 $+\infty$).

例 39 试证:

(1) 方程 $P_n(x)=x^n+x^{n-1}+\cdots+x-1=0$ 有唯一的正根 r_n $(n=1,2,\cdots)$;

(2) 数列 $\{r_n\}$ 严格单调减趋于 $\dfrac{1}{2}$.

证明 (1) 显然 $P_n(x)$ 在区间 $[0,+\infty)$ 中严格单调增, 并满足

$$P_n(0)=-1,\quad P_n(+\infty)=\lim_{x\to+\infty}P_n(x)=+\infty,$$

则由连续函数的介值定理, $P_n(x)=0$ 有唯一的正根 r_n (可写出类似上例的证明细节).

(2) 因为

$$P_{n+1}(r_n)=r_n^{n+1}+P_n(r_n)=r_n^{n+1}+0=r_n^{n+1}>0=P_{n+1}(r_{n+1}),$$

而 $P_{n+1}(x)$ 在区间 $[0,+\infty)$ 严格单调增, 所以

$$r_n>r_{n+1}\quad(n=1,2,\cdots).$$

因此, $\{r_n\}$ 是一个严格单调减的正数列 (特别地 $r_1=1>r_2>0$), 故它收敛.

设 $\lim\limits_{n\to\infty}r_n=r$, 则有 $0\leqslant r<1$.

另一方面, $P_n(r_n)=0$, 即

$$(r_n^n+r_n^{n-1}+\cdots+r_n+1)-2=0 \quad 或 \quad \frac{1-r_n^{n+1}}{1-r_n}=2.$$

令 $n\to\infty$, 得 $\dfrac{1}{1-r}=2$ 即 $r=\dfrac{1}{2}$(其中 $\lim\limits_{n\to\infty} r_n^{n+1}=0$ 是由不等式 $0<r_n^{n+1}\leqslant r_2^{n+1}\,(n\geqslant 2)$ 及夹逼定理得到的). 所以, 数列 $\{r_n\}$ 严格单调减趋于 $\dfrac{1}{2}$.

思考题 1. 设 $f(x)$ 在 $[a,b]$ 上连续, 且 $f(a)\geqslant a, f(b)\leqslant b$, 试证: 存在 $x_0\in[a,b]$ 使得 $f(x_0)=x_0$.

2. 若函数 $f(x)$ 在有界半开半闭区间 $(a,b]$ (比如 $(0,1]$ 区间) 中一致连续, 试证: 函数 $f(x)$ 在有限点 a 处的右极限 $f(a+0)$ 存在且有限.

3. 若函数 $f(x)$ 在区间 I 中可导且导函数有界, 试证: $f(x)$ 在区间 I 中一致连续.

(在学习了拉格朗日微分中值定理之后, 容易完成思考题第 3 题.)

例 40 设函数 $f(x)$ 在区间 $[a,+\infty)$ 中连续, $f(+\infty)=l$ 存在且有限, 试证: 函数 $f(x)$ 在区间 $[a,+\infty)$ 中有界.

证明 证法 1 因为 $\lim\limits_{x\to+\infty} f(x)=l$, 故存在 $b(>a)$, 使得当 $x>b$ 时

$$l-1<f(x)<l+1,$$

又存在 $M_0>0$ 使得当 $x\in[a,b]$ 时, $|f(x)|\leqslant M_0$. 取 $M=\max\{M_0,\ |l|+1\}$, 则对任意 $x\in[a,+\infty)$ 都有 $|f(x)|\leqslant M$. 故函数 $f(x)$ 在区间 $[a,+\infty)$ 中有界.

证法 2 作闭区间 $[0,1]$ 上的函数 $F(x)$ 如下:

$$F(x)=\begin{cases} f\left(a+\dfrac{1}{x}-1\right) & (0<x\leqslant 1), \\ l & (x=0), \end{cases}$$

易见 $F(x)$ 在闭区间 $[0,1]$ 上连续, 因而 $F(x)$ 在 $[0,1]$ 上有界, 从而函数 $f(x)$ 在区间 $[a,+\infty)$ 中有界.

例 41 证明下列结论:

(1) 设函数 $f(x)$ 在区间 $[a,+\infty)$ 中连续, $f(+\infty)=l$ 存在且有限, 并存在 $b_0\in[a,+\infty)$ 使得 $f(b_0)\geqslant l$, 试证: 函数 $f(x)$ 在区间 $[a,+\infty)$ 中可取得最大值 (换成区间 $(-\infty,a]$, 亦有类似结论);

(2) 设函数 $g(x)$ 在区间 $(-\infty,+\infty)$ 中连续, $g(-\infty)$ 与 $g(+\infty)$ 皆存在且有限, 并存在 $x_0\in(-\infty,+\infty)$, 使得 $g(x_0)\geqslant g(-\infty)$ 且 $g(x_0)\geqslant g(+\infty)$, 试证: 函数 $g(x)$ 在区间 $(-\infty,+\infty)$ 中可取得最大值.

注记 在上述两结论中, 让不等号反向, 就可写出关于最小值的相应结论. (2) 中的区间 $(-\infty,+\infty)$ 还可换为任意开区间 I.

证明 (1) 下面给出两种证法.

证法 1 如果 $f(b_0)$ 是函数 $f(x)$ 在区间 $[a,+\infty)$ 中的最大值, 则结论便已经得证.

如果 $f(b_0)$ 不是函数 $f(x)$ 在区间 $[a,+\infty)$ 中的最大值, 则存在 $b\in[a,+\infty)$ 使得 $f(b)>f(b_0)\geqslant l$. 由函数极限的局部保序性, 存在 $B(>b)$, 使得当 $x>B$ 时 $f(x)<f(b)$.

从而函数 $f(x)$ 在闭区间 $[a,B]$ 中的最大值 $M(\geqslant f(b))$ 就是函数 $f(x)$ 在区间 $[a,+\infty)$ 中的最大值.

证法 2 作闭区间 $\left[0,\dfrac{\pi}{2}\right]$ 上的函数 $F(x)$ 如下:

$$F(x)=\begin{cases} f(a+\tan x) & \left(0\leqslant x<\dfrac{\pi}{2}\right),\\ l & \left(x=\dfrac{\pi}{2}\right).\end{cases}$$

易见 $F(x)$ 在闭区间 $\left[0,\dfrac{\pi}{2}\right]$ 上连续. 设 M 是函数 $F(x)$ 在闭区间 $\left[0,\dfrac{\pi}{2}\right]$ 上的最大值, 则

$$M\geqslant F(\arctan(b_0-a))=f(b_0)\geqslant l.$$

所以无论是 $M=F(\arctan(b_0-a))$ 还是 $M>F(\arctan(b_0-a))\,(\Longrightarrow M>l)$, M 一定是函数 $F(x)$ 在半开半闭区间 $\left[0,\dfrac{\pi}{2}\right)$ 中某一点的函数值, 则 M 就是 $f(x)$ 在区间 $[a,+\infty)$ 中的最大值. 所要结论得证.

(2) 利用 (1) 的结论, 函数 $g(x)$ 在区间 $[x_0,+\infty)$ 中取得最大值 M_1; 同理, 函数 $g(x)$ 在区间 $(-\infty,x_0]$ 中取得最大值 M_2. 显见, M_1 与 M_2 两者中的大者就是函数 $g(x)$ 在区间 $(-\infty,+\infty)$ 中的最大值.

例 42 设函数 $f(x)$ 在区间 $[a,+\infty)$ 中连续, $f(+\infty)$ 存在且有限, 试证: 函数 $f(x)$ 在区间 $[a,+\infty)$ 中一致连续.

证明　证法 1　因为 $f(+\infty)$ 存在且有限, 由柯西收敛准则, 对 $\forall\varepsilon>0$, $\exists M(>a)$, 使得当$x_1>M$, $x_2>M$ 时, 就有 $|f(x_1)-f(x_2)|<\varepsilon$. 而函数 $f(x)$ 在闭区间 $[a,M+1]$ 上一致连续, 因而对上面的 ε, $\exists\delta(0<\delta<1)$,使得 x_1, $x_2\in[a,M+1]$, 且 $|x_1-x_2|<\delta$时,就有$|f(x_1)-f(x_2)|<\varepsilon$.

所以对于区间 $[a,+\infty)$ 中两点 x_1,x_2, 只要 $|x_1-x_2|<\delta(<1)$, 就有 x_1,x_2 这两点一同落入区间 $[a,M+1]$ 中, 或一同落入区间 $(M,+\infty)$ 中, 无论哪一种情形都有 $|f(x_1)-f(x_2)|<\varepsilon$. 由一致连续性的定义, 函数 $f(x)$ 在区间 $[a,+\infty)$ 中一致连续.

证法 2　因为 $f(+\infty)$ 存在且有限, 由柯西收敛准则, 对 $\forall\varepsilon>0$, $\exists M(>a)$, 使得当 $x_1\geqslant M$, $x_2\geqslant M$ 时, 就有 $|f(x_1)-f(x_2)|<\dfrac{\varepsilon}{2}$. 由于函数 $f(x)$ 在闭区间 $[a,M]$ 上一致连续, 所以对上面的 ε, $\exists\delta>0$,使得 x_1, $x_2\in[a,M]$,且 $|x_1-x_2|<\delta$ 时,就有 $|f(x_1)-f(x_2)|<\dfrac{\varepsilon}{2}$.

下面验证: 当 $x_1,x_2\in[a,+\infty)$ 且 $|x_1-x_2|<\delta$ 时, $|f(x_1)-f(x_2)|<\varepsilon$.

实际上, 当 $x_1,x_2\in[a,+\infty)$ 且 $|x_1-x_2|<\delta$ 时, 有两种情形出现.

情形 1　x_1 与 x_2 共同落在区间 $[a,M]$ 中, 或共同落在区间 $[M,+\infty)$ 中, 这时有

$$|f(x_1)-f(x_2)|<\frac{1}{2}\varepsilon<\varepsilon;$$

情形 2　$x_1<M<x_2$, 或 $x_2<M<x_1$, 这时有

$$|f(x_1)-f(x_2)|\leqslant|f(x_1)-f(M)|+|f(M)-f(x_2)|<\frac{1}{2}\varepsilon+\frac{1}{2}\varepsilon=\varepsilon.$$

由一致连续性的定义, 即知函数 $f(x)$ 在区间 $[a,+\infty)$ 中一致连续.

例 43　证明下列命题:

(1) (一致连续性按照区间的拼接) 一左一右两相邻非退化区间 $I_{\rm l}$ 与 $I_{\rm r}$ 满足它们的交 $I_{\rm l}\cap I_{\rm r}=\{a\}$ 是一个独点集 (a 是它们的公共闭端点), 如果函数 $f(x)$ 在并区间 $I=I_{\rm l}\cup I_{\rm r}$ 中有定义, 且分别在 $I_{\rm l}$ 与 $I_{\rm r}$ 两区间中是一致连续的, 试证: 函数 $f(x)$ 在并区间 I 中是一致连续的;

(2) 设实常数 α 满足 $0<\alpha<1$, 试证: 幂函数 x^α 在区间 $[0,+\infty)$ 中是一致连续的.

证明 (1) 由于函数 $f(x)$ 在区间 I_l 中是一致连续的, 即对 $\forall\varepsilon>0$, $\exists\delta_l>0$, 使得当x_1, $x_2\in I_l$ 且$|x_1-x_2|<\delta_l$ 时, 就有 $|f(x_1)-f(x_2)|<\dfrac{\varepsilon}{2}$.

同理, 对上面的 ε, $\exists\delta_r>0$, 使得当x_1, $x_2\in I_r$且$|x_1-x_2|<\delta_r$ 时, 就有 $|f(x_1)-f(x_2)|<\dfrac{\varepsilon}{2}$.

现在令 $\delta=\min\{\delta_l,\delta_r\}$, 下面验证: 当 $x_1\in I, x_2\in I$ 且 $|x_1-x_2|<\delta$ 时, $|f(x_1)-f(x_2)|<\varepsilon$.

实际上, 当 $x_1\in I, x_2\in I$ 且 $|x_1-x_2|<\delta$ 时, 有两种情形出现.

情形 1 x_1 与 x_2 共同落在区间 I_l 中, 或共同落在区间 I_r 中, 这时有 $|f(x_1)-f(x_2)|<\dfrac{1}{2}\varepsilon<\varepsilon$;

情形 2 $x_1<a<x_2$, 或 $x_2<a<x_1$, 这时有

$$|f(x_1)-f(x_2)|\leqslant|f(x_1)-f(a)|+|f(a)-f(x_2)|<\frac{1}{2}\varepsilon+\frac{1}{2}\varepsilon=\varepsilon.$$

由一致连续性的定义, 即知函数 $f(x)$ 在并区间 I 中一致连续.

(2) 幂函数 x^α 作为连续函数, 在闭区间 $[0,1]$ 中是一致连续的, 利用结论 (1) 中的拼接方式, 只需要证明 x^α 在区间 $[1,+\infty)$ 中是一致连续的.

当 $x_2>x_1\geqslant1$ 时, 利用伯努利不等式可推得

$$\begin{aligned}x_2^\alpha-x_1^\alpha&=x_1^\alpha\cdot\left(\left(1+\frac{x_2-x_1}{x_1}\right)^\alpha-1\right)<x_1^\alpha\cdot\alpha\cdot\frac{x_2-x_1}{x_1}\\&=\alpha\cdot\frac{x_2-x_1}{x_1^{1-\alpha}}\leqslant\alpha\cdot(x_2-x_1)<x_2-x_1.\end{aligned}$$

即当 $x_2>x_1\geqslant1$ 时

$$0<x_2^\alpha-x_1^\alpha<x_2-x_1\quad(0<\alpha<1).$$

所以, 对 $\forall\varepsilon>0$,取$\delta=\varepsilon$,当$x_1,x_2\geqslant1$, 且$|x_1-x_2|<\delta$ 时,就有 $|x_2^\alpha-x_1^\alpha|\leqslant|x_2-x_1|<\varepsilon$.

即函数 x^α 在区间 $[1,+\infty)$ 中是一致连续的. 利用 (1) 的结论知, x^α 在区间 $[0,+\infty)$ 中一致连续.

思考题 1. 设函数 $f(x)$ 在 $(-\infty,+\infty)$ 上有定义, 在点 $x=0$ 连续, 并满足

$$f(x+y)=f(x)+f(y),\quad x,y\in(-\infty,+\infty),$$

试证:

(1) $f(0)=0$; 当 $x\in(-\infty,+\infty)$ 时, $f(-x)=-f(x)$; $f(x)$ 在 $(-\infty,+\infty)$ 上连续;

(2) 对任给的有理数 r 以及 $x\in(-\infty,+\infty)$, 有 $f(rx)=rf(x)$, 特别地,$f(r)=rf(1)$;

(3) $f(x)=kx$, $x\in(-\infty,+\infty)$, 其中 $k=f(1)$.

2. 设函数 $f(x)$ 在 $(-\infty,+\infty)$ 上有定义, 在点 $x=0$ 连续, $f(0)\neq 0$, 并满足

$$f(x+y)=f(x)f(y)\quad (x,y\in(-\infty,+\infty)),$$

试证:

(1) $f(0)=1$; 当 $x\in(-\infty,+\infty)$ 时, $f(x)>0$, $f(-x)=\dfrac{1}{f(x)}$; $f(x)$ 在 $(-\infty,+\infty)$ 上连续;

(2) 对任给的有理数 r 以及 $x\in(-\infty,+\infty)$, 有 $f(rx)=(f(x))^r$, 特别地, $f(r)=(f(1))^r$;

(3) $f(x)=a^x$, $x\in(-\infty,+\infty)$, 其中 $a=f(1)$.

小　结

本节主要是用定义和性质讨论函数的连续性; 利用连续性求函数极限; 用闭区间上连续函数的性质证明函数的零点或方程的根、不动点的存在性.

而作为第 1 章的结尾, 我们指出本章部分内容与微积分其他内容之间的联系.

1. 合比与分比的关系可用于证明与凸凹性相关的函数性质, 也可用于证明第一积分中值定理.

2. 乘积的变差式可用于乘积函数求导公式的证明, 也可辅助于证明两个黎曼可积函数的乘积仍然是黎曼可积的.

3. 阿贝尔分部求和及其估算可用于乘积项级数的敛散性讨论, 也可用它的第三款去证明第二积分中值定理 (博内 (Bonnet) 公式). 实际上, 可以认为阿贝尔分部求和式与博内公式有数学本质的对应.

4. 函数极限与数列极限之间的关系, 揭示了离散变量与连续变量之间的本质联系. 举例来说, 在数列极限中的线性性质、夹逼性、斯托尔兹定理等; 在函数极限中, 对应地有线性性质、夹逼性、洛必达法则等.

5. 从连续函数的局部保序性推知, 定义在闭区间上不恒为零的非负连续函数, 在该闭区间上具有正的黎曼积分值.

6. 复合函数的极限, 保证我们在求极限时可以方便地使用变量代换方法.

7. 有界闭区间上的连续函数是一致连续的, 这条性质保证了有界闭区间上的连续函数是黎曼可积的, 维数升高以后, 多元函数也有对应的性质. 在实际应用中, 在处理有界闭区域上连续分布的几何量或者物理量时, 可在有界闭区域上对分布密度进行积分, 从而算出分布总量, 该分布总量的存在性就来自于分布密度的一致连续性.

第 2 章　单变量函数的微分学

2.1　函数的导数

知识要点

◇ 基本概念

1. 导数的定义

设 $y=f(x)$ 在 x_0 的邻域内有定义, 若极限

$$\lim_{\Delta x\to 0}\frac{\Delta y}{\Delta x}=\lim_{\Delta x\to 0}\frac{f(x_0+\Delta x)-f(x_0)}{\Delta x}$$

或

$$\lim_{x\to x_0}\frac{f(x)-f(x_0)}{x-x_0}$$

存在且有限, 则称 $y=f(x)$ 在 x_0 处可导. 极限值称为函数 $f(x)$ 在 x_0 处的导数或微商, 记为 $f'(x_0), y'(x_0), \left.\frac{\mathrm{d}y}{\mathrm{d}x}\right|_{x=x_0}$, 或 $\left.\frac{\mathrm{d}f}{\mathrm{d}x}\right|_{x=x_0}$, 即

$$f'(x_0)=\lim_{\Delta x\to 0}\frac{f(x_0+\Delta x)-f(x_0)}{\Delta x}=\lim_{x\to x_0}\frac{f(x)-f(x_0)}{x-x_0}.$$

逐阶归纳地定义

$$f^{(n)}(x_0)=\lim_{\Delta x\to 0}\frac{f^{(n-1)}(x_0+\Delta x)-f^{(n-1)}(x_0)}{\Delta x}=\lim_{x\to x_0}\frac{f^{(n-1)}(x)-f^{(n-1)}(x_0)}{x-x_0}.$$

2. 在点 x_0 的左、右导数

左导数 $f'_-(x_0)=\lim\limits_{\Delta x\to 0^-}\dfrac{f(x_0+\Delta x)-f(x_0)}{\Delta x}=\lim\limits_{x\to x_0^-}\dfrac{f(x)-f(x_0)}{x-x_0}$;

右导数 $f'_+(x_0)=\lim\limits_{\Delta x\to 0^+}\dfrac{f(x_0+\Delta x)-f(x_0)}{\Delta x}=\lim\limits_{x\to x_0^+}\dfrac{f(x)-f(x_0)}{x-x_0}$.

3. 函数在区间上可导

若 $y=f(x)$ 在 (a,b) 内每一点均可导, 称 $y=f(x)$ 在 (a,b) 内可导. 若 $y=f(x)$ 在 (a,b) 内可导, 且在 $x=a$ 处右导数 $f'_+(a)$ 存在, 在 $x=b$ 处左导数 $f'_-(b)$ 存在, 则称 $y=f(x)$ 在闭区间 $[a,b]$ 上可导.

4. 导数的几何意义

几何上, 函数 $y=f(x)$ 在点 x_0 处的导数 $f'(x_0)$ 表示曲线 $y=f(x)$ 在点 $M(x_0,y_0)$ 处的切线的斜率 $(y_0=f(x_0))$. 因此曲线 $y=f(x)$ 在其上一点 $M(x_0,y_0)$ 处的切线方程为

$$y-y_0=f'(x_0)(x-x_0).$$

法线方程为

$$y-y_0=-\frac{1}{f'(x_0)}(x-x_0)\quad (f'(x_0)\neq 0).$$

注记 (1) 函数在一点处可导仅仅反映函数在该点处的性质. 与函数的连续性类似, 都是 "点态" 概念. 所以在一点可导, 在该点的邻域内未必处处可导, 甚至未必连续. 例如, 由导数的定义容易证明函数

$$f(x)=\begin{cases} x^2 & (x\text{ 为有理数}),\\ 0 & (x\text{ 为无理数}),\end{cases}$$

仅在 $x=0$ 处连续, 可导且 $f'(0)=0$, 其他点都是它的第二类间断点.

(2) 从导数定义可以看出, 用定义计算导数就是求 "$\dfrac{0}{0}$" 型的未定式的极限.

◇ 导数的基本性质

1. $f'(x_0)$ 存在 $\Longleftrightarrow f'_+(x_0)=f'_-(x_0)$

2. 函数可导与连续的关系

若函数 $y=f(x)$ 在点 x_0 可导, 则它必在点 x_0 连续. 反之不成立. 例如, 函数 $y=|x|$ 在 $x=0$ 处连续但不可导.

3. 奇偶性

可导的偶函数的导函数是奇函数; 可导的奇函数的导函数是偶函数. 但非奇、非偶的函数的导函数不一定是非奇、非偶. 例如, $y=1+\sin x$ 的导函数 $y'=\cos x$ 是偶函数.

4. 周期性

可导的周期函数的导函数是周期函数, 且周期不变. 非周期函数的导函数也可能是周期函数, 如, $y=x-\cos x$ 的导函数 $y'=1+\sin x$ 是以 2π 为周期的周期函数.

◇ 导数的求法

1. 导数的四则运算

设 $f(x)$ 和 $g(x)$ 均可导, 则:

(1) $\big(f(x)\pm g(x)\big)'=f'(x)\pm g'(x)$;

(2) $(f(x)g(x))'=f'(x)g(x)+f(x)g'(x)$;

(3) $\left(\dfrac{f(x)}{g(x)}\right)'=\dfrac{f'(x)g(x)-f(x)g'(x)}{g^2(x)}\ (g(x)\neq 0)$.

2. 反函数的导数

设函数 $y=f(x)$ 在区间 I_x 上严格单调、可导, 且 $f'(x)\neq 0$, 则它的反函数 $x=f^{-1}(y)$ 在对应的区间 $I_y=\{y\big|y=f(x),\ x\in I_x\}$ 上也严格单调、可导, 并且

$$(f^{-1}(y))'\Big|_{y=f(x)}=\frac{1}{f'(x)},\quad \text{即}\quad \frac{\mathrm{d}x}{\mathrm{d}y}=\frac{1}{\dfrac{\mathrm{d}y}{\mathrm{d}x}}.$$

3. 复合函数求导的链式法则

设函数 $y=g(x)$ 定义在区间 I 上, $z=f(y)$ 定义在区间 J 上且 $g(I)\subset J$. 如果 $y=g(x)$ 在点 $x_0\in I$ 处可导, $z=f(y)$ 在点 $y_0=g(x_0)$ 处可导, 则关于 x 的复

合函数 $z=f(g(x))$ 在点 x_0 可导, 且有

$$(f(g))'(x_0)=f'(g(x_0))g'(x_0) \quad \text{或} \quad \left.\frac{\mathrm{d}z}{\mathrm{d}x}\right|_{x=x_0}=\left.\frac{\mathrm{d}z}{\mathrm{d}y}\right|_{y=y_0}\cdot\left.\frac{\mathrm{d}y}{\mathrm{d}x}\right|_{x=x_0}.$$

4. 函数的对数求导法

设 $y=f(x)$ 可导, 且 $f(x)\neq 0$, 则 $|f(x)|$ 也可导, 且有

$$(\ln|f(x)|)'=\frac{f'(x)}{f(x)},$$

故有

$$f'(x)=f(x)(\ln|f(x)|)'.$$

注记 使用对数求导法时应注意以下两点:

(1) 在对可导函数 $f(x)$ 取对数时, 若不能确定其大于 0, 则应取绝对值后再取对数, 然后求导.

(2) 上述计算在保号的每一个区间上都有效. 由于 $f(x)$ 可导必连续, 因此在 $f(x)\neq 0$ 的每点处都有一个邻域, 使得 $f(x)$ 在其内不变号.

5. 幂指函数的求导

设函数 $u(x),v(x)$ 都可导, 且 $v(x)>0$, 则幂指函数 $y=v(x)^{u(x)}$ 可导, 其求导数的方法有两种:

(1) $v(x)^{u(x)}=\mathrm{e}^{u(x)\ln v(x)}$, 用复合函数求导的链式法则:

$$\begin{aligned} y'=[v(x)^{u(x)}]'&=\mathrm{e}^{u(x)\ln v(x)}[u(x)\ln v(x)]' \\ &=v(x)^{u(x)}\left(u'(x)\ln v(x)+\frac{u(x)v'(x)}{v(x)}\right). \end{aligned}$$

(2) $\ln y(x)=u(x)\ln v(x)$, 用对数求导法, 有

$$\begin{aligned} \frac{y'(x)}{y(x)}&=u'(x)\ln v(x)+u(x)\frac{v'(x)}{v(x)}, \\ y'(x)&=y(x)\left(u'(x)\ln v(x)+u(x)\frac{v'(x)}{v(x)}\right), \end{aligned}$$

即

$$\left(v(x)^{u(x)}\right)'=v(x)^{u(x)}\left(u'(x)\ln v(x)+\frac{u(x)v'(x)}{v(x)}\right).$$

6. 参数方程所表示的函数的导数

设函数 $x=\varphi(t),y=\psi(t)$ 都在区间 I 内可导, 且 $\varphi'(t)\neq 0$, 则 $y=y(x)$ 可导, 并且

$$\frac{\mathrm{d}y}{\mathrm{d}x}=\frac{\psi'(t)}{\varphi'(t)}.$$

7. 隐函数的导数

在隐函数方程 $F(x,y)=0$ 中, 把 y 视为 x 的函数 $y(x)$, 在方程 $F(x,y(x))=0$ 两边对 x 求导, 把 y' 解出来. 另外,利用一阶微分形式不变性,在方程 $F(x,y(x))=0$ 两边求微分, 也可解出 y'.

8. 基本初等函数的导数

$(c)'=0, c$是常数;　$(x^{\mu})'=\mu x^{\mu-1}$;

$(a^x)'=a^x\ln a\,(0<a\neq 1)$;　$(\mathrm{e}^x)'=\mathrm{e}^x$;

$(\ln|x|)'=\dfrac{1}{x}$;　$(\log_a|x|)'=\dfrac{1}{x\ln a}\,(0<a\neq 1)$;

$(\sin x)'=\cos x$;　$(\cos x)'=-\sin x$;

$(\tan x)'=\sec^2 x$;　$(\cot x)'=-\csc^2 x$;

$(\sec x)'=\sec x\tan x$;　$(\csc x)'=-\csc x\cot x$;

$(\arcsin x)'=\dfrac{1}{\sqrt{1-x^2}}$;　$(\arccos x)'=-\dfrac{1}{\sqrt{1-x^2}}$;

$(\arctan x)'=\dfrac{1}{1+x^2}$;　$(\operatorname{arccot} x)'=-\dfrac{1}{1+x^2}$;

$(\sinh x)'=\cosh x$;　$(\cosh x)'=\sinh x$.

◇ 高阶导数的运算法则

1. 线性性

$$(c_1u(x)\pm c_2v(x))^{(n)}=c_1u^{(n)}(x)\pm c_2v^{(n)}(x).$$

2. 莱布尼茨 (Leibniz) 公式

设 $u(x),v(x)$ 都 n 阶可导, 则有

$$(u(x)\cdot v(x))^{(n)}=\sum_{k=0}^{n}C_n^k u^{(n-k)}(x)v^{(k)}(x).$$

3. 常见基本初等函数的 n 阶导数公式

(1) $(x^m)^{(n)}=\begin{cases} m(m-1)\cdots(m-n+1)x^{m-n}, & n<m, \\ m!, & n=m, \quad m\in\mathbb{N}; \\ 0, & n>m; \end{cases}$

(2) $(x^\alpha)^{(n)}=\alpha(\alpha-1)\cdots(\alpha-n+1)x^{\alpha-n}$;

(3) $[\sin(ax+b)]^{(n)}=a^n\sin\left(ax+b+\dfrac{n\pi}{2}\right)$;

(4) $[\cos(ax+b)]^{(n)}=a^n\cos\left(ax+b+\dfrac{n\pi}{2}\right)$;

(5) $(\mathrm{e}^{ax})^{(n)}=a^n\mathrm{e}^{ax},(\mathrm{e}^x)^{(n)}=\mathrm{e}^x$;

(6) $(a^x)^{(n)}=(\ln a)^n a^x$;

(7) $\left(\dfrac{1}{x+a}\right)^{(n)}=\dfrac{(-1)^n\cdot n!}{(x+a)^{(n+1)}}$;

(8) $[\ln(x+a)]^{(n)}=\dfrac{(-1)^{n-1}(n-1)!}{(x+a)^n}$.

精选例题

例 44 设函数 $f(x)$ 在点 x_0 的导数 $f'(x_0)$ 存在, α,β 是常数, 求极限:

(1) $\lim\limits_{h\to0}\dfrac{f(x_0+\alpha h)-f(x_0-\beta h)}{h}$; (2) $\lim\limits_{x\to x_0}\dfrac{xf(x_0)-x_0f(x)}{x-x_0}$.

解 (1)

$$\begin{aligned}&\lim_{h\to0}\frac{f(x_0+\alpha h)-f(x_0-\beta h)}{h}\\&=\lim_{h\to0}\frac{(f(x_0+\alpha h)-f(x_0))-(f(x_0-\beta h)-f(x_0))}{h}\\&=\alpha\lim_{h\to0}\frac{f(x_0+\alpha h)-f(x_0)}{\alpha h}+\beta\lim_{h\to0}\frac{f(x_0-\beta h)-f(x_0)}{-\beta h}\\&=\alpha f'(x_0)+\beta f'(x_0).\end{aligned}$$

(2)

$$\begin{aligned}&\lim_{x\to x_0}\frac{xf(x_0)-x_0f(x)}{x-x_0}\\&=\lim_{x\to x_0}\frac{(xf(x_0)-x_0f(x_0))-(x_0f(x)-x_0f(x_0))}{x-x_0}\\&=f(x_0)-x_0\lim_{x\to x_0}\frac{f(x)-f(x_0)}{x-x_0}\end{aligned}$$

$$= f(x_0) - x_0 f'(x_0).$$

注记　(1) 对于第 (1) 题, 当 $\alpha=\beta=1$ 时, 极限

$$\lim_{h\to 0}\frac{f(x_0+h)-f(x_0-h)}{2h}=f'(x_0),$$

但此式不能作为函数 $y=f(x)$ 在点 x_0 的导数定义. 它与导数的定义式

$$\lim_{h\to 0}\frac{f(x_0+h)-f(x_0)}{h}=f'(x_0)$$

不等价. 比如, 函数 $y=f(x)$ 在点 x_0 不连续, 甚至没有定义, 但极限

$$\lim_{h\to 0}\frac{f(x_0+h)-f(x_0-h)}{2h}$$

也可能存在 (比如 $f(x)$ 是关于 $x=x_0$ 对称的偶函数).

(2) 对于第 (2) 题, 当 $x_0\neq 0$, 极限

$$\lim_{x\to x_0}\frac{xf(x_0)-x_0f(x)}{x-x_0}$$

存在是函数 $y=f(x)$ 在点 x_0 可导的充分必要条件.

例 45　设 $f(x)$ 在 $x=0$ 的邻域内有定义, 且在 $x=0$ 处连续. 若对 $0<a<1$ 有收敛极限 $\lim\limits_{x\to 0}\frac{f(x)-f(ax)}{x}=A$, 试证 $f(x)$ 在 $x=0$ 可导, 并求 $f'(0)$ 的值.

证明　因为 $\lim\limits_{x\to 0}\frac{f(x)-f(ax)}{x}=A$, 即对 $\forall\varepsilon>0$, $\exists\delta>0$, 使得当 $|x|<\delta$ 时, 有

$$A-(1-a)\varepsilon<\frac{f(x)-f(ax)}{x}<(1-a)\varepsilon+A,$$

$$A-(1-a)\varepsilon<\frac{f(ax)-f(a^2x)}{ax}<(1-a)\varepsilon+A,$$

$$\cdots$$

$$A-(1-a)\varepsilon<\frac{f(a^nx)-f(a^{n+1}x)}{a^nx}<(1-a)\varepsilon+A,$$

上面 $n+1$ 个式子相加, 得

$$\frac{1-a^{n+1}}{1-a}[A-(1-a)\varepsilon]<\frac{f(x)-f(a^{n+1}x)}{x}<\frac{1-a^{n+1}}{1-a}[(1-a)\varepsilon+A].$$

由于 $f(x)$ 在 $x=0$ 处连续, 则 $\lim\limits_{n\to+\infty}f(a^{n+1}x)=f(0)$. $n\to+\infty$ 时, 对上式取极限, 得

$$\frac{A}{1-a}-\varepsilon\leqslant\frac{f(x)-f(0)}{x}\leqslant\frac{A}{1-a}+\varepsilon,$$

即 $\lim\limits_{x\to 0}\dfrac{f(x)-f(0)}{x}=\dfrac{A}{1-a}$, 所以 $f(x)$ 在 $x=0$ 可导, 且 $f'(0)=\dfrac{A}{1-a}$.

例 46 设函数 $f(x)$ 在 $(-\infty,+\infty)$ 内可导, 且对任意 x,y, 恒有 $f(x+y)=f(x)+f(y)$, 试求 $f'(x)$.

分析 已知函数的关系式, 求导数时要充分利用该关系式. 先写出函数在任一点 x 的函数增量 $f(x+\Delta x)-f(x)$ 与自变量增量 Δx 的比式, 然后求这个比式的极限, 即

$$\lim_{\Delta x\to 0}\frac{f(x+\Delta x)-f(x)}{\Delta x}=\lim_{\Delta x\to 0}\frac{f(\Delta x)}{\Delta x}.$$

所以要从 $x=0$ 点入手.

解 由条件 $f(x+y)=f(x)+f(y)$, 令 $x=y=0$, 则 $f(0)=0$. 任取 $x\in(-\infty,+\infty)$,

$$\lim_{\Delta x\to 0}\frac{f(x+\Delta x)-f(x)}{\Delta x}=\lim_{\Delta x\to 0}\frac{f(\Delta x)}{\Delta x}=\lim_{\Delta x\to 0}\frac{f(\Delta x)-f(0)}{\Delta x}=f'(0).$$

所以 $f'(x)=f'(0)$.

例 47 已知 $f(x)$ 是以 2 为周期的连续函数, 在 $x=1$ 处可导, 且在 $x=0$ 的邻域内满足

$$f(1+\sin x)-3f(1-\sin x)=8x+o(x)\quad(x\to 0),$$

求曲线 $y=f(x)$ 在点 $(3,f(3))$ 处的切线方程.

分析 由题意可知须求出函数 $f(x)$ 在点 $x=3$ 处的函数值和导数值, 而只知函数在 $x=1$ 处可导, 但 $f(x)$ 是以 2 为周期的连续函数, 所以只需要求出 $f(1),f'(1)$ 即可. 那么就从题中关系式入手, 利用函数在点 $x=1$ 处连续和导数的定义.

解 因为 $f(x)$ 是连续函数, 所以对题中的关系式令 $x\to 0$, 得 $f(1)=0$, 又因为 $f(x)$ 在 $x=1$ 处可导, 故有

$$\lim_{x\to 0}\frac{f(1+\sin x)-3f(1-\sin x)}{\sin x}=\lim_{x\to 0}\frac{8x+o(x)}{\sin x},$$

即

$$\lim_{x\to 0}\frac{f(1+\sin x)-f(1)}{\sin x}+3\lim_{x\to 0}\frac{f(1-\sin x)-f(1)}{-\sin x}=4f'(1)=8.$$

则 $f'(1)=2$, 因 $f(x+2)=f(x)$, 故 $f(3)=f(1)=0$. 由导函数的周期性质知 $f'(x+2)=f'(x)$, 有 $f'(3)=f'(1)=2$. 所以曲线 $y=f(x)$ 在点 $(3,f(3))$ 处的切线方程 $y=2(x-3)$.

注记　若 $f(x)$ 在点 x_0 可导, 则其导数定义中的自变量增量形式可以非常灵活. 例如, 设 $f(x)$ 在点 $x=0$ 可导, $f(0)=0$, 求 $\lim\limits_{x\to 0}\dfrac{f(1-\cos x)}{\tan^2 x}$.

解　$\lim\limits_{x\to 0}\dfrac{f(1-\cos x)}{\tan^2 x}=\lim\limits_{x\to 0}\dfrac{f(1-\cos x)-f(0)}{1-\cos x}\cdot\dfrac{1-\cos x}{x^2}=\dfrac{f'(0)}{2}$.

一般地, 若当 $x\to 0$ 时, $h=g(x)\to 0$ (在 $x=0$ 的某个去心邻域内 $g(x)\neq 0$), 则有

$$\lim_{x\to 0}\frac{f(x_0+g(x))-f(x_0)}{g(x)}=\lim_{h\to 0}\frac{f(x_0+h)-f(x_0)}{h}=f'(x_0).$$

例 48　分别讨论下列函数在点 x_0 的可导性.

(1) 对已知函数 $g(x)$, 讨论函数 $f(x)=(x-x_0)g(x)$ 在点 x_0 的可导性;

(2) 设函数 $g(x)$ 在点 x_0 连续, 讨论函数 $f(x)=|x-x_0|g(x)$ 在点 x_0 的可导性;

(3) 设函数 $f(x)$ 在点 x_0 可导, 讨论函数 $|f(x)|$ 在点 x_0 的可导性.

解　(1) 显然, $f(x_0)=0$. 因为

$$\lim_{x\to x_0}\frac{f(x)-f(x_0)}{x-x_0}=\lim_{x\to x_0}\frac{(x-x_0)g(x)-0}{x-x_0}=\lim_{x\to x_0}g(x),$$

故由导数定义, 当函数 $g(x)$ 在点 x_0 有定义, 且极限 $\lim\limits_{x\to x_0}g(x)$ 存在时, 函数 $f(x)$ 在点 x_0 可导; 否则, $f(x)$ 在点 x_0 不可导. 特别地, 当 $g(x)$ 在点 x_0 连续时, $f(x)$ 在点 x_0 的导数

$$f'(x_0)=\lim_{x\to x_0}g(x)=g(x_0).$$

(2) 显然, $f(x_0)=0$. 因为 $g(x)$ 在点 x_0 连续, 即

$$\lim_{x\to x_0^+}g(x)=\lim_{x\to x_0^-}g(x)=g(x_0).$$

从而有

$$f'_+(x_0)=\lim_{x\to x_0^+}\frac{f(x)-f(x_0)}{x-x_0}=\lim_{x\to x_0^+}\frac{(x-x_0)g(x)}{x-x_0}=\lim_{x\to x_0^+}g(x)=g(x_0),$$

$$f'_-(x_0)=\lim_{x\to x_0^-}\frac{f(x)-f(x_0)}{x-x_0}=\lim_{x\to x_0^-}\frac{-(x-x_0)g(x)}{x-x_0}=-\lim_{x\to x_0^+}g(x)=-g(x_0).$$

所以当 $g(x_0)\neq 0$ 时, $f'_+(x_0)\neq f'_-(x_0)$, 函数 $f(x)=|x-x_0|g(x)$ 在点 x_0 不可导; 当 $g(x_0)=0$ 时, 函数 $f(x)$ 在点 x_0 可导, 且 $f'(x_0)=0$.

(3) 因为函数 $f(x)$ 在点 x_0 可导, 则 $f(x)$ 在点 x_0 连续, 即有 $\lim\limits_{x\to x_0}f(x)=f(x_0)$, 由极限的局部保号性得:

当 $f(x_0)>0$ 时, 在点 x_0 的某邻域内有 $f(x)>0$, 故

$$\lim_{x\to x_0}\frac{|f(x)|-|f(x_0)|}{x-x_0}=\lim_{x\to x_0}\frac{f(x)-f(x_0)}{x-x_0}=f'(x_0).$$

即当 $f(x_0)>0$ 时, $|f(x)|$ 在点 x_0 可导;

当 $f(x_0)<0$ 时, 在点 x_0 的某邻域内有 $f(x)<0$, 故

$$\lim_{x\to x_0}\frac{|f(x)|-|f(x_0)|}{x-x_0}=\lim_{x\to x_0}\frac{-f(x)-(-f(x_0))}{x-x_0}=-f'(x_0).$$

即当 $f(x_0)<0$ 时, $|f(x)|$ 在点 x_0 也可导;

当 $f(x_0)=0$ 时, $f'(x_0)=\lim\limits_{x\to x_0}\dfrac{f(x)}{x-x_0}$, 而

$$\lim_{x\to x_0^+}\frac{|f(x)|-|f(x_0)|}{x-x_0}=\lim_{x\to x_0^+}\left|\frac{f(x)}{x-x_0}\right|=|f'(x_0)|,$$

$$\lim_{x\to x_0^-}\frac{|f(x)|-|f(x_0)|}{x-x_0}=\lim_{x\to x_0^-}-\left|\frac{f(x)}{x-x_0}\right|=-|f'(x_0)|.$$

所以当 $f(x_0)=0, f'(x_0)\neq 0$ 时, $|f(x)|$ 在点 x_0 的左、右导数不相等, 则 $|f(x)|$ 在点 x_0 不可导; 当 $f(x_0)=0, f'(x_0)=0$ 时, $|f(x)|$ 在点 x_0 可导.

注记 由上可推出以下重要结论:

(1) $y=|x-x_0|$ 在点 x_0 连续但不可导.

(2) $y=(x-x_0)|x-x_0|$ 在点 x_0 可导, 即 $y'(x_0)$ 存在, 但 $y''(x_0)$ 不存在.

(3) $y=(x-x_0)^n|x-x_0|$ 直至 $y^{(n)}(x_0)$ 存在, 但 $y^{(n+1)}(x_0)$ 不存在, 且对 $x\in(-\infty,+\infty)$ 有

$$((x-x_0)^n|x-x_0|)^{(k)}=(n+1)n\cdots(n-k+2)(x-x_0)^{n-k}|x-x_0|\quad(1\leqslant k\leqslant n).$$

例 49 在下列各题中, 指出函数的不可导点.

(1) $y=|x-1|+|x-2|$;

(2) $y=(x^2-1)|x-1|+x^2|x-2|$;

(3) $y=x|x^2-x|+(x-2)|x-2|$;

(4) $y=(x-1)^n|x-1|$;

(5) $y=(x^2-x-2)|x^3-x|$.

解 (1) 在 $x=1, x=2$ 不可导; (2) 在 $x=2$ 不可导; (3) 在 $x=1$ 不可导; (4) 直至 $y^n(1)$ 存在, 但 $y^{(n+1)}(1)$ 不存在; (5) 在 $x=0, x=1$ 不可导.

例 50 求 $y=f(x)=\dfrac{(x+5)^2(x-4)^{\frac{1}{3}}}{(x+2)^5(x+4)^{\frac{1}{2}}}$ 的导数.

解　由对数求导法

$$f'(x)=f(x)(\ln|f(x)|)'$$

所以

$$\begin{aligned}y'&=y\left(2\ln|x+5|+\frac{1}{3}\ln|x-4|-5\ln|x+2|-\frac{1}{2}\ln|x+4|\right)'\\&=\frac{(x+5)^2(x-4)^{\frac{1}{3}}}{(x+2)^5(x+4)^{\frac{1}{2}}}\left(\frac{2}{x+5}+\frac{1}{3(x-4)}-\frac{5}{x+2}-\frac{1}{2(x+4)}\right)\end{aligned}$$

例 51　分别求函数 $x^{x^x},x^{a^x},x^{x^a},a^{x^x}$ 的导数.

解　由幂指函数的求导法则得

$$\begin{aligned}&[v(x)^{u(x)}]'=v(x)^{u(x)}[u(x)\ln v(x)]',\\&(x^{x^x})'=x^{x^x}\cdot(x^x\ln x)'=x^{x^x}\left(x^x(x\ln x)'\ln x+x^x\cdot\frac{1}{x}\right)\\&\qquad\qquad=x^{x^x}\cdot x^x\cdot\left(\ln^2x+\ln x+\frac{1}{x}\right),\\&(x^{a^x})'=x^{a^x}\cdot(a^x\ln x)'=x^{a^x}\left(a^x\ln a\ln x+a^x\cdot\frac{1}{x}\right)=x^{a^x}\cdot a^x\cdot\left(\ln a\ln x+\frac{1}{x}\right),\\&(x^{x^a})'=x^{x^a}\cdot(x^a\ln x)'=x^{x^a}\left(ax^{a-1}\ln x+x^a\cdot\frac{1}{x}\right)=x^{x^a}\cdot x^{a-1}\cdot(a\ln x+1),\\&(a^{x^x})'=a^{x^x}\cdot\ln a\cdot(x^x)'=\ln a a^{x^x}\cdot x^x\cdot(x\ln x)'=a^{x^x}\cdot x^x\cdot(1+\ln x)\ln a.\end{aligned}$$

注记　对于 a^{b^c} 要正确理解它的意义, 即 $a^{b^c}=a^{(b^c)}$, 而不是 $(a^b)^c=a^{bc}$.

例 52　设 $y=f\left(\dfrac{3x-2}{3x+2}\right)$ 且 $f'(x)=\arctan x^2$, 求 $\left.\dfrac{\mathrm{d}y}{\mathrm{d}x}\right|_{x=0}$.

解　由复合函数求导得

$$\begin{aligned}\left.\frac{\mathrm{d}y}{\mathrm{d}x}\right|_{x=0}&=f'\left(\frac{3x-2}{3x+2}\right)\cdot\left.\left(\frac{3x-2}{3x+2}\right)'\right|_{x=0}\\&=f'(-1)\left.\frac{12}{(3x+2)^2}\right|_{x=0}=\arctan1\cdot3=\frac{3\pi}{4}.\end{aligned}$$

例 53　设方程 $x^y=y^x$, 求 $\dfrac{\mathrm{d}y}{\mathrm{d}x}$.

解　对原方程两边取对数, 得

$$y\ln x=x\ln y.$$

把 y 看作 $y(x)$, 上式两边对 x 求导,

$$y'\ln x+\frac{y}{x}=\ln y+\frac{x}{y}y'.$$

从而得

$$y'=\frac{y(y-x\ln y)}{x(x-y\ln x)}=\frac{y^2(1-\ln x)}{x^2(1-\ln y)}.$$

例 54 设函数 $y=y(x)$ 由方程组 $\begin{cases}x=\mathrm{e}^t+2t+3\\ \mathrm{e}^y\sin t-y+1=0\end{cases}$ 所确定, 求 $\left.\dfrac{\mathrm{d}y}{\mathrm{d}x}\right|_{t=0}$ 及 $\left.\dfrac{\mathrm{d}^2y}{\mathrm{d}x^2}\right|_{t=0}$.

分析 从题中看出三个变量的关系, y 是函数变量, x 是自变量, t 是连接前两个变量的中间变量, 也就是它们是这样的链或依赖关系 "$y\to t\to x$". 故要求 $\dfrac{\mathrm{d}y}{\mathrm{d}x}$, 则要先求 $\dfrac{\mathrm{d}y}{\mathrm{d}t}$ 和 $\dfrac{\mathrm{d}t}{\mathrm{d}x}$ 或 $\dfrac{\mathrm{d}x}{\mathrm{d}t}$.

解 由方程组的两个方程分别求得

$$\begin{aligned}
&x'_t=\frac{\mathrm{d}x}{\mathrm{d}t}=\mathrm{e}^t+2,\quad y'_t=\frac{\mathrm{d}y}{\mathrm{d}t}=\frac{\mathrm{e}^y\cos t}{1-\mathrm{e}^y\sin t}=\frac{\mathrm{e}^y\cos t}{2-y},\\
&\frac{\mathrm{d}y}{\mathrm{d}x}=\frac{y'_t}{x'_t}=\frac{\mathrm{e}^y\cos t}{(1-\mathrm{e}^y\sin t)(\mathrm{e}^t+2)}=\frac{\mathrm{e}^y\cos t}{(2-y)(\mathrm{e}^t+2)},\\
&\frac{\mathrm{d}^2y}{\mathrm{d}x^2}=\frac{\mathrm{d}}{\mathrm{d}t}\left(\frac{\mathrm{d}y}{\mathrm{d}x}\right)\frac{\mathrm{d}t}{\mathrm{d}x}\\
&\qquad=\frac{\mathrm{e}^y(y'_t\cos t-\sin t)(2-y)(\mathrm{e}^t+2)-\mathrm{e}^y\cos t[-y'_t(\mathrm{e}^t+2)+\mathrm{e}^t(2-y)]}{(2-y)^2(\mathrm{e}^t+2)^3}.
\end{aligned}$$

由原方程组, 当 $t=0$ 时, $y=1$, $\left.\dfrac{\mathrm{d}y}{\mathrm{d}t}\right|_{t=0}=\mathrm{e}$, 所以

$$\left.\frac{\mathrm{d}y}{\mathrm{d}x}\right|_{t=0}=\frac{\mathrm{e}}{3},\quad \left.\frac{\mathrm{d}^2y}{\mathrm{d}x^2}\right|_{t=0}=\frac{6\mathrm{e}^2-\mathrm{e}}{27}.$$

例 55 函数 $y=f(x)$ 由方程 $y-x=\mathrm{e}^{x(1-y)}$ 确定, 求 $\lim\limits_{n\to\infty}n\left[f\left(\dfrac{1}{n}\right)-1\right]$.

分析 因 $f(0)=1$, 由 $\lim\limits_{n\to\infty}n\left[f\left(\dfrac{1}{n}\right)-1\right]=\lim\limits_{n\to\infty}\dfrac{f\left(\dfrac{1}{n}\right)-1}{\dfrac{1}{n}}=f'(0)$, 所以只需要从隐式方程求出 $y'|_{x=0}$, 即 $f'(0)$.

解 显然, $y|_{x=0}=f(0)=1$. 对方程两边关于 x 求导, 得

$$y'-1=\mathrm{e}^{x(1-y)}(1-y-xy'),$$

代入 $x=0$, 得 $y'|_{x=0}=f'(0)=1$. 则

$$\lim_{n\to\infty} n\left[f\left(\frac{1}{n}\right)-1\right]=\lim_{n\to\infty}\frac{f\left(\frac{1}{n}\right)-1}{\frac{1}{n}}=f'(0)=1.$$

例 56　设 $f(x)$ 在点 a 可导, $f(a)\neq 0$, 求 $\lim\limits_{n\to\infty}\left(\dfrac{f\left(a+\frac{1}{n}\right)}{f(a)}\right)^n$.

解　所求极限为 "1^∞" 型未定式, 令 $x=\dfrac{1}{n}$, 通常有两种方法求此类极限.

解法 1

$$\begin{aligned}\lim_{n\to\infty}\left(\frac{f\left(a+\frac{1}{n}\right)}{f(a)}\right)^n&=\lim_{x\to0^+}\left(1+\frac{f(a+x)-f(a)}{f(a)}\right)^{\frac{1}{x}}\\&=\lim_{x\to0^+}\left[\left(1+\frac{f(a+x)-f(a)}{f(a)}\right)^{\frac{f(a)}{f(a+x)-f(a)}}\right]^{\frac{1}{x}\frac{f(a+x)-f(a)}{f(a)}}\\&=\mathrm{e}^{\frac{f'(a)}{f(a)}}.\end{aligned}$$

解法 2　因为 $f(x)$ 在点 a 可导, 则在点 a 连续, 又 $f(a)\neq 0$, 则在 a 的某邻域内函数与 $f(a)$ 同号, 即 $x\to 0^+$ 时, $\dfrac{f(a+x)}{f(a)}>0$. 所以

$$\begin{aligned}\lim_{n\to\infty}\left(\frac{f\left(a+\frac{1}{n}\right)}{f(a)}\right)^n&=\lim_{x\to0^+}\mathrm{e}^{\frac{1}{x}\ln\frac{f(a+x)}{f(a)}}=\mathrm{e}^{\lim\limits_{x\to0^+}\frac{1}{x}\ln\frac{f(a+x)}{f(a)}}\\&=\mathrm{e}^{\lim\limits_{x\to0^+}\frac{1}{x}\ln\left(1+\frac{f(a+x)-f(a)}{f(a)}\right)}\\&=\mathrm{e}^{\lim\limits_{x\to0^+}\frac{1}{x}\left(\frac{f(a+x)-f(a)}{f(a)}\right)}=\mathrm{e}^{\frac{f'(a)}{f(a)}}.\end{aligned}$$

解法 3　由导数的定义, 得

$$\lim_{x\to0}\frac{1}{x}\ln\left(\frac{f(a+x)}{f(a)}\right)=\lim_{x\to0}\frac{\ln|f(x+a)|-\ln|f(a)|}{x}=(\ln|f(x)|)'|_{x=a}=\frac{f'(a)}{f(a)}.$$

故由归结原则得

$$\lim_{n\to\infty} n\ln\left(\frac{f\left(a+\frac{1}{n}\right)}{f(a)}\right)=\frac{f'(a)}{f(a)}\quad\text{即}\quad\lim_{n\to\infty}\left(\frac{f\left(a+\frac{1}{n}\right)}{f(a)}\right)^n=\mathrm{e}^{\frac{f'(a)}{f(a)}}.$$

例 57 当实数 α 满足什么条件时, 函数

$$f(x)=\begin{cases} x^{\alpha}\cos\dfrac{1}{x} & (x>0), \\ 0 & (x\leqslant 0) \end{cases}$$

(1) 在点 $x=0$ 连续?

(2) 在点 $x=0$ 可导?

(3) 在点 $x=0$ 的导函数连续?

解 (1) 要使 $f(x)$ 在点 $x=0$ 连续, 须要求 $f(0+0)=f(0-0)=0$. 因为当 $\alpha>0$ 时, 有界量 $\cos\dfrac{1}{x}$ 与无穷小量 x^{α} 的乘积还是无穷小量, 故

$$f(0+0)=\lim_{x\to0^+}f(x)=\lim_{x\to0^+}x^{\alpha}\cos\frac{1}{x}=0,$$

从而, 当 $\alpha>0$ 时, 函数在点 $x=0$ 处连续 (当 $\alpha\leqslant0$ 时, $f(0+0)$ 不存在, 故 $f(x)$ 在 $x=0$ 不连续).

(2) 要使 $f(x)$ 在点 $x=0$ 可导, 须要求

$$f'_+(0)=\lim_{x\to0^+}\frac{f(x)-f(0)}{x-0}=\lim_{x\to0^+}x^{\alpha-1}\cos\frac{1}{x}=f'_-(0)=0,$$

故须 $\alpha-1>0$, 即当 $\alpha>1$ 时, 函数在点 $x=0$ 可导, 且有 $f'(0)=0$.

(3) 当 $\alpha>1$ 时

$$f'(x)=\begin{cases} x^{\alpha-2}\left(\alpha x\cos\dfrac{1}{x}+\sin\dfrac{1}{x}\right) & (x>0), \\ 0 & (x\leqslant 0), \end{cases}$$

要使 $f'(x)$ 在点 $x=0$ 连续, 须要求

$$\lim_{x\to0^+}f'(x)=\lim_{x\to0^+}x^{\alpha-2}\left(\alpha x\cos\frac{1}{x}+\sin\frac{1}{x}\right)=f'(0)=0,$$

故须 $\lim\limits_{x\to0^+}x^{\alpha-2}\sin\dfrac{1}{x}=0$, 从而 $\alpha-2>0$, 即当 $\alpha>2$ 时, 导函数在点 $x=0$ 连续.

注记 函数在点 x_0 的右导数与导函数在点 x_0 的右极限是不同的概念.

$f(x)$在点x_0的右导数 $f'_+(x_0)=\lim\limits_{x\to x_0^+}\dfrac{f(x)-f(x_0)}{x-x_0}$;

$f'(x)$在点x_0的右极限 $f'(x_0+0)=\lim\limits_{x\to x_0^+}f'(x)$.

以后可进一步知, 当 $f(x)$ 在 x_0 处右连续时, 由 $f'(x_0+0)$ 存在可推出 $f'_+(x_0)$ 存在且等于 $f'(x_0+0)$.

例 58　设 $y=\dfrac{1}{\sqrt{1-x^2}}\arcsin x$, 求 $y^{(n)}(0)$.

解　原等式恒等变形为

$$y\sqrt{1-x^2}=\arcsin x,$$

方程两边对 x 求导, 并整理得

$$y'(1-x^2)=xy+1,$$

方程两边用求高阶导数的莱布尼茨公式计算 $n-1$ 阶导数, 得

$$(1-x^2)y^{(n)}+(n-1)(-2x)y^{(n-1)}+\frac{(n-1)(n-2)}{2}(-2)y^{(n-2)}$$
$$=xy^{(n-1)}+(n-1)y^{(n-2)}.$$

令 $x=0$, 得递推公式

$$y^{(n)}(0)=(n-1)^2y^{(n-2)}(0).$$

又 $y(0)=0,y'(0)=1$, 所以当 $n=2m$ 时, $y^{(2m)}(0)=0$. 当 $n=2m+1$ 时,

$$\begin{aligned}y^{(2m+1)}(0)=(2m)^2y^{(2m-1)}(0)&=(2m)^2(2m-2)^2y^{(2m-3)}(0)\\&=(2m)^2(2m-2)^2\cdots4^2\cdot2^2y'(0)\\&=[(2m)!!]^2=4^m(m!)^2.\end{aligned}$$

例 59　求以下各式的和:

(1) $A_n(x)=1+2x+3x^2+\cdots+nx^{n-1}$;

(2) $B_n(x)=1^2+2^2x+3^2x^2+\cdots+n^2x^{n-1}$;

(3) $C_n(x)=\sin x+\sin 2x+\cdots+\sin nx$;

(4) $D_n(x)=\cos x+2\cos 2x+\cdots+n\cos nx$.

解　(1)

$$\begin{aligned}A_n(x)&=1+2x+3x^2+\cdots+nx^{n-1}=(x+x^2+\cdots+x^n)'\\&=\left(\frac{x-x^{n+1}}{1-x}\right)'=\frac{1-(n+1)x^n+nx^{n+1}}{(1-x)^2}\quad(x\neq1).\end{aligned}$$

由于 $A_n(x)$ 连续, 故

$$\lim_{x\to1}A_n(x)=A_n(1)=1+2+\cdots+n=\frac{n(n+1)}{2}.$$

(2)

$$\begin{aligned}B_n(x)=(xA_n(x))'&=\left(\frac{x-(n+1)x^{n+1}+nx^{n+2}}{(1-x)^2}\right)'\\&=\frac{1-(n+1)^2x^n+n(n+2)x^{n+1}}{(1-x)^2}+\frac{2(x-(n+1)x^{n+1}+nx^{n+2})}{(1-x)^3}\\&=\frac{1+x-(n+1)^2x^n+(2n^2+2n-1)x^{n+1}-n^2x^{n+2}}{(1-x)^3}\quad(x\neq 1),\end{aligned}$$

由于 $B_n(x)$ 连续, 故

$$\lim_{x\to 1}B_n(x)=B_n(1)=1+2^2+\cdots+n^2=\frac{n(n+1)(2n+1)}{6}.$$

(3) 此和式可以利用三角函数的积化和差公式, 再用裂项相消法, 也可以用欧拉公式.

解法 1 利用公式 $2\sin\alpha\sin\beta=\cos(\alpha-\beta)-\cos(\alpha+\beta)$,

$$2\sin\frac{x}{2}(\sin x+\sin 2x+\cdots+\sin nx)=\cos\frac{x}{2}-\cos\frac{2n+1}{2}x,$$

所以

$$C_n(x)=\sin x+\sin 2x+\cdots+\sin nx=\frac{\cos\frac{x}{2}-\cos\frac{2n+1}{2}x}{2\sin\frac{x}{2}}\quad\left(\sin\frac{x}{2}\neq 0\right).$$

解法 2 利用欧拉公式 $\mathrm{e}^{\mathrm{i}x}=\cos x+\mathrm{i}\sin x$, 有

$$\cos x=\frac{\mathrm{e}^{\mathrm{i}x}+\mathrm{e}^{-\mathrm{i}x}}{2},\quad \sin x=\frac{\mathrm{e}^{\mathrm{i}x}-\mathrm{e}^{-\mathrm{i}x}}{2\mathrm{i}},$$

$$\begin{aligned}C_n(x)&=\sin x+\sin 2x+\cdots+\sin nx\\&=\mathrm{Im}(1+\mathrm{e}^{\mathrm{i}x}+\mathrm{e}^{\mathrm{i}2x}+\cdots+\mathrm{e}^{\mathrm{i}nx})\\&=\mathrm{Im}\left(\frac{1-\mathrm{e}^{\mathrm{i}(n+1)x}}{1-\mathrm{e}^{\mathrm{i}x}}\right)=\mathrm{Im}\left(\frac{\mathrm{e}^{\mathrm{i}\frac{n+1}{2}x}(\mathrm{e}^{-\mathrm{i}\frac{n+1}{2}x}-\mathrm{e}^{\mathrm{i}\frac{n+1}{2}x})}{\mathrm{e}^{\mathrm{i}\frac{x}{2}}(\mathrm{e}^{-\mathrm{i}\frac{x}{2}}-\mathrm{e}^{\mathrm{i}\frac{x}{2}})}\right)\\&=\mathrm{Im}(\mathrm{e}^{\mathrm{i}\frac{n}{2}x})\cdot\frac{\sin\frac{n+1}{2}x}{\sin\frac{x}{2}}=\frac{\sin\frac{n}{2}x\sin\frac{n+1}{2}x}{\sin\frac{x}{2}}\\&=\frac{\cos\frac{x}{2}-\cos\frac{2n+1}{2}x}{2\sin\frac{x}{2}}\quad\left(\sin\frac{x}{2}\neq 0\right).\end{aligned}$$

(4)

$$D_n(x) = (C_n(x))' = \left(\frac{\cos\frac{x}{2} - \cos\frac{2n+1}{2}x}{2\sin\frac{x}{2}}\right)' = \frac{n\sin\left(n+\frac{1}{2}\right)x}{2\sin\frac{x}{2}} + \frac{\cos nx - 1}{4\sin^2\frac{x}{2}}.$$

小　结

1. 导数的计算

(1) 利用导数的定义;

(2) 利用导数的四则运算及基本初等函数的微商公式;

(3) 利用复合函数链式法则、反函数求导法;

(4) 利用函数的对数求导法;

(5) 利用由参数方程给出的函数的求导公式;

(6) 利用隐函数求导法.

2. 利用函数的连续性、可导定义, 研究函数的连续性与可微性以及导函数的连续性与可微性.

2.2　函数的微分

知识要点

◇ 基本概念

1. 微分的定义

设函数 $y = f(x)$ 在某区间 I 内有定义, x_0 和 $x_0 + \Delta x$ 都在 I 内. 如果存在不依赖于 Δx 的常数 A, 使得

$$\Delta y = f(x_0 + \Delta x) - f(x_0) = A\Delta x + o(\Delta x) \quad (\Delta x \to 0),$$

就称 $y = f(x)$ 在点 x_0 可微, 称 $A\Delta x$ 是函数 $y = f(x)$ 在点 x_0 的微分, 记为 $\mathrm{d}y$, 即 $\mathrm{d}y = A\Delta x$.

注记 (1) 其中常数 A 只与 x_0 有关, 不依赖于 Δx, 故在点 x_0 处的微分 $\mathrm{d}y=A\Delta x$ 为 Δx 的线性函数, 且当 $\Delta x\to 0$ 时, 它是关于 Δx 的同阶无穷小量 (当 $A\neq 0$ 时).

(2) 函数 $y=f(x)$ 在点 x_0 可微与可导是等价的. 由此得到 $A=f'(x_0)$, 且当 x 是自变量时, $\mathrm{d}x=\Delta x$, 即自变量的微分就是自变量的增量, 于是可以把函数 $y=f(x)$ 在一点 x_0 的微分记为 $\mathrm{d}y=f'(x_0)\mathrm{d}x$.

(3) 如果函数 $y=f(x)$ 在区间 I 内的每一点 x 都可微, 就称它在 I 上可微, 记为 $\mathrm{d}y=f'(x)\mathrm{d}x$. 由此得到

$$\frac{\mathrm{d}y}{\mathrm{d}x}=f'(x) \quad 或 \quad \frac{\mathrm{d}f(x)}{\mathrm{d}x}=f'(x),$$

即函数在一点的导数等于函数的微分 $\mathrm{d}y$ 与自变量微分 $\mathrm{d}x$ 的商, 所以导数又叫做微商.

(4) 当 $\Delta x\to 0$ 时, 函数 $f(x)$ 的增量 Δy 与微分 $\mathrm{d}y$ 之差是 Δx 的高阶无穷小量, 即 $\Delta y-\mathrm{d}y=o(\Delta x)$, 或者 $\lim\limits_{\Delta x\to 0}\dfrac{\Delta y-\mathrm{d}y}{\Delta x}=0$.

(5) 当 $f'(x)\neq 0$, $\Delta x\to 0$ 时, $\Delta y-\mathrm{d}y$ 是比 Δy 高阶的无穷小量, 即有

$$\lim_{\Delta x\to 0}\frac{\Delta y-\mathrm{d}y}{\Delta y}=\lim_{\Delta x\to 0}\frac{\Delta y-f'(x)\Delta x}{\Delta y}=\lim_{\Delta x\to 0}\left(1-f'(x)\left(\frac{\Delta y}{\Delta x}\right)^{-1}\right)=0.$$

2. 微分的几何意义

$\mathrm{d}y$ 表示切线函数的增量, 当 Δx 很小时, 用切线的增量 $\mathrm{d}y=f'(x)\Delta x$ 近似地代替曲线的增量 Δy. 或者说, 在点 x_0 附近用切线 $y-f(x_0)=f'(x_0)(x-x_0)$ 近似地代替曲线 $y=f(x)$. 这就是“局部以直代曲”的线性化思想.

◇ 微分运算的基本公式和法则

1. 基本初等函数的微分公式

$\mathrm{d}(c)=0$, c 是常数; $\qquad \mathrm{d}(x^\mu)=\mu x^{\mu-1}\mathrm{d}x$;

$\mathrm{d}(\mathrm{e}^x)=\mathrm{e}^x\mathrm{d}x$; $\qquad \mathrm{d}(a^x)=a^x\ln a\mathrm{d}x$;

$\mathrm{d}(\log_a x)=\dfrac{1}{x\ln a}\mathrm{d}x$; $\qquad \mathrm{d}(\ln x)=\dfrac{1}{x}\mathrm{d}x$;

$\mathrm{d}(\sin x)=\cos x\mathrm{d}x$; $\qquad \mathrm{d}(\cos x)=-\sin x\mathrm{d}x$;

$$\mathrm{d}(\tan x)=\sec^2 x\mathrm{d}x;\qquad \mathrm{d}(\cot x)=-\csc^2 x\mathrm{d}x;$$
$$\mathrm{d}(\arcsin x)=\frac{1}{\sqrt{1-x^2}}\mathrm{d}x;\qquad \mathrm{d}(\arccos x)=-\frac{1}{\sqrt{1-x^2}}\mathrm{d}x;$$
$$\mathrm{d}(\arctan x)=\frac{1}{1+x^2}\mathrm{d}x;\qquad \mathrm{d}(\mathrm{arccot} x)=-\frac{1}{1+x^2}\mathrm{d}x;$$
$$\mathrm{d}(\sinh x)=\cosh x\mathrm{d}x;\qquad \mathrm{d}(\cosh x)=\sinh x\mathrm{d}x.$$

2. 微分的运算法则

设 $u(x),v(x)$ 都可微, 则下列各式成立:

$$\mathrm{d}(cu)=c\mathrm{d}u, \text{ 其中 } c \text{ 是常数;}$$
$$\mathrm{d}(u\pm v)=\mathrm{d}u\pm\mathrm{d}v;$$
$$\mathrm{d}(uv)=v\mathrm{d}u+u\mathrm{d}v;$$
$$\mathrm{d}\left(\frac{u}{v}\right)=\frac{v\mathrm{d}u-u\mathrm{d}v}{v^2}, v\neq 0.$$

◇ 一阶微分形式不变性

设 $y=f(x)$ 在点 $x=\varphi(u)$ 及 $x=\varphi(u)$ 在点 u 都可微, 则复合函数 $y=f(\varphi(u))$ 在点 u 也可微, 且

$$\mathrm{d}y=(f(\varphi(u)))'\mathrm{d}u=f'(\varphi(u))\varphi'(u)\mathrm{d}u=f'(x)\mathrm{d}x.$$

上式说明: 无论 x 是函数 y 的自变量还是中间变量, 形式上都有微分 $\mathrm{d}y=f'(x)\mathrm{d}x$.

注记　(1) 这里仅是形式上不变, 但 $\mathrm{d}x$ 的含义不同: 当 x 是自变量时, $\Delta x=\mathrm{d}x$, 而当 x 是中间变量时, 即 $x=\varphi(u)$, 由微分的定义知 $\Delta x=\mathrm{d}x+o(\Delta u)$ $(\Delta u\to 0)$.

(2) 函数的高阶微分一般不具有这个性质. 只有当 x 是自变量或自变量的线性函数时, 有 $\mathrm{d}^n y=f^{(n)}(x)\mathrm{d}x^n$; 但若 x 是中间变量, 在计算高阶微分时, $\mathrm{d}x$ 是自变量的函数, 不能当做常量对待. 例如, 当 x 是中间变量时, 计算二阶微分如下:

$$\mathrm{d}^2y=\mathrm{d}(f'(x)\mathrm{d}x)=\mathrm{d}(f'(x))\mathrm{d}x+f'(x)\mathrm{d}(\mathrm{d}x)=f''(x)\mathrm{d}x^2+f'(x)\mathrm{d}^2x.$$

(3) 逐阶归纳地定义高阶微分, 即 $\mathrm{d}^{n+1}y=\mathrm{d}(\mathrm{d}^n y)$, $n=1,2,\cdots$; 另外约定 $\mathrm{d}x^n=(\mathrm{d}x)^n$, 即 $\mathrm{d}x^n$ 与 $\mathrm{d}(x^n)$ 含义不同. 实际上, $\mathrm{d}(x^n)=nx^{n-1}\mathrm{d}x$.

精选例题

例 60 求微分或导数.

(1) 设 $\arctan\dfrac{y}{x}=\ln\sqrt{x^2+y^2}$, 求 $\mathrm{d}y,\dfrac{\mathrm{d}y}{\mathrm{d}x},\dfrac{\mathrm{d}^2y}{\mathrm{d}x^2}$.

(2) 设 $y=x^{\sin x},x>0$, 求 $\mathrm{d}y,\dfrac{\mathrm{d}y}{\mathrm{d}x}$.

(3) 设 $y=f\left(\dfrac{2x-1}{x+1}\right)$, $f'(x)=x^2$, 求 $\mathrm{d}y$.

解 (1) 解法 1 原方程两边求微分得

$$\frac{1}{1+\left(\dfrac{y}{x}\right)^2}\frac{x\mathrm{d}y-y\mathrm{d}x}{x^2}=\frac{1}{\sqrt{x^2+y^2}}\frac{x\mathrm{d}x+y\mathrm{d}y}{\sqrt{x^2+y^2}},$$

整理, 得 $(x-y)\mathrm{d}y=(x+y)\mathrm{d}x$, 所以

$$\mathrm{d}y=\frac{x+y}{x-y}\mathrm{d}x,\quad 即\quad y'=\frac{\mathrm{d}y}{\mathrm{d}x}=\frac{x+y}{x-y}.$$

将 y' 满足的方程 $(x-y)y'=x+y$ 再对 x 求导得

$$(1-y')y'+(x-y)y''=1+y',$$

整理, 并代入 y' 的表达式得

$$y''=\frac{\mathrm{d}^2y}{\mathrm{d}x^2}=\frac{1+y'^2}{x-y}=\frac{2x^2+2y^2}{(x-y)^3}.$$

解法 2 由题知 y 是 x 的函数, 于是方程两边对 x 求导得

$$\frac{1}{1+\left(\dfrac{y}{x}\right)^2}\frac{xy'-y}{x^2}=\frac{1}{\sqrt{x^2+y^2}}\frac{x+yy'}{\sqrt{x^2+y^2}},$$

整理得

$$y'=\frac{\mathrm{d}y}{\mathrm{d}x}=\frac{x+y}{x-y},\quad 即\quad \mathrm{d}y=\frac{x+y}{x-y}\mathrm{d}x.$$

再求导, 并代入 y' 的表达式得

$$\frac{\mathrm{d}^2y}{\mathrm{d}x^2}=\frac{(1+y')(x-y)-(1-y')(x+y)}{(x-y)^2}=\frac{2xy'-2y}{(x-y)^2}=\frac{2x^2+2y^2}{(x-y)^3}.$$

(2) 解法 1 两边取对数, 得 $\ln y=\sin x\ln x$, 对此隐函数方程两边求微分得

$$\frac{1}{y}\mathrm{d}y=\left(\cos x\ln x+\frac{\sin x}{x}\right)\mathrm{d}x,$$

所以

$$\mathrm{d}y = x^{\sin x}\left(\cos x \ln x + \frac{\sin x}{x}\right)\mathrm{d}x,\quad \frac{\mathrm{d}y}{\mathrm{d}x} = x^{\sin x}\left(\cos x \ln x + \frac{\sin x}{x}\right).$$

解法 2　由

$$\mathrm{d}y = \mathrm{d}x^{\sin x} = \mathrm{d}\mathrm{e}^{\sin x \ln x} = \mathrm{e}^{\sin x \ln x}\mathrm{d}(\sin x \ln x) = \left(\cos x \ln x + \frac{\sin x}{x}\right)\mathrm{e}^{\sin x \ln x}\mathrm{d}x,$$

得

$$\frac{\mathrm{d}y}{\mathrm{d}x} = x^{\sin x}\left(\cos x \ln x + \frac{\sin x}{x}\right).$$

(3) 原等式两边求微分得

$$\begin{aligned}\mathrm{d}y &= \mathrm{d}f\left(\frac{2x-1}{x+1}\right) = f'\left(\frac{2x-1}{x+1}\right)\left(\frac{2x-1}{x+1}\right)'\mathrm{d}x \\ &= \left(\frac{2x-1}{x+1}\right)^2 \frac{2(x+1)-(2x-1)}{(x+1)^2}\mathrm{d}x = \frac{3(2x-1)^2}{(x+1)^4}\mathrm{d}x.\end{aligned}$$

例 61　设 $f(0)=0, f'(0)$ 存在, 定义数列

$$x_n = f\left(\frac{1}{n^2}\right) + f\left(\frac{2}{n^2}\right) + \cdots + f\left(\frac{n}{n^2}\right)\quad (n=1,2,\cdots),$$

试求 $\lim\limits_{n\to\infty} x_n$.

解　因为 $f'(0)$ 存在, 则函数 $f(x)$ 在 0 点可微, 所以由函数 $f(x)$ 在 0 点微分的定义

$$f(0+\Delta x) - f(0) = f'(0)\Delta x + o(\Delta x)\quad (\Delta x \to 0),$$

可得

$$f\left(\frac{i}{n^2}\right) = f'(0)\frac{i}{n^2} + o\left(\frac{i}{n^2}\right)\quad (i=1,2,\cdots,n; n\to\infty),$$

所以

$$x_n = f'(0)\frac{n(n+1)}{2n^2} + \frac{n(n+1)}{2n^2}o(1).$$

易知

$$\lim_{n\to\infty} x_n = \frac{f'(0)}{2}.$$

注记　(1) 当 $n\to\infty$ 时, 由合比与分比的关系知

$$\sum_{i=1}^{n} o\left(\frac{i}{n^2}\right) = o\left(\sum_{i=1}^{n}\frac{i}{n^2}\right) = \left(\sum_{i=1}^{n}\frac{i}{n^2}\right)\cdot o(1) = \frac{n+1}{2n}\cdot o(1).$$

(2) 在题中条件下, 用类似的方法可得

$$\lim_{n\to\infty}\sum_{i=1}^{n} f\left(\frac{i^2}{n^3}\right)=\frac{f'(0)}{3}.$$

例 62 求下列数列极限:

(1) $\lim\limits_{n\to\infty}\left(\sin\frac{1}{n^2}+\sin\frac{2}{n^2}+\cdots+\sin\frac{n}{n^2}\right)$.

(2) $\lim\limits_{n\to\infty}\left[\left(1+\frac{1}{n^2}\right)\left(1+\frac{2}{n^2}\right)\cdots\left(1+\frac{n}{n^2}\right)\right]$.

解 (1) 令 $f(x)=\sin x, f(0)=0, f'(0)=1$, 由例 61 的结论得

$$\lim_{n\to\infty}\left(\sin\frac{1}{n^2}+\sin\frac{2}{n^2}+\cdots+\sin\frac{n}{n^2}\right)=\frac{f'(0)}{2}=\frac{1}{2}.$$

(2) 令 $f(x)=\ln(1+x), f(0)=0, f'(0)=1$, 由例 61 的结论得

$$\lim_{n\to\infty}\left[\ln\left(1+\frac{1}{n^2}\right)+\ln\left(1+\frac{2}{n^2}\right)+\cdots+\ln\left(1+\frac{n}{n^2}\right)\right]=\frac{f'(0)}{2}=\frac{1}{2},$$

所以

$$\lim_{n\to\infty}\left[\left(1+\frac{1}{n^2}\right)\left(1+\frac{2}{n^2}\right)\cdots\left(1+\frac{n}{n^2}\right)\right]=\sqrt{\mathrm{e}}.$$

思考题 设函数 $f(x)$ 定义在 $(0,+\infty)$, 且有 $f(x)\sim x\ (x\to 0^+)$. 一组数 $\{a_{nj}:1\leqslant j\leqslant n, n\in\mathbb{Z}^+\}$ 满足

$$(1)\ \ 0<a_{n1}\leqslant a_{n2}\leqslant\cdots\leqslant a_{nk}\leqslant\cdots\leqslant a_{nn};\quad (2)\ \ \lim_{n\to\infty}a_{nn}=0.$$

试证: $\lim\limits_{n\to\infty}\dfrac{f(a_{n1})+f(a_{n2})+\cdots+f(a_{nn})}{a_{n1}+a_{n2}+\cdots+a_{nn}}=1.$

小　结

1. 利用微分的基本公式及运算法则求函数的微分.

2. 利用一阶微分形式不变性, 可以方便地求出复合函数的微分, 也容易求出由参数方程给出的函数的导数.

设 $\varphi(t),\psi(t)$ 二阶可导, 且 $\varphi'(t)\neq 0$, 则由参数方程 $\begin{cases}x=\varphi(t)\\ y=\psi(t)\end{cases}$ 所确定的函数 $y=f(x)$ 的一阶、二阶导数分别为:

由 $\mathrm{d}y=\psi'(t)\mathrm{d}t$, $\mathrm{d}x=\varphi'(t)\mathrm{d}t$, 得 $\dfrac{\mathrm{d}y}{\mathrm{d}x}=\dfrac{\psi'(t)}{\varphi'(t)}$,

$$\frac{\mathrm{d}^2y}{\mathrm{d}x^2}=\frac{\mathrm{d}}{\mathrm{d}x}\left(\frac{\mathrm{d}y}{\mathrm{d}x}\right)=\frac{1}{\varphi'(t)\mathrm{d}t}\mathrm{d}\left(\frac{\psi'(t)}{\varphi'(t)}\right)=\frac{\psi''(t)\varphi'(t)-\psi'(t)\varphi''(t)}{(\varphi')^3(t)}.$$

3. 求隐函数的导数常用方法:

方法 1　对方程 (或变形后的方程) 两端同时对自变量 (如 x) 求导, 而方程中的另一个变量 (如 y) 是 x 的函数 ($y=y(x)$), 然后解出 y';

方法 2　将方程 (或变形后的方程) 两边同时微分, 并写成 $Q(x,y)\mathrm{d}y=P(x,y)\mathrm{d}x$ 的形式, 即可求出 $y'=\dfrac{\mathrm{d}y}{\mathrm{d}x}=\dfrac{P(x,y)}{Q(x,y)}$;

方法 3　利用多元函数复合函数求导法, 导出由二元方程 $F(x,y)=0$ 确定的隐函数 $y=y(x)$ 的导数公式 $y'(x)=-\dfrac{\partial F}{\partial x}\Big/\dfrac{\partial F}{\partial y}$.

2.3　微分中值定理

知识要点

◇ **极值的定义**

设函数 $f(x)$ 定义在区间 I 上, x_0 是区间 I 的内点. 若存在 x_0 的 δ 邻域 $(x_0-\delta,x_0+\delta)$, 对所有 $x\in(x_0-\delta,x_0+\delta)$ 都有 $f(x_0)\geqslant f(x)(f(x_0)\leqslant f(x))$, 则称 $f(x_0)$ 是 $f(x)$ 的**极大值** (**极小值**), 而称 x_0 是 $f(x)$ 的**极大值点** (**极小值点**). 极大值与极小值统称为**极值**, 极大值点与极小值点统称为**极值点**; 若等号仅在 x_0 点处成立, 则相应地引入严格极大 (小) 值点的定义.

注记　极值与最值的区别:

(1) 极值是局部性概念, 而且从极值和极值点的定义可知, 它与函数在该点是否连续或是否可导无关.

(2) 从数量上, 极大 (小) 值和极大 (小) 值点可以有多个, 但最大值和最小值都是唯一的 (如果存在), 而最大 (小) 值点可以是多个.

(3) 从位置上, 极值点只能是区间的内点, 最值点还可以是区间的边界点, 但若某个最值点是内点, 则它一定是极值点.

(4) 从大小上, 极大值不一定大于极小值, 甚至会小于极小值; 但最大值一定不小于极值, 当然也不小于最小值.

(5) 常值函数在其定义区间内每一点处获得极大值, 也获得极小值.

◇ 微分学基本定理

1. 费马 (Fermat) 定理

设函数 $f(x)$ 定义在区间 I 上, x_0 是它的极值点, 若 $f(x)$ 在点 x_0 可导, 则必有 $f'(x_0)=0$.

注记 费马定理说明:

(1) 导数为零是可微函数取得极值的必要条件, 但不是充分条件, 即费马定理的逆并不成立. 例如, 可微的函数 $f(x)=x^3$, 有 $f'(0)=0$, 但 $x=0$ 不是函数的极值点. 满足 $f'(x)=0$ 的点 x 称为函数 $f(x)$ 的驻点.

(2) 可微函数的极值点必然是它的驻点. 反过来, 驻点未必是极值点.

(3) 费马定理只是函数在其极值点可导的前提下给出的结论, 但一般而言, 函数在其极值点未必可导, 例如函数 $f(x)=|x|$, $x=0$ 是它的极值点, 但函数在该点的导数不存在.

(4) 函数 $f(x)$ 的极值点有两类: 其一是不可导点; 其二是驻点.

2. 罗尔 (Rolle) 中值定理

设函数 $f(x)$ 在区间 $[a,b]$ 上连续, 在 (a,b) 内可导, 并且 $f(a)=f(b)$, 则至少有一点 $\xi\in(a,b)$, 使得 $f'(\xi)=0$.

注记 (1) 几何上, 罗尔定理指出有水平弦的曲线必有水平切线.

(2) 罗尔定理的条件只是定理成立的充分条件.

3. 拉格朗日 (Lagrange) 中值定理

设函数 $f(x)$ 在区间 $[a,b]$ 上连续, 在 (a,b) 内可导, 则至少存在一点 $\xi\in(a,b)$, 使得

$$f'(\xi)=\frac{f(b)-f(a)}{b-a} \quad 或 \quad f(b)-f(a)=f'(\xi)(b-a).$$

注记 (1) 几何上, 拉格朗日中值定理指出曲线上必有一点处的切线平行于连接曲线两个端点的弦.

(2) 在公式中分别用 x 和 $x+\Delta x$ 代替 a 和 b, 结论就变为

$$f(x+\Delta x)-f(x)=f'(x+\theta\Delta x)\Delta x,\quad 0<\theta<1.$$

(3) 推论: 设 $f(x)$ 在 (a,b) 内可导, 则 $f'(x)\equiv 0 \Longleftrightarrow f(x)\equiv c$, c为常数.

4. 柯西 (Cauchy) 中值定理

设函数 $f(x),g(x)$ 在区间 $[a,b]$ 上连续, 在 (a,b) 内可导, 且对任意 $x\in(a,b)$, $g'(x)\neq 0$, 则至少存在一点 $\xi\in(a,b)$, 使得

$$\frac{f(b)-f(a)}{g(b)-g(a)}=\frac{f'(\xi)}{g'(\xi)}.$$

注记 (1) $g(x)=x$ 时, 即为拉格朗日中值定理.

(2) 柯西中值定理的几何意义: 曲线 $L:\begin{cases}x=g(t),\\ y=f(t),\end{cases}$ $t\in[a,b]$, 端点 $A(g(a),f(a))$, 和 $B(g(b),f(b))$ 连线的斜率 $k_{AB}=\dfrac{f(b)-f(a)}{g(b)-g(a)}$. 曲线 L 在 $t=\xi$ 的切线 l 的斜率

$$k_l=\frac{\mathrm{d}y}{\mathrm{d}x}=\frac{\mathrm{d}y}{\mathrm{d}t}\frac{\mathrm{d}t}{\mathrm{d}x}\Big|_{t=\xi}=\frac{f'(\xi)}{g'(\xi)},$$

$k_{AB}=k_l$ 即柯西中值定理的结论. 柯西中值定理指出曲线 L 上必有一点处的切线平行于连接曲线两个端点的弦.

(3) 对 $y=f(g^{-1}(x))$ 在区间 $[g(a),g(b)]$ 上用拉格朗日中值定理也可证明.

(4) 柯西中值定理中的条件 "$g'(x)\neq 0$" 可减弱为 "$f'^2(x)+g'^2(x)\neq 0$ 且 $g(a)\neq g(b)$", 其证明仍同原证明类似.

注记 (1) 三个中值定理是一个比一个更一般, 定理将函数在有限区间上的增量与区间内某个点即所谓中值点处的导数相联系, 从而突破了导数概念本身的局部性, 为微分学的应用提供了有力的工具.

(2) 定理中的中值 "ξ" 不具有唯一性, 强调的是它的存在性.

精选例题

例 63 证明: 当 $x\geqslant 1$ 时, $\arctan x-\dfrac{1}{2}\arccos\dfrac{2x}{1+x^2}=\dfrac{\pi}{4}$.

证明 证法 1 令 $f(x)=\arctan x-\dfrac{1}{2}\arccos\dfrac{2x}{1+x^2}-\dfrac{\pi}{4}$, 则

$$f'(x)=\frac{1}{1+x^2}+\frac{1}{2}\left[1-\left(\frac{2x}{1+x^2}\right)^2\right]^{-\frac{1}{2}}\frac{2(1+x^2)-4x^2}{(1+x^2)^2}=0,$$

所以当 $x\geqslant 1$ 时, $f(x)=C,C$ 为常数. 又 $f(1)=0$, 所以 $f(x)\equiv 0$, 得证.

证法 2 任取一点 $x\in(1,+\infty)$, 显然, 函数 $f(x)=\arctan x-\dfrac{1}{2}\arccos\dfrac{2x}{1+x^2}-\dfrac{\pi}{4}$ 在 $[1,x]$ 上满足拉格朗日中值定理的条件, 所以有

$$f(x)-f(1)=f'(\xi)(x-1)\quad(\xi\in(1,x)).$$

因为 $f'(x)=0$, 所以 $f(x)=f(1)=0$, 得证.

注记 利用导数证明函数恒等式的方法: 一是直接应用拉格朗日中值定理; 二是利用拉格朗日中值定理的推论.

例 64 设对任意实数 x,y, 不等式

$$|f(y)-f(x)|\leqslant M|y-x|^2$$

都成立, M 为正常数, 证明: $f(x)$ 在 $(-\infty,+\infty)$ 内恒为常数.

分析 利用拉格朗日中值定理的推论, 只要证得 $f'(x)=0$ 即可. 所以需要从已知的关系式导出 $f(x)$ 在任意一点处的导数.

证明 在 $(-\infty,+\infty)$ 内任取一点 x_0, 设 $x\neq x_0$, 由已知, 得

$$0\leqslant\left|\frac{f(x)-f(x_0)}{x-x_0}\right|\leqslant M|x-x_0|,$$

当 $x\to x_0$ 时, 由夹逼定理得 $f'(x_0)=0$, 由 x_0 的任意性知, 在 $(-\infty,+\infty)$ 内 $f'(x)\equiv 0$, 故 $f(x)$ 在 $(-\infty,+\infty)$ 内恒为常数.

例 65 证明不等式: 当 $0<a<b$ 时, $(a+b)\ln\dfrac{a+b}{2}<a\ln a+b\ln b$.

证明 证法 1 即证

$$\frac{a+b}{2}\ln\frac{a+b}{2}-a\ln a<b\ln b-\frac{a+b}{2}\ln\frac{a+b}{2}. \tag{1}$$

因为 $f(x)=x\ln x$ 在区间 $[a,b]$ 上满足拉格朗日中值定理的条件, 所以有

$$\frac{a+b}{2}\ln\frac{a+b}{2}-a\ln a=\frac{b-a}{2}f'(\xi)\quad\left(\xi\in\left(a,\frac{a+b}{2}\right)\right), \tag{2}$$

$$b\ln b-\frac{a+b}{2}\ln\frac{a+b}{2}=\frac{b-a}{2}f'(\eta)\quad\left(\eta\in\left(\frac{a+b}{2},b\right)\right),\tag{3}$$

又 $f'(x)=1+\ln x$ 在区间 $[\xi,\eta]\subset[a,b]$ 上严格单调增 $\left(因为\ f''(x)=\dfrac{1}{x}>0\right)$, 则 $f'(\eta)>f'(\xi)$, 再结合式 (2)、式 (3), 推出式 (1), 得证.

证法 2　利用函数 $f(x)=x\ln x$ 在区间 $(0,+\infty)$ 上的凹凸性, 由定义即可推出.

注记　证明这样的不等式成立, 关键是找到相对应的函数, 通过微分中值定理讨论此函数的性质, 得到所需要的结论. 所以要对不等式作恒等变形.

思考题　证明不等式: $a^b>b^a$, 其中 $b>a>\mathrm{e}$.

例 66　证明不等式: $\left(1+\dfrac{x}{n}\right)^n<\mathrm{e}^x$, 其中 $x>0$.

证明　即证 $1+\dfrac{x}{n}<\mathrm{e}^{\frac{x}{n}}$, 所以令 $f(t)=\mathrm{e}^t-(1+t),\ \ t>0$. 显然, $f(0)=0$, $f(t)$ 在 $[0,t]$ 上满足拉格朗日中值定理的条件, 则有

$$\mathrm{e}^t-(1+t)=f(t)-f(0)=f'(\xi)t=(\mathrm{e}^\xi-1)t>0\quad(0<\xi<t).$$

所以 $1+t<\mathrm{e}^t,t>0$, 令 $t=\dfrac{x}{n}$, 得证.

注记　(1) 证明这类不等式成立, 对待证的不等式作恒等变形非常重要.

(2) 一般地, 若函数 $f(x)$ 满足拉格朗日中值定理的条件, 则有不等式

$$\min_{a\leqslant x\leqslant b}f'(x)\leqslant\frac{f(b)-f(a)}{b-a}\leqslant\max_{a\leqslant x\leqslant b}f'(x).$$

由此易证不等式

$$\frac{1}{1+x}<\ln\left(1+\frac{1}{x}\right)<\frac{1}{x}\quad(x>0).$$

例 67　设 $f(x)$ 在 $[a,b]$ 可导, $f'_+(a)f'_-(b)<0$, 则必有 $\xi\in(a,b)$, 使得 $f'(\xi)=0$.

证明　不妨设 $f'_+(a)>0,f'_-(b)<0$, 即

$$f'_+(a)=\lim_{x\to a^+}\frac{f(x)-f(a)}{x-a}>0,\quad f'_-(b)=\lim_{x\to b^-}\frac{f(x)-f(b)}{x-b}<0.$$

由极限的局部保号性, $\exists\delta>0$, 当 $x\in(a,a+\delta)$, $y\in(b-\delta,b)$ 时, 有

$$\frac{f(x)-f(a)}{x-a}>0,\quad\frac{f(y)-f(b)}{y-b}<0,$$

即有 $f(x) > f(a), f(y) > f(b)$, 则 $f(a), f(b)$ 都不是最大值. 又 $f(x)$ 在 $[a,b]$ 可导, 故在 $[a,b]$ 连续, 由连续函数的最值定理, 必存在 $\xi \in (a,b)$, 使 $f(\xi)$ 取得最大值, 则 $f(\xi)$ 也是极大值, 又 $f(x)$ 可导, 则由费马定理得 $f'(\xi) = 0$.

注记 (1) 此例称为**导函数的零值定理**. 由此便知, 如果导函数 $f'(x)$ 在区间 $[a,b]$ 没有零点, 则导函数 $f'(x)$ 不变号. 即要么 $f'(x) > 0$, 要么 $f'(x) < 0$. 此性质是可微函数所特有的. 注意这里 $f'(x)$ 不必连续.

(2) 由此易证**导函数的介值定理 (达布 (Darboux) 定理)**:

设 $f(x)$ 在 $[a,b]$ 可微, 则导函数 $f'(x)$ 可取到 $f'_+(a)$ 与 $f'_-(b)$ 之间的任何值.

例 68 证明: 若函数 $f(x)$ 在区间 I 可导, 则导函数 $f'(x)$ 在区间 I 上不能有第一类间断点.

证明 反证, 假设 $f'(x)$ 在区间 I 上有第一类间断点 x_0, 则

$$f'(x_0+0) = \lim_{x\to x_0^+} f'(x), \quad f'(x_0-0) = \lim_{x\to x_0^-} f'(x)$$

都存在. 又 $f(x)$ 在 x_0 可导, 即

$$f'(x_0) = f'_-(x_0) = f'_+(x_0), \tag{1}$$

由拉格朗日中值定理得

$$f'_-(x_0) = \lim_{x\to x_0^-} \frac{f(x)-f(x_0)}{x-x_0} = \lim_{x\to x_0^-} f'(\xi) \quad (\xi \in (x,x_0)),$$

$$f'_+(x_0) = \lim_{x\to x_0^+} \frac{f(x)-f(x_0)}{x-x_0} = \lim_{x\to x_0^+} f'(\eta) \quad (\eta \in (x_0,x)),$$

所以有

$$f'_-(x_0) = \lim_{x\to x_0^-} f'(\xi) = f'(x_0-0), \quad f'_+(x_0) = \lim_{x\to x_0^+} f'(\eta) = f'(x_0+0).$$

由式 (1) 便得

$$f'(x_0+0) = f'(x_0-0) = f'(x_0),$$

从而, $f'(x)$ 在 x_0 点连续, 这与 x_0 是 $f'(x)$ 的间断点矛盾. 故 $f'(x)$ 在区间 I 上不能有第一类间断点.

注记 导函数的两大特性: 一是导函数的介值定理; 二是导函数不能有第一类间断点.

例 69 设 $f(x)$ 在 $(a,+\infty)$ 内可微, 且 $\lim\limits_{x\to a^+} f(x) = \lim\limits_{x\to+\infty} f(x) = L$. 证明: 存在 $\xi \in (a,+\infty)$, 使 $f'(\xi) = 0$ (此结论也称为广义的罗尔中值定理).

证明　证法 1　若在 $(a,+\infty)$ 内, $f(x)\equiv L$, 则 $f'(x)=0$. 那么 $(a,+\infty)$ 中每一点都可为 ξ. 若 $f(x)$ 不恒等于 L , 则存在 x_0, $f(x_0)\neq L$. 不妨设 $f(x_0)>L$, 则 $f(x)$ 在 $(a,+\infty)$ 内必有最大值.

因为 $\lim\limits_{x\to a^+}f(x)=\lim\limits_{x\to+\infty}f(x)=L<f(x_0)$, 故存在 $\delta>0,M>a+\delta$, 使在 $(a,a+\delta)$ 及 $(M,+\infty)$ 内 $f(x)<f(x_0)$, 而 $f(x)$ 在 $[a+\delta,M]$ 连续, 必有最大值 $f(\xi)$, $f(\xi)\geqslant f(x_0)$. 所以 $f(\xi)$ 为 $f(x)$ 在 $(a,+\infty)$ 的最大值, 又 $f(x)$ 可微, 由费马定理, $f'(\xi)=0$.

证法 2　令

$$F(x)=\begin{cases} f\left(\dfrac{1}{x}+a-1\right) & (0<x<1), \\ L & (x=0,1). \end{cases}$$

显然 $F(x)$ 在闭区间 $[0,1]$ 上连续, 在开区间 $(0,1)$ 内可导, 且 $F(0)=F(1)$. 于是由罗尔中值定理, 存在 $\xi_1\in(0,1)$, 使

$$F'(\xi_1)=-\frac{1}{\xi_1^2}f'\left(\frac{1}{\xi_1}+a-1\right)=0,$$

即

$$f'(\xi)=0 \quad \left(\xi=\frac{1}{\xi_1}+a-1\in(a,+\infty)\right).$$

注记　导函数的零值定理及此题的证法 1 都是利用费马定理证明 $f'(x)=0$, 即方程的实根存在. 此题的证法 2 利用罗尔中值定理证明方程实根存在.

(1) 由费马定理可知, 它归结为证明闭区间连续函数 $f(x)$ 的最大值或最小值必在相应的开区间内部某一点 ξ 取得, 则它必是极值点, 且 $f'(\xi)$ 存在, 则 $f'(\xi)=0$. 而证明最值在内部取得, 可以利用导数定义与极限的保号性来完成. 导函数的零值定理及此题的证法 1 都是利用此思路证得的.

(2) 证法 2 通过构造辅助函数 $F(x)$, 并对其验证罗尔中值定理的条件, 推出相应的结论, 完成对 $f'(x)=0$ 的证明.

例 70　设 $f(x)$ 在 $[0,+\infty)$ 上可微, $f(+\infty)=0$, $f(0)=1$, 证明: 存在 $\xi\in(0,+\infty)$, 使 $f'(\xi)=-\mathrm{e}^{-\xi}$.

证明　令 $F(x)=f(x)-\mathrm{e}^{-x}$, 显然 $F(x)$ 在 $[0,+\infty)$ 上连续, 在 $(0,+\infty)$ 内可微, 又 $F(0)=F(+\infty)=0$, 所以由例 69 的结论, 存在 $\xi\in(0,+\infty)$, 使 $F'(\xi)=0$, 即 $f'(\xi)=-\mathrm{e}^{-\xi}$.

注记　利用微分学基本定理证明方程的实根存在, 这是微分学基本定理应用的重要一部分. 通常有两种方法: 直接法与间接法.

(1) 直接法: 由题设条件, 验证所给函数满足相应的微分中值定理的条件, 直接由该定理推出相应的结论. 如例 71 的证法 1.

(2) 间接法: 一般需要先构造辅助函数, 然后对其应用相应的微分中值定理, 证明方程实根存在, 如广义的罗尔中值定理的证法 2 与例 69 的证明.

例 71 设 $f(x)$ 在 $[1,2]$ 上二阶可微, 且 $f(2)=0$, 又 $F(x)=(x-1)^2f(x)$, 则存在 $\xi\in(1,2)$, 使得 $F''(\xi)=0$.

证明 证法 1 由已知, $F(x),F'(x),F''(x)$ 在区间 $[1,2]$ 上都存在, $F(x)$, $F'(x)$ 在区间 $[1,2]$ 上连续, 且 $F(1)=F(2)=0$. 由罗尔中值定理知, 存在 $\xi_1\in(1,2)$, 使得 $F'(\xi_1)=0$.

又 $F'(x)=2(x-1)f(x)+(x-1)^2f'(x)$, 则 $F'(1)=0$, 所以 $F'(x)$ 在 $[1,\xi_1]$ 上满足罗尔中值定理的条件, 则存在 $\xi\in(1,\xi_1)\subset(1,2)$, 使得 $F''(\xi)=0$.

证法 2 注意到 $F(1)=F'(1)=0$, 则由 $F(x)$ 在点 $x=1$ 处的一阶泰勒展式

$$F(x)=F(1)+F'(1)(x-1)+\frac{F''(\eta)}{2!}(x-1)^2=\frac{F''(\eta)}{2!}(x-1)^2\quad(1<\eta<x\leqslant 2),$$

立得 $0=F(2)=\dfrac{F''(\xi)}{2!}$, 即 $F''(\xi)=0,\ \ \xi\in(1,2)$.

注记 (1) 在证法 1 中, 证明 $F''(x)=0$ 有实根时, 可把 $F'(x)$ 作为辅助函数; 证明 $F'(x)=0$ 有实根时, 可把 $F(x)$ 作为辅助函数. 分别用罗尔中值定理, 依次类推. 当证明 $F^{(n)}(x)=0$ 有实根时, 可把 $F^{(n-1)}(x)$ 作为辅助函数, 然后对其应用相应的微分学定理.

(2) 对于证法 2, 由于问题中涉及高阶导数, 所以容易想到用泰勒展式去证明, 它是拉格朗日中值定理的推广.

例 72 设 $f(x)$ 在 $[0,1]$ 上连续, 在 $(0,1)$ 内可导, $f(0)=f(1)=0, f\left(\dfrac{1}{3}\right)=1$, 证明:

(1) 存在 $\xi\in\left(\dfrac{1}{3},1\right)$, 使得 $f(\xi)=\xi$;

(2) 存在 $\eta\in(0,\xi)$, 使得 $f'(\eta)-f(\eta)+\eta=1$.

分析 (1) 从结论看没出现导数, 容易想到用闭区间上连续函数的零值定理, 所以令 $F(x)=f(x)-x$ 即可. (2) 从结论看应该是用罗尔中值定理, 但要构造辅助函数. 由第 (1) 题 $F'(x)=f'(x)-1$, 对照结论, 还有一部分刚好是 $F(x)=f(x)-x$, 所以构造的函数应该是另一个函数 $g(x)$ 与 $F(x)$ 的乘积形式, 即 $(F(x)g(x))'=F'(x)g(x)+F(x)g'(x)$, 注意到 $g(x)$ 求导后是 $-g'(x)$, 以及函数 $g(x)$ 在结论中没出现, 故取 $g(x)=\mathrm{e}^{-x}\neq 0$. 所以令 $G(x)=F(x)\mathrm{e}^{-x}$.

证明　(1) 令 $F(x)=f(x)-x$, 显然 $F(x)$ 在区间 $\left[\frac{1}{3},1\right]$ 连续, 且

$$F\left(\frac{1}{3}\right)=f\left(\frac{1}{3}\right)-\frac{1}{3}=\frac{2}{3}>0,\quad F(1)=f(1)-1=-1<0.$$

所以由闭区间上连续函数的零值定理, 存在 $\xi\in\left(\frac{1}{3},1\right)$, 使得 $F(\xi)=0$, 即 $f(\xi)=\xi$.

(2) 令 $G(x)=F(x)\mathrm{e}^{-x}$, 显然 $G(x)$ 在区间 $[0,\xi]$ 上连续, 在区间 $(0,\xi)$ 上可导, 且 $G(0)=G(\xi)$, 故由罗尔中值定理, 存在 $\eta\in(0,\xi)$, 使得 $G'(\eta)=0$, 即

$$\mathrm{e}^{-\eta}[f'(\eta)-1-f(\eta)+\eta]=0.$$

又 $\mathrm{e}^{-\eta}\neq 0$, 所以得 $f'(\eta)-f(\eta)+\eta=1$.

注记　利用微分学中值定理证明方程实根存在的间接法中, 根据待定的方程构造可导 (或高阶可导) 的辅助函数是问题证明中关键的环节.

(1) 原函数法: 因为欲求 $f(x)=0$ 的实根, 若能找到函数 $F(x)$ 满足 $F'(\xi)=f(\xi)$, 则 $F(x)$ 就是要构造的函数, 即 $f(x)$ 是 $F(x)$ 的导函数, 由后面的积分知识知, $F(x)$ 是 $f(x)$ 的一个原函数. 所以这种构造辅助函数的方法称为原函数法.

(2) 修正的原函数法: 将待证的方程作适当的变形, 如在所给的方程两边分别乘以非零因子 $\mu(x)$ 构成与原方程等价的新方程, 再用原函数法构造满足相应微分中值定理条件的辅助函数. 如此题的第 (2) 题.

例 73　设 $f(x)$ 在 $[0,1]$ 上连续, 在 $(0,1)$ 内可导, $f(1)=2f(0)$, 证明: 存在 $\xi\in(0,1)$, 使得

$$(1+\xi)f'(\xi)=f(\xi).$$

分析　从结论看是证明方程 $(1+x)f'(x)-f(x)=0$ 在 $(0,1)$ 内至少有一根, 属于 $f'(x)g(x)-f(x)g'(x)=0$ 的类型, 则两边分别乘 $\frac{1}{g^2(x)}$ 后, 得

$$\frac{f'(x)g(x)-f(x)g'(x)}{g^2(x)}=\left(\frac{f(x)}{g(x)}\right)'=0.$$

故取辅助函数 $F(x)=\frac{f(x)}{g(x)},g(x)\neq 0$. 对照结论 $g(x)=1+x$, 于是令 $F(x)=\frac{f(x)}{1+x}$.

证明　证法 1　令 $F(x)=\frac{f(x)}{1+x}$, 显然 $F(x)$ 在 $[0,1]$ 上连续, 在 $(0,1)$ 内可

导, 且 $F(0)=F(1)$, 所以由罗尔中值定理, 存在 $\xi\in(0,1)$, 使得

$$F'(\xi)=\frac{(1+\xi)f'(\xi)-f(\xi)}{(1+\xi)^2}=0,$$

故

$$(1+\xi)f'(\xi)=f(\xi).$$

证法 2 不妨设 $f(x)\neq 0$, 并令 $F(x)=\ln|f(x)|,\quad G(x)=\ln(1+x)$. 显然 $F(x),G(x)$ 在 $[0,1]$ 上连续, 在 $(0,1)$ 内可导, 且 $G'(x)\neq 0$, 则由柯西中值定理, 存在 $\xi\in(0,1)$, 使得

$$1=\frac{\ln|f(1)|-\ln|f(0)|}{\ln 2}=\frac{F(1)-F(0)}{G(1)-G(0)}=\frac{F'(\xi)}{G'(\xi)}=\frac{f'(\xi)}{f(\xi)}(1+\xi).$$

得证.

注记 此题的证法 2 是将 $f'(x)g(x)-f(x)g'(x)=0$ 变形为 $\dfrac{f'(x)}{f(x)}=\dfrac{g'(x)}{g(x)}$, 两边积分得 $\dfrac{f(x)}{g(x)}=C$, 则 $F(x)=\dfrac{f(x)}{g(x)}$. 这个过程类似于一阶常微分方程的分离变量法. 若希望用柯西中值定理完成证明, 则需要构造两个辅助函数. 证法 2 的构造思想正是基于这个想法.

思考题 设奇函数 $f(x)$ 在 $[-1,1]$ 上具有二阶导数, 且 $f(1)=1$. 证明:

(1) 存在 $\xi\in(0,1)$, 使得 $f'(\xi)=1$.

(2) 存在 $\eta\in(-1,1)$, 使得 $f''(\eta)+f'(\eta)=1$.

例 74 设 $f(x)$ 在 $[a,b]$ 上连续, 在 (a,b) 内可导, $\lim\limits_{x\to a^+}\dfrac{f(2x-a)}{x-a}$ 存在, 且 $f'(x)\neq 0$, 证明: 存在 $\xi,\eta\in(a,b)$, 使得

$$f'(\eta)(b^2-a^2)=\frac{2\xi}{\xi-a}\int_a^b f(x)\mathrm{d}x.$$

分析 由极限式知 $f(a)=0$, 而等式

$$f'(\eta)(b^2-a^2)=\frac{2\xi}{\xi-a}\int_a^b f(x)\mathrm{d}x \Longleftrightarrow \frac{b^2-a^2}{\displaystyle\int_a^b f(x)\mathrm{d}x}=\frac{2\xi}{f'(\eta)(\xi-a)}$$

所以对 x^2 和 $\displaystyle\int_a^x f(t)\mathrm{d}t$ 在 $[a,b]$ 上用柯西中值定理, 再对 $f(x)$ 用拉格朗日中值定理即可.

证明　令 $F(x)=x^2$, $G(x)=\int_a^x f(t)\mathrm{d}t$, 由 $f'(x)\neq 0$, 则 $f(x)\neq 0,(x>a)$, 所以在 $[a,b]$ 上用柯西中值定理, 存在 $\xi\in(a,b)$ 使得

$$\frac{b^2-a^2}{\int_a^b f(x)\mathrm{d}x}=\frac{2\xi}{f(\xi)},\tag{1}$$

因为 $\lim\limits_{x\to a^+}\frac{f(2x-a)}{x-a}$ 存在, 所以 $\lim\limits_{x\to a^+}f(2x-a)=0$, 由 $f(x)$ 在 $x=a$ 连续得 $f(a)=0$.

对 $f(x)$ 在 $[a,\xi]$ 上用拉格朗日中值定理, 存在 $\eta\in(a,\xi)$ 使得

$$f(\xi)-f(a)=f'(\eta)(\xi-a)\Longrightarrow f(\xi)=f'(\eta)(\xi-a)\tag{2}$$

将 (2) 代入 (1) 式即得证.

注记　该例的等式中涉及两个中值, 这种问题常用的方法是**两次微分中值定理**, 可能是**不同的函数各用一次**, 或者**同一函数在不同的区间各用一次**.

例 75　设 $f(x)$ 在 $[0,1]$ 上连续, 在 $(0,1)$ 内可导, $f(0)=0,f(1)=1$, 证明:

(1) 在 $(0,1)$ 内存在不同的 ξ,η, 使得 $f'(\xi)f'(\eta)=1$;

(2) 对任意给定的正数 a,b, 在 $(0,1)$ 内存在不同的 ξ,η, 使得 $\frac{a}{f'(\xi)}+\frac{b}{f'(\eta)}=a+b$.

分析　1° 观察本题 (1) 的结论, 只需将 $[0,1]$ 分成两个区间, 使 $f(x)$ 在两个区间各用一次微分中值定理. 设分点为 $x_0\in(0,1)$, 由

$$f(x_0)-f(0)=f'(\xi)x_0,\quad f(1)-f(x_0)=f'(\eta)(1-x_0)\quad(0<\xi<x_0<\eta<1)$$

$$f'(\xi)f'(\eta)=\frac{f(x_0)}{x_0}\frac{1-f(x_0)}{1-x_0}=1\Longleftrightarrow f(x_0)[1-f(x_0)]=x_0(1-x_0).$$

即 x_0 是方程 $f(x)[1-f(x)]=x(1-x)$ 的根, 所以取 x_0 满足 $f(x_0)=1-x_0$.

2° 对于 (2) 小题结论 $\frac{a}{f'(\xi)}+\frac{b}{f'(\eta)}=a+b\Longleftrightarrow\frac{\frac{a}{a+b}}{f'(\xi)}+\frac{\frac{b}{a+b}}{f'(\eta)}=1$, 令 $f(x_1)=\frac{a}{a+b}$, 即 $\frac{f(x_1)}{f'(\xi)}+\frac{1-f(x_1)}{f'(\eta)}=1\Longleftrightarrow\frac{f(x_1)-f(0)}{f'(\xi)}+\frac{f(1)-f(x_1)}{f'(\eta)}=1$. 这样在以 x_1 为分点的两个区间上对 $f(x)$ 用拉格朗日中值定理即可.

证明　(1) 令 $F(x)=f(x)-1+x$, 则 $F(x)\in C[0,1]$, 且 $F(0)=-1<0$, $F(1)=1>0$, 由介值定理知, 存在 $x_0\in(0,1)$, 使得 $F(x_0)=0$, 即 $f(x_0)=1-x_0$.

在 $[0,x_0]$ 和 $[x_0,1]$ 上对 $f(x)$ 应用拉格朗日中值定理, 存在 $\xi\in(0,x_0)$, $\eta\in(x_0,1)$ 使得

$$f'(\xi)=\frac{f(x_0)}{x_0},\quad f'(\eta)=\frac{f(1)-f(x_0)}{1-x_0},$$

$$f'(\xi)f'(\eta)=\frac{f(x_0)}{x_0}\frac{1-f(x_0)}{1-x_0}=\frac{1-x_0}{x_0}\frac{x_0}{1-x_0}=1.$$

(2) 因为 $0<\dfrac{a}{a+b}<1$, $f(x)\in C[0,1]$, $f(0)=0$, $f(1)=1$, 由连续函数介值定理, 存在 $x_1\in(0,1)$, 使得 $f(x_1)=\dfrac{a}{a+b}$, 在 $[0,x_1]$ 和 $[x_1,1]$ 上对 $f(x)$ 应用拉格朗日中值定理, 存在 $\xi\in(0,x_1)$, $\eta\in(x_1,1)$ 使得

$$f'(\xi)=\frac{f(x_1)}{x_1},\quad f'(\eta)=\frac{f(1)-f(x_1)}{1-x_1},$$

即得

$$x_1=\frac{f(x_1)}{f'(\xi)}=\frac{\frac{a}{a+b}}{f'(\xi)},\quad 1-x_1=\frac{1-f(x_1)}{f'(\eta)}=\frac{\frac{b}{a+b}}{f'(\eta)},$$

从而 $\dfrac{a}{f'(\xi)}+\dfrac{b}{f'(\eta)}=a+b$.

注记 该题 (2) **的结论可作如下推广**:

设 $f(x)$ 在 $[0,1]$ 上连续, 在 $(0,1)$ 内可导, $f(0)=0,f(1)=1$, 对任意给定的一组正数 $a_1,a_2,\cdots,a_k$, 必存在 $(0,1)$ 内的 k 个数: $0<\xi_1<\xi_2<\cdots<\xi_k<1$, 使得

$$\frac{a_1}{f'(\xi_1)}+\frac{a_2}{f'(\xi_2)}+\cdots+\frac{a_k}{f'(\xi_k)}=a_1+a_2+\cdots+a_k.$$

例 76 设 $f(x)$ 在 $[a,b]$ 上可导, 且存在点 $x_0\in(a,b)$, 使得 $f'(x_0)=0$, 常数 $\lambda>0$. 证明:

(1) 存在 $\xi\in(a,b)$ 满足 $f'(\xi)=\lambda(f(\xi)-f(a))$;

(2) 存在 $\eta\in(a,b)$ 满足 $f'(\eta)=\lambda(f(b)-f(\eta))$.

证明 (1) 令 $F(x)=e^{-\lambda x}(f(x)-f(a))$, 显然 $F(x)$ 在 $[a,b]$ 上可导. 下面分情况:

若在驻点 x_0 处有 $f(x_0)=f(a)$. 此时对 $F(x)$ 在区间 $[a,x_0]$ 上应用罗尔中值定理, 即可推得结论.

若在驻点 x_0 处 $f(x_0)\neq f(a)$. 此时 $F(x_0)\neq 0$, 且有

$$F'(x_0)\cdot\frac{F(x_0)-F(a)}{x_0-a}=F'(x_0)\cdot F'(\xi_0)=-\lambda F(x_0)\cdot\frac{F(x_0)}{x_0-a}=-\frac{\lambda}{x_0-a}F^2(x_0)<0,$$

其中 $\xi_0 \in (a,x_0)$, 是 $F(x)$ 在区间 $[a,x_0]$ 上应用拉格朗日中值定理的中值. 由 $F'(x_0)$ 与 $F'(\xi_0)$ 互为异号, 利用达布定理 (导函数的介值性), 则存在 $\xi \in (\xi_0,x_0) \subset (a,b)$ 使得 $F'(\xi)=0$, 即 $f'(\xi)=\lambda(f(\xi)-f(a))$.

(2) 对函数 $f(a+b-x)$ 使用 (1) 中的结论, 即可推得结论 (2).

例 77　设函数 $f(x)$ 在有限区间 (a,b) 内可导且无界, 证明其导函数 $f'(x)$ 在 (a,b) 内也必无界. 举例说明逆命题不成立.

证明　证法 1 (反证法)　设 $f'(x)$ 在 (a,b) 内有界, 即存在 $M>0$, 使得

$$|f'(x)| \leqslant M.$$

设 x_0 是 (a,b) 内取定的一点, 当 $x \neq x_0, x \in (a,b)$ 时, 则由拉格朗日中值定理, 在 (a,b) 内存在一点 ξ, 使得

$$f(x)-f(x_0)=f'(\xi)(x-x_0),$$

于是

$$|f(x)| \leqslant |f(x_0)|+|f'(\xi)||x-x_0| \leqslant |f(x_0)|+M(b-a).$$

这与 $f(x)$ 在 (a,b) 内无界矛盾, 所以 $f'(x)$ 在 (a,b) 内必无界.

证法 2　因为 $f(x)$ 在 (a,b) 内无界, 即对任意 $M>0$ 及 (a,b) 内取定的一点 x_0, 必存在 $x_1 \in (a,b)$, 使得

$$|f(x_1)| > \max\{2(b-a)M, 2|f(x_0)|\},$$

故有 $-2|f(x_0)| > -|f(x_1)|$. 由拉格朗日中值定理, 在 x_0 与 x_1 之间存在一点 ξ, 使得

$$|f'(\xi)| = \left|\frac{f(x_1)-f(x_0)}{x_1-x_0}\right| \geqslant \frac{|f(x_1)|-|f(x_0)|}{|x_1-x_0|} > \frac{|f(x_1)|-\dfrac{1}{2}|f(x_1)|}{b-a} > M.$$

即 $f'(x)$ 在 (a,b) 内无界.

逆命题不成立, 即 $f'(x)$ 在 (a,b) 内无界, $f(x)$ 在 (a,b) 内未必无界. 例如, $f(x)=\sqrt{x}$ 在 $(0,1)$ 内有界, 但 $f'(x)=\dfrac{1}{2\sqrt{x}}$ 在 $(0,1)$ 内无界.

注记　(1) 如果将有限区间改为无穷区间, 命题不成立. 例如, $y=x$ 在 $(0,+\infty)$ 上无界, 但在 $(0,+\infty)$ 上 $y'=1$ 有界.

(2) 如果 $f'(x)$ 在有限区间 (a,b) 内有界, 则 $f(x)$ 在 (a,b) 内也有界. 此为原命题的逆否命题.

例 78 设函数 $f(x)$ 在 $(a,+\infty)$ 内可导, 且极限 $\lim\limits_{x\to+\infty} f(x)$ 与 $\lim\limits_{x\to+\infty} f'(x)$ 都存在, 证明:

$$\lim_{x\to+\infty} f'(x)=0.$$

证明 证法 1 在 $(a,+\infty)$ 内任取一点 x, 显然在 $[x,x+1]$ 上满足拉格朗日中值定理的条件, 故存在一点 $\xi\in(x,x+1)$ 使得

$$f(x+1)-f(x)=f'(\xi).$$

当 $x\to+\infty$ 时, 有 $\xi\to+\infty$, 所以由 $\lim\limits_{x\to+\infty} f(x)$ 存在得

$$\lim_{x\to+\infty} f'(\xi)=\lim_{x\to+\infty} f(x+1)-\lim_{x\to+\infty} f(x)=0.$$

由于 $\lim\limits_{x\to+\infty} f'(x)$ 存在, 故 $\lim\limits_{x\to+\infty} f'(x)=0$.

证法 2(反证法) 假设 $\lim\limits_{x\to+\infty} f'(x)\neq 0$, 不妨设 $\lim\limits_{x\to+\infty} f'(x)=A>0$, 则由极限的局部保号性知, 存在 $X>a$, 当 $x>X>a$ 时, $f'(x)>\frac{A}{2}$. 在区间 $[X,x]$ 上函数 $f(x)$ 满足拉格朗日中值定理的条件, 则有

$$f(x)=f(X)+f'(\xi)(x-X)>f(X)+\frac{A}{2}(x-X)\quad(X<\xi<x).$$

令 $x\to+\infty$, 则 $\lim\limits_{x\to+\infty} f(x)=+\infty$, 这与极限 $\lim\limits_{x\to+\infty} f(x)$ 存在矛盾, 故 $\lim\limits_{x\to+\infty} f'(x)=0$.

注记 (1) 该命题的几何意义明显, 且由证明可知: 命题中导函数的极限 $\lim\limits_{x\to+\infty} f'(x)$ 存在的条件不可少. 例如, 函数 $f(x)=\frac{1}{x}\cos x^2$, $x>0$. 显然有 $\lim\limits_{x\to+\infty} f(x)=0$, 且导函数 $f'(x)$ 在 $x>0$ 时存在, 则由证法 1 的证明可得 $\lim\limits_{x\to+\infty} f'(\xi)=0$, 但

$$\lim_{x\to+\infty} f'(x)=\lim_{x\to+\infty}\left(-2\sin x^2-\frac{1}{x^2}\cos x^2\right)$$

不存在. 所以当 $\lim\limits_{x\to+\infty} f'(x)$ 不存在时, 由 $\lim\limits_{x\to+\infty} f'(\xi)=0$ 推不出 $\lim\limits_{x\to+\infty} f'(x)=0$.

(2) 若本例的条件“$\lim\limits_{x\to+\infty} f(x)$ 存在”改为“函数 $f(x)$ 在 $(a,+\infty)$ 内有界”, 则其结论仍然成立. 即: 设函数 $f(x)$ 在 $(a,+\infty)$ 内有界且可导, 且极限 $\lim\limits_{x\to+\infty} f'(x)$ 存在, 则 $\lim\limits_{x\to+\infty} f'(x)=0$.

我们可以给出更简单的证法:

证法 3　因为函数 $f(x)$ 在 $(a,+\infty)$ 内有界, 则 $\lim\limits_{x\to+\infty}\dfrac{f(x)}{x}=0$. 所以由洛必达法则得

$$\lim_{x\to+\infty}\frac{f(x)}{x}=\lim_{x\to+\infty}f'(x)=0.$$

例 79　设函数 $f(x)$ 在 $[a,+\infty)$ 内可导, 且 $\lim\limits_{x\to+\infty}f'(x)=0$, 证明: $\lim\limits_{x\to+\infty}\dfrac{f(x)}{x}=0$.

证明　因为 $\lim\limits_{x\to+\infty}f'(x)=0$, 故对 $\forall\,\varepsilon>0$, $\exists\,M_1>0$, 使得当 $x>M_1$ 时, 有

$$|f'(x)|<\frac{\varepsilon}{2}.$$

又因为 $\lim\limits_{x\to+\infty}\dfrac{f(M_1)}{x}=0$, 故 $\exists\,M>M_1>0$, 使得当 $x>M$ 时, 有

$$\left|\frac{f(M_1)}{x}\right|<\frac{\varepsilon}{2}.$$

由拉格朗日中值定理, 当 $x>M$ 时

$$f(x)=f'(\xi)(x-M_1)+f(M_1),\quad M_1<\xi<x,$$
$$\left|\frac{f(x)}{x}\right|\leqslant|f'(\xi)|\left|\frac{x-M_1}{x}\right|+\left|\frac{f(M_1)}{x}\right|<\frac{\varepsilon}{2}+\frac{\varepsilon}{2}=\varepsilon.$$

所以

$$\lim_{x\to+\infty}\frac{f(x)}{x}=0.$$

注记　(1) 此题也可由 “$\dfrac{*}{\infty}$” 型的洛必达法则证得.

(2) 类似地, 可以证得如下命题:

设函数 $f(x)$ 在 $[a,+\infty)$ 内可导, 当 $x\to+\infty$ 时, $f'(x)$ 有界, 证明: $\lim\limits_{x\to+\infty}\dfrac{f(x)}{x^k}=0\,(k>1)$.

例 80　设在区间 $[0,1]$ 上, $|f''(x)|\leqslant M$ (M 为常数), 且 $f(x)$ 在 $(0,1)$ 内取得最大值, 证明:

$$|f'(0)|+|f'(1)|\leqslant M.$$

证明　由题意, 设 $f(x)$ 在 $x_0\in(0,1)$ 取得最大值, 则它也是极大值点, 由费马定理知 $f'(x_0)=0$. 又在区间 $[0,1]$ 上 $f''(x)$ 存在, 则 $f'(x)$ 在区间 $[0,x_0],[x_0,1]$ 上满足拉格朗日中值定理的条件, 从而有

$$-f'(0)=f'(x_0)-f'(0)=f''(\xi)x_0\quad(0<\xi<x_0),$$

$$f'(1)=f'(1)-f'(x_0)=f''(\eta)(1-x_0)\quad (x_0<\eta<1).$$

两式取绝对值再相加, 利用 $|f''(x)|\leqslant M$, 得 $|f'(0)|+|f'(1)|\leqslant M$.

注记 如果函数 $f(x)$ 在一个区间上高阶可微, 则其低阶导函数都可在任意子区间内用拉格朗日中值定理, 得到低阶导函数的一些性质.

例 81 设 $f(x)$ 在 $[a,b]$ 上连续, 在 (a,b) 内可微, 且 $|f'(x)|<M\,(M>0)$, 又 $f(a)=f(b)$, 证明: 对于 $[a,b]$ 上任意两点 x_1,x_2, 恒有

$$|f(x_2)-f(x_1)|<\frac{M(b-a)}{2}.$$

证明 证法 1 由拉格朗日中值定理, 对 $[a,b]$ 上任意两点 $x,y\,(x\neq y)$,

$$|f(x)-f(y)|=|f'(\xi)||x-y|<M|x-y|.$$

不妨设 $x_1<x_2$, 若 $x_2-x_1<\dfrac{b-a}{2}$, 则由上式有

$$|f(x_2)-f(x_1)|<M|x_2-x_1|<\frac{M(b-a)}{2}.$$

若 $x_2-x_1\geqslant\dfrac{b-a}{2}$, 则有

$$\begin{aligned}|f(x_2)-f(x_1)|&=|f(x_2)-f(b)+f(a)-f(x_1)|\\&\leqslant|f(b)-f(x_2)|+|f(x_1)-f(a)|\\&<M(b-x_2+x_1-a)\leqslant\frac{M(b-a)}{2}.\end{aligned}$$

总之, 对于 $[a,b]$ 上任意两点 x_1,x_2, 都有

$$|f(x_2)-f(x_1)|<\frac{M(b-a)}{2}.$$

证法 2 由

$$|f(x)-f(y)|=|f'(\xi)||x-y|<M|x-y|$$

及 $f(a)=f(b)$, 不妨设 $x_1<x_2$, 则有

$$\begin{aligned}2|f(x_2)-f(x_1)|&=|f(x_2)-f(b)+f(a)-f(x_1)+f(x_2)-f(x_1)|\\&\leqslant|f(b)-f(x_2)|+|f(x_1)-f(a)|+|f(x_2)-f(x_1)|\\&<M(b-x_2+x_1-a+x_2-x_1)=M(b-a).\end{aligned}$$

故有

$$|f(x_2)-f(x_1)|<\frac{M(b-a)}{2}.$$

小　结

本节主要是讨论微分学基本定理的应用, 通过函数与导数的关系, 讨论函数的一些性质, 证明等式或不等式.

1. 函数恒等式的证明, 直接应用拉格朗日中值定理或利用拉格朗日中值定理的推论.

2. 证明不等式, 通过作辅助函数或利用题中的关系式, 应用中值定理.

3. 证明中值的存在性, 或者方程的根存在性问题. 这是微分学基本定理应用的重要一部分. 通常有两种方法: 直接法与间接法. 在间接法中, 根据待证的式子构造可导 (或高阶可导) 的辅助函数是问题证明中关键的环节. 关于作辅助函数, 我们讲了两种方法: 原函数法和修正的原函数法. 也就是构造满足中值定理或费马定理或零值定理的条件的函数, 完成命题的证明.

4. 讨论函数的渐进性与有界性以及导函数的性质.

2.4　未定式的极限与洛必达法则

知 识 要 点

◇ 未定式的极限

所谓“未定式的极限”, 即当 $x \to x_0$ (或 $x \to \infty$) 时, 两个函数 $f(x)$ 和 $g(x)$ 都趋于零或者都趋于无穷大, 求它们商 $\dfrac{f(x)}{g(x)}$ 的极限. 这个极限可能存在也可能不存在, 即使存在也不能直接利用极限的四则运算性质求出, 通常把这种类型的极限用符号 “$\dfrac{0}{0}$” 或 “$\dfrac{\infty}{\infty}$” 表示.

◇ **洛必达法则**

1. “$\frac{0}{0}$” 型, 洛必达法则

设$f(x)$和 $g(x)$ 在 x_0 的去心邻域内可导, $g'(x)\neq 0$, 且$\lim\limits_{x\to x_0} f(x)=\lim\limits_{x\to x_0} g(x)=0$, 如果 $\lim\limits_{x\to x_0}\frac{f'(x)}{g'(x)}=l$, 则 $\lim\limits_{x\to x_0}\frac{f(x)}{g(x)}=l$(有限或$\infty$).

2. “$\frac{\infty}{\infty}$” 型, 洛必达法则

设$f(x)$和$g(x)$在 x_0 的去心邻域内可导, $g'(x)\neq 0$, 且 $\lim\limits_{x\to x_0} f(x)=\lim\limits_{x\to x_0} g(x)=\infty$, 如果 $\lim\limits_{x\to x_0}\frac{f'(x)}{g'(x)}=l$, 则 $\lim\limits_{x\to x_0}\frac{f(x)}{g(x)}=l$(有限或$\infty$).

注记 (1) 一定注意洛必达法则的使用条件, 如果不知道 $\lim\limits_{x\to x_0}\frac{f'(x)}{g'(x)}$ 是否存在, 则不能使用洛必达法则.

(2) 只要满足条件, 洛必达法则可反复用.

(3) 对于第二个洛必达法则, 可以推广到 “$\frac{*}{\infty}$” 型, 也就是对 $f(x)$ 的极限不作要求.

(4) 函数求极限的洛必达法则, 其实可看作是前面数列求极限的斯托尔兹定理的推广.

精 选 例 题

例 82 求 $\lim\limits_{x\to 0}\frac{e^x-e^{\sin x}}{(x+x^2)\ln(1+x)\arcsin x}$.

解 式子比较复杂, 包含几个因子, 利用等价替换, 并提出因子 $e^{\sin x}$, 再用洛必达法则:

$$\begin{aligned}\lim_{x\to 0}\frac{e^x-e^{\sin x}}{(x+x^2)\ln(1+x)\arcsin x}&=\lim_{x\to 0}\frac{e^{\sin x}(e^{x-\sin x}-1)}{x^3}\\&=\lim_{x\to 0}e^{\sin x}\lim_{x\to 0}\frac{x-\sin x}{x^3}\\&=\frac{1-\cos x}{3x^2}=\frac{1}{6}.\end{aligned}$$

例 83 求 $\lim\limits_{x\to 0}\frac{\tan x-x}{x-\sin x}$.

解　这是"$\dfrac{0}{0}$"型, 用洛必达法则即得

$$\lim_{x\to0}\frac{\tan x-x}{x-\sin x}=\lim_{x\to0}\frac{\sec^2 x-1}{1-\cos x}=\lim_{x\to0}\frac{1+\cos x}{\cos^2 x}=2.$$

例 84　求 $\lim\limits_{x\to1}\left(\dfrac{x}{x-1}-\dfrac{1}{\ln x}\right)$.

解　这是"$\infty-\infty$"型, 先化为"$\dfrac{0}{0}$"型, 再用两次洛必达法则, 即得

$$\begin{aligned}\lim_{x\to1}\left(\frac{x}{x-1}-\frac{1}{\ln x}\right)=\lim_{x\to1}\frac{x\ln x-x+1}{(x-1)\ln x}&=\lim_{x\to1}\frac{\ln x}{\dfrac{x-1}{x}+\ln x}\\&=\lim_{x\to1}\frac{x\ln x}{x\ln x+x-1}\\&=\lim_{x\to1}\frac{1+\ln x}{\ln x+2}=\frac{1}{2}.\end{aligned}$$

例 85　求 $\lim\limits_{x\to\infty}\left(x-x^2\ln\left(1+\dfrac{1}{x}\right)\right)$.

解　这是"$\infty-\infty$"型, 先作变量代换, 令 $y=\dfrac{1}{x}$, 化为"$\dfrac{0}{0}$"型, 再用洛必达法则, 即得

$$\begin{aligned}\lim_{x\to\infty}\left(x-x^2\ln\left(1+\frac{1}{x}\right)\right)=\lim_{y\to0}\frac{y-\ln(1+y)}{y^2}&=\lim_{y\to0}\frac{1-\dfrac{1}{1+y}}{2y}\\&=\lim_{y\to0}\frac{1}{2(1+y)}=\frac{1}{2}.\end{aligned}$$

例 86　求 $\lim\limits_{x\to\infty}x(a^{\frac{1}{x}}-b^{\frac{1}{x}})$.

解　这是"$0\cdot\infty$"型, 先化为"$\dfrac{0}{0}$"型, 再用洛必达法则,

$$\lim_{x\to\infty}x(a^{\frac{1}{x}}-b^{\frac{1}{x}})=\lim_{x\to\infty}\frac{a^{\frac{1}{x}}-b^{\frac{1}{x}}}{\dfrac{1}{x}}=\lim_{y\to0}\frac{a^y-b^y}{y}=\lim_{y\to0}(a^y\ln a-b^y\ln b)=\ln\frac{a}{b}.$$

例 87　求 $\lim\limits_{x\to\frac{\pi}{2}^-}(\cos x)^{\frac{\pi}{2}-x}$.

解 这是“0^0”型, 先取对数, 化为“$\dfrac{0}{0}$”型或“$\dfrac{\infty}{\infty}$”型, 再用洛必达法则, 因为

$$\lim_{x\to\frac{\pi}{2}^-}\ln\left((\cos x)^{\frac{\pi}{2}-x}\right)=\lim_{x\to\frac{\pi}{2}^-}\frac{\ln\cos x}{\dfrac{1}{\dfrac{\pi}{2}-x}}=\lim_{x\to\frac{\pi}{2}^-}\frac{\left(\dfrac{\pi}{2}-x\right)^2}{\cos x}\cdot(-\sin x)$$

$$=\lim_{x\to\frac{\pi}{2}^-}\frac{2\left(\dfrac{\pi}{2}-x\right)}{\sin x}\cdot\lim_{x\to\frac{\pi}{2}^-}(-\sin x)=0.$$

所以

$$\lim_{x\to\frac{\pi}{2}^-}(\cos x)^{\frac{\pi}{2}-x}=\mathrm{e}^0=1.$$

例 88 求 $\lim\limits_{x\to0^+}(\cot x)^{\frac{1}{\ln x}}$.

解 这是“∞^0”型, 先取对数, 化为“$\dfrac{0}{0}$”型或“$\dfrac{\infty}{\infty}$”型, 再用洛必达法则, 因为

$$\lim_{x\to0^+}\frac{\ln\cot x}{\ln x}=\lim_{x\to0^+}\frac{\tan x(-\csc^2 x)}{\dfrac{1}{x}}=-\lim_{x\to0^+}\frac{x\tan x}{\sin^2 x}=-1,$$

所以

$$\lim_{x\to0^+}(\cot x)^{\frac{1}{\ln x}}=\mathrm{e}^{-1}.$$

例 89 讨论下列各题能否用洛必达法则, 并求极限:

(1) $\lim\limits_{x\to0}\dfrac{x^2\sin\dfrac{1}{x}}{\sin x}$; (2) $\lim\limits_{x\to\infty}\dfrac{x-\sin x}{x+\sin x}$; (3) $\lim\limits_{x\to+\infty}\dfrac{\mathrm{e}^x+\mathrm{e}^{-x}}{\mathrm{e}^x-\mathrm{e}^{-x}}$.

解 (1) 虽然 $x\to0$ 时, 此极限是“$\dfrac{0}{0}$”型, 但

$$\lim_{x\to0}\frac{\left(x^2\sin\dfrac{1}{x}\right)'}{(\sin x)'}=\lim_{x\to0}\frac{2x\sin\dfrac{1}{x}-\cos\dfrac{1}{x}}{\cos x},$$

其极限不存在, 故不能用洛必达法则. 但是, 原极限是存在的. 正确的做法是

$$\lim_{x\to0}\frac{x^2\sin\dfrac{1}{x}}{\sin x}=\lim_{x\to0}\left(\frac{x}{\sin x}\cdot x\sin\frac{1}{x}\right)=1\cdot0=0.$$

(2) 虽然 $x \to \infty$ 时, 此极限是 "$\dfrac{\infty}{\infty}$" 型, 但

$$\lim_{x\to\infty}\frac{(x-\sin x)'}{(x+\sin x)'}=\lim_{x\to\infty}\frac{1-\cos x}{1+\cos x},$$

其极限不存在, 故不能用洛必达法则. 但是, 原极限是存在的. 正确的做法是

$$\lim_{x\to\infty}\frac{x-\sin x}{x+\sin x}=\lim_{x\to\infty}\frac{1-\dfrac{\sin x}{x}}{1+\dfrac{\sin x}{x}}=1.$$

(3) 虽然 $x \to +\infty$ 时, 此极限是 "$\dfrac{\infty}{\infty}$" 型, 但

$$\lim_{x\to+\infty}\frac{(\mathrm{e}^x+\mathrm{e}^{-x})'}{(\mathrm{e}^x-\mathrm{e}^{-x})'}=\lim_{x\to+\infty}\frac{\mathrm{e}^x-\mathrm{e}^{-x}}{\mathrm{e}^x+\mathrm{e}^{-x}},$$

再用一次洛必达法则, 又回到原题, 如此循环下去, 毫无意义. 也就是如果 $\lim\limits_{x\to+\infty}\dfrac{f'(x)}{g'(x)}$ 的极限也未知, 而且与原题具有同样的性质, 这样也不能用洛必达法则. 但是, 此题极限是存在的. 正确的做法是

$$\lim_{x\to+\infty}\frac{\mathrm{e}^x+\mathrm{e}^{-x}}{\mathrm{e}^x-\mathrm{e}^{-x}}=\lim_{x\to+\infty}\frac{1+\mathrm{e}^{-2x}}{1-\mathrm{e}^{-2x}}=1.$$

例 90　求 $\lim\limits_{n\to\infty}n^3\left(2\sin\dfrac{1}{n}-\sin\dfrac{2}{n}\right)$.

分析　求数列极限不能直接使用洛必达法则, 由数列极限与函数极限的关系, 可根据该数列的特征构造函数. 令 $x=\dfrac{1}{n}$, 可先考虑函数

$$f(x)=\frac{2\sin x-\sin 2x}{x^3}$$

在 $x\to 0^+$ 时的极限.

解　由归结原则可先求下面函数的极限. 因为

$$\lim_{x\to0^+}\frac{2\sin x-\sin 2x}{x^3}=\lim_{x\to0^+}\frac{2\cos x-2\cos 2x}{3x^2}=\frac{2}{3}\lim_{x\to0^+}\frac{2\sin 2x-\sin x}{2x}=1,$$

所以

$$\lim_{n\to\infty}n^3\left(2\sin\frac{1}{n}-\sin\frac{2}{n}\right)=1.$$

例 91 设数列 $\{x_n\}$ 的极限 $\lim\limits_{n\to\infty} x_n=0$, 求极限 $I=\lim\limits_{n\to\infty}\left(\dfrac{\sin x_n}{x_n}\right)^{\frac{1}{x_n^2}}$.

解 由归结原则可先求下面函数的极限:

$$\lim_{x\to 0}\left(\frac{\sin x}{x}\right)^{\frac{1}{x^2}}=\lim_{x\to 0}\mathrm{e}^{\frac{1}{x^2}\ln\frac{\sin x}{x}}.$$

因为

$$\lim_{x\to 0}\frac{1}{x^2}\ln\frac{\sin x}{x}=\lim_{x\to 0}\frac{1}{2x}\left(\frac{\cos x}{\sin x}-\frac{1}{x}\right)=\lim_{x\to 0}\frac{x\cos x-\sin x}{2x^3}=\lim_{x\to 0}\frac{-x\sin x}{6x^2}=-\frac{1}{6},$$

所以

$$I=\lim_{n\to\infty}\left(\frac{\sin x_n}{x_n}\right)^{\frac{1}{x_n^2}}=\mathrm{e}^{-\frac{1}{6}}.$$

注记 对于 "$\dfrac{0}{0}$" 型或 "$\dfrac{\infty}{\infty}$" 型数列极限 $\lim\limits_{n\to\infty}\dfrac{a_n}{b_n}$, 不能直接使用洛必达法则. 如果想使用洛必达法则, 那么必须先分别由 a_n, b_n 构造函数 $f(x)$ 与 $g(x)$, 并验证它们满足洛必达法则的诸条件, 然后再用洛必达法则求出相应函数的极限, 利用归结原则, 原数列的极限等于该函数的极限.

例 92 设 $f(x)=\left(\dfrac{a_1^x+a_2^x+\cdots+a_n^x}{n}\right)^{\frac{1}{x}}$, $x\neq 0, a_i>0, i=1,2,\cdots,n, n\geqslant 2$, 求:

(1) $\lim\limits_{x\to 0}f(x)$; (2) $\lim\limits_{x\to+\infty}f(x)$; (3) $\lim\limits_{x\to-\infty}f(x)$.

分析 函数 $f(x)$ 是幂指函数, 对 a_i 的不同取值范围在不同的极限过程中, 它们分别是 "1^∞" "0^0" "∞^0" 型的未定式, 但都可以把函数 $f(x)$ 取对数, 考察函数 $\dfrac{1}{x}\ln\left(\dfrac{a_1^x+a_2^x+\cdots+a_n^x}{n}\right)$ 的极限. 注意: 对 x 求极限, 与 n 无关, n 是固定的正整数.

解 (1) 因为

$$\begin{aligned}\lim_{x\to 0}\frac{1}{x}\ln\left(\frac{a_1^x+a_2^x+\cdots+a_n^x}{n}\right)&=\lim_{x\to 0}\frac{\ln(a_1^x+a_2^x+\cdots+a_n^x)-\ln n}{x}\\&=\lim_{x\to 0}\frac{a_1^x\ln a_1+a_2^x\ln a_2+\cdots+a_n^x\ln a_n}{a_1^x+a_2^x+\cdots+a_n^x}\\&=\frac{1}{n}(\ln a_1+\ln a_2+\cdots+\ln a_n)=\ln\sqrt[n]{a_1a_2\cdots a_n},\end{aligned}$$

所以

$$\lim_{x\to 0}f(x)=\sqrt[n]{a_1a_2\cdots a_n}.$$

(2) 记 $M=\max\{a_1,a_2,\cdots,a_n\}$, 并设有 k 个 $a_i=M$. 显然, 当 $a_i<M$ 时, $\lim\limits_{x\to+\infty}\left(\dfrac{a_i}{M}\right)^x=0$.

当 $a_i=M$ 时, $\lim\limits_{x\to+\infty}\left(\dfrac{a_i}{M}\right)^x=1$. 又因为

$$\begin{aligned}&\lim_{x\to+\infty}\frac{1}{x}\ln\left(\frac{a_1^x+a_2^x+\cdots+a_n^x}{n}\right)\\&=\lim_{x\to+\infty}\frac{a_1^x\ln a_1+a_2^x\ln a_2+\cdots+a_n^x\ln a_n}{a_1^x+a_2^x+\cdots+a_n^x}\\&=\lim_{x\to+\infty}\frac{\left(\frac{a_1}{M}\right)^x\ln a_1+\left(\frac{a_2}{M}\right)^x\ln a_2+\cdots+\left(\frac{a_n}{M}\right)^x\ln a_n}{\left(\frac{a_1}{M}\right)^x+\left(\frac{a_2}{M}\right)^x+\cdots+\left(\frac{a_n}{M}\right)^x}\\&=\frac{k\ln M}{k}=\ln M,\end{aligned}$$

所以

$$\lim_{x\to+\infty}f(x)=M=\max\{a_1,a_2,\cdots,a_n\}.$$

(3) 记 $m=\min\{a_1,a_2,\cdots,a_n\}$, 并设有 k 个 $a_i=m$. 显然, 当 $a_i>m$ 时, $\lim\limits_{x\to-\infty}\left(\dfrac{a_i}{m}\right)^x=0$.

当 $a_i=m$ 时, $\lim\limits_{x\to-\infty}\left(\dfrac{a_i}{m}\right)^x=1$. 又因为

$$\begin{aligned}&\lim_{x\to-\infty}\frac{1}{x}\ln\left(\frac{a_1^x+a_2^x+\cdots+a_n^x}{n}\right)\\&=\lim_{x\to-\infty}\frac{a_1^x\ln a_1+a_2^x\ln a_2+\cdots+a_n^x\ln a_n}{a_1^x+a_2^x+\cdots+a_n^x}\\&=\lim_{x\to-\infty}\frac{\left(\frac{a_1}{m}\right)^x\ln a_1+\left(\frac{a_2}{m}\right)^x\ln a_2+\cdots+\left(\frac{a_n}{m}\right)^x\ln a_n}{\left(\frac{a_1}{m}\right)^x+\left(\frac{a_2}{m}\right)^x+\cdots+\left(\frac{a_n}{m}\right)^x}\\&=\frac{k\ln m}{k}=\ln m,\end{aligned}$$

所以

$$\lim_{x\to-\infty}f(x)=m=\min\{a_1,a_2,\cdots,a_n\}.$$

小　结

本节主要讨论如何利用洛必达法则求未定式的极限.

1. 洛必达法则是求极限的一个重要方法, 适用于 “$\frac{0}{0}$” 型或 “$\frac{\infty}{\infty}$” (或 “$\frac{*}{\infty}$”) 型未定式的极限. 对于 “$0\cdot\infty$” 型与 “$\infty-\infty$” 型, 可通过恒等变形化为 “$\frac{0}{0}$” 型或 “$\frac{*}{\infty}$” 型; 对于 “0^0” 型、“1^∞” 型、“∞^0” 型, 用取对数的方法将其化为 “$\frac{0}{0}$” 型或 “$\frac{\infty}{\infty}$” 型, 再用洛必达法则.

2. 当 $\lim\limits_{x\to x_0}\frac{f'(x)}{g'(x)}$ 不存在时, 不能断定 $\lim\limits_{x\to x_0}\frac{f(x)}{g(x)}$ 不存在, 只是不能使用洛必达法则.

3. 当 $\lim\limits_{x\to x_0}\frac{f'(x)}{g'(x)}$ 仍是 “$\frac{0}{0}$” 型或 “$\frac{*}{\infty}$” 型, 在满足定理的条件下可继续用洛必达法则, 每用完一次法则, 将式子整理化简, 为简化运算常将法则与等价替换、恒等变形、极限的四则运算结合使用.

4. 对于 “$\frac{0}{0}$” 型或 “$\frac{*}{\infty}$” 型数列极限 $\lim\limits_{n\to\infty}\frac{a_n}{b_n}$, 不能直接使用洛必达法则. 如果想使用洛必达法则, 那么必须先分别由 a_n, b_n 构造函数 $f(x)$ 与 $g(x)$, 并验证它们满足洛必达法则的诸条件, 然后再用洛必达法则求出相应函数的极限, 利用归结原则, 原数列的极限等于该函数的极限.

2.5 泰勒公式

知识要点

◇ **泰勒定理**

1. 带佩亚诺型余项的泰勒公式

设函数 $f(x)$ 在点 x_0 有 n 阶导数, 则称

$$f(x)=f(x_0)+f'(x_0)(x-x_0)+\frac{f''(x_0)}{2!}(x-x_0)^2+\cdots+\frac{f^{(n)}(x_0)}{n!}(x-x_0)^n$$
$$+o((x-x_0)^n)\quad(x\to x_0)$$

是 $f(x)$ 在点 x_0 的带佩亚诺型余项的泰勒公式, 也称为局部泰勒公式.

2. 带拉格朗日型余项的泰勒公式

设函数 $f(x)$ 在区间 I 上有 $n+1$ 阶导数, $x_0\in I$, 则对任何 $x\in I$, 有

$$f(x)=f(x_0)+f'(x_0)(x-x_0)+\frac{f''(x_0)}{2!}(x-x_0)^2+\cdots+\frac{f^{(n)}(x_0)}{n!}(x-x_0)^n+R_n(x),$$

称为 $f(x)$ 在点 x_0 的带拉格朗日型余项的泰勒公式, 其中余项 $R_n(x)=\dfrac{f^{(n+1)}(\xi)}{(n+1)!}(x-x_0)^{n+1}$, ξ 介于 x 与 x_0 之间, 或

$$R_n(x)=\frac{f^{(n+1)}(x_0+\theta(x-x_0))}{(n+1)!}(x-x_0)^{n+1}\quad(0<\theta<1).$$

3. 麦克劳林公式

在泰勒公式中, 取 $x_0=0$, 就得到麦克劳林公式, 即

$$f(x)=f(0)+f'(0)x+\frac{f''(0)}{2!}x^2+\cdots+\frac{f^{(n)}(0)}{n!}x^n+o(x^n),$$

$$f(x)=f(0)+f'(0)x+\frac{f''(0)}{2!}x^2+\cdots+\frac{f^{(n)}(0)}{n!}x^n+\frac{f^{(n+1)}(\theta x)}{(n+1)!}x^{n+1}\quad(0<\theta<1).$$

注记 (1) 带佩亚诺型余项的泰勒公式刻画了函数在一点附近的性态, 是用函数在一点的微分表达的函数增量公式的推广. 因此带佩亚诺型余项的泰勒公式在求极限时很有用, 对余项可以提供无穷小量的阶的估计, 是对误差的定性描述.

(2) 带拉格朗日型余项的泰勒公式刻画了函数在整个区间上的性质, 是拉格朗日中值公式的推广, 是对误差的定量描述.

◇ 几个初等函数的麦克劳林公式

1. $\mathrm{e}^x=1+x+\dfrac{x^2}{2!}+\cdots+\dfrac{x^n}{n!}+R_n(x)\,(-\infty<x<+\infty)$, 其中余项

$$R_n(x)=\frac{x^{n+1}}{(n+1)!}\mathrm{e}^{\theta x}\quad(0<\theta<1).$$

2. $\sin x=x-\dfrac{x^3}{3!}+\cdots+(-1)^{m-1}\dfrac{x^{2m-1}}{(2m-1)!}+R_{2m}(x)\ (-\infty<x<+\infty)$, 其中余项

$$R_{2m}(x)=\frac{x^{2m+1}}{(2m+1)!}\sin\left(\theta x+\frac{2m+1}{2}\pi\right)=(-1)^m\frac{x^{2m+1}}{(2m+1)!}\cos\theta x\quad(0<\theta<1).$$

3. $\cos x=1-\dfrac{x^2}{2!}+\cdots+(-1)^{m-1}\dfrac{x^{2m-2}}{(2m-2)!}+R_{2m-1}(x)\,(-\infty<x<+\infty)$, 其中余项

$$R_{2m-1}(x)=\frac{(-1)^m x^{2m}}{(2m)!}\cos\theta x\quad(0<\theta<1).$$

4. $(1+x)^\alpha=1+\alpha x+\dfrac{\alpha(\alpha-1)}{2!}x^2+\dfrac{\alpha(\alpha-1)\cdots(\alpha-n+1)}{n!}x^n+R_n(x)(x>-1)$, 其中余项

$$R_n(x)=\frac{\alpha(\alpha-1)\cdots(\alpha-n)}{(n+1)!}(1+\theta x)^{\alpha-n-1}x^{n+1}\quad(0<\theta<1).$$

5. $\ln(1+x)=x-\dfrac{x^2}{2}+\cdots+(-1)^{n-1}\dfrac{x^n}{n}+R_n(x)\,(x>-1)$, 其中余项

$$R_n(x)=\frac{(-1)^n x^{n+1}}{(n+1)(1+\theta x)^{n+1}}\quad(0<\theta<1).$$

6. $\dfrac{1}{1+x}=1-x+x^2-\cdots+(-1)^n x^n+R_n(x)\,(x\neq-1)$, 其中余项

$$R_n(x)=\frac{(-1)^{n+1}x^{n+1}}{(1+\theta x)^{n+2}}\quad(0<\theta<1).$$

精 选 例 题

例 93 写出函数 $f(x)=\dfrac{1+x+x^2}{1-x+x^2}$ 的带佩亚诺型余项的四阶麦克劳林公式, 并计算 $f^{(4)}(0)$.

解 计算得

$$\begin{aligned}f(x)=\frac{1+x+x^2}{1-x+x^2}&=(1+x+x^2)\frac{1+x}{1+x^3}\\&=(1+x+x^2)(1+x)(1-x^3+x^6+o(x^6))\\&=1+2x+2x^2-2x^4+o(x^4)\quad(x\to0).\end{aligned}$$

由泰勒公式中的系数公式得 $f^{(4)}(0)=(-2)\times24=-48$.

例 94 写出函数 $f(x)=\tan x$ 的带佩亚诺型余项的五阶麦克劳林公式, 并计算 $f^{(5)}(0)$.

解 解法 1 利用 $\sin x,\cos x$ 和 $\dfrac{1}{1+x}$ 的泰勒公式, 用间接法计算如下:

$$\tan x=\frac{\sin x}{\cos x}=\frac{x-\dfrac{x^3}{6}+\dfrac{x^5}{120}+o(x^5)}{1-\dfrac{x^2}{2}+\dfrac{x^4}{24}+o(x^5)}$$

$$
\begin{aligned}
&= \left(x-\frac{x^3}{6}+\frac{x^5}{120}\right)\left(1+\left(\frac{x^2}{2}-\frac{x^4}{24}\right)+\frac{x^4}{4}\right)+o(x^5)\\
&= x+\left(-\frac{1}{6}+\frac{1}{2}\right)x^3+\left(\frac{1}{120}-\frac{1}{12}+\frac{5}{24}\right)x^5+o(x^5)\\
&= x+\frac{1}{3}x^3+\frac{2}{15}x^5+o(x^5)\quad (x\to 0).
\end{aligned}
$$

由泰勒公式中的系数公式得 $f^{(5)}(0)=\dfrac{2}{15}\times(5)!=16$.

解法 2　用待定系数法.

因为正切函数为奇函数, 所以展开式中不含 x 的偶次幂项, 又已知 $\tan x\sim x(x\to 0)$, 因此只需要两个待定系数. 设

$$
\tan x = x+ax^3+bx^5+o(x^5)\quad (x\to 0),
$$

然后展开等式 $\tan x\cdot\cos x=\sin x$ 的两边得到

$$
\begin{aligned}
x-\frac{x^3}{6}+\frac{x^5}{120}+o(x^5) &= (x+ax^3+bx^5+o(x^5))\left(1-\frac{x^2}{2}+\frac{x^4}{24}+o(x^5)\right)\\
&= x+\left(a-\frac{1}{2}\right)x^3+\left(b-\frac{a}{2}+\frac{1}{24}\right)x^5+o(x^5)\quad (x\to 0).
\end{aligned}
$$

比较两边同次幂项的系数, 得到 $a=\dfrac{1}{3},b=\dfrac{2}{15}$.

解法 3　记 $y=\tan x$, 则有

$$
\begin{aligned}
&y'=\sec^2 x=1+y^2,\\
&y''=2yy',\\
&y'''=2y'^2+2yy'',\\
&y^{(4)}=6y'y''+2yy''',\\
&y^{(5)}=6y''^2+8y'y'''+2yy^{(4)}\quad (x\to 0),
\end{aligned}
$$

然后从 $y(0)=0$ 起即可求出 $y'(0)=1,y''(0)=0,y'''(0)=2,y^{(4)}(0)=0,y^{(5)}(0)=16$. 则

$$
\tan x = x+\frac{1}{3}x^3+\frac{2}{15}x^5+o(x^5)\quad (x\to 0).
$$

解法 4　利用函数 $x=\arctan y$ 的局部泰勒公式,

$$
x=\arctan y=y-\frac{1}{3}y^3+\frac{1}{5}y^5+o(y^5)\quad (y\to 0),
$$

将 $y = \tan x$ 的局部泰勒公式

$$y = x + ax^3 + bx^5 + o(x^5) \quad (x \to 0),$$

代入上式, 并注意到

$$y \sim x \quad (x \to 0), \quad o(y^5) = o(x^5),$$

得

$$\begin{aligned} x &= x + ax^3 + bx^5 - \frac{1}{3}(x^3 + 3ax^5) + \frac{1}{5}x^5 + o(x^5) \\ &= x + \left(a - \frac{1}{3}\right)x^3 + \left(b - a + \frac{1}{5}\right)x^5 + o(x^5) \quad (x \to 0), \end{aligned}$$

比较两边同次幂的系数, 得 $a = \dfrac{1}{3}$, $b = \dfrac{2}{15}$.

例 95 求下列函数的极限:

(1) $\lim\limits_{x \to 0} \dfrac{1 - \cos x \cos 2x \cos 3x}{1 - \cos x}$; (2) $\lim\limits_{x \to 0} \dfrac{e^{-x^4} - \cos^2 x - x^2}{x^4}$;

(3) $\lim\limits_{x \to 0} \dfrac{\sin(\sin x) - x\sqrt[3]{1 - x^2}}{x^5}$; (4) $\lim\limits_{x \to +\infty} \left(\left(x^3 - x^2 + \dfrac{x}{2}\right)e^{\frac{1}{x}} - \sqrt{1 + x^6}\right)$.

解 (1)

$$\begin{aligned} &\lim_{x \to 0} \frac{1 - \cos x \cos 2x \cos 3x}{1 - \cos x} \\ &= \lim_{x \to 0} \frac{1 - \left(1 - \dfrac{x^2}{2} + o(x^2)\right)\left(1 - \dfrac{4x^2}{2} + o(x^2)\right)\left(1 - \dfrac{9x^2}{2} + o(x^2)\right)}{\dfrac{x^2}{2}} \\ &= \lim_{x \to 0} \frac{1 - (1 - 7x^2 + o(x^2))}{\dfrac{x^2}{2}} = 14. \end{aligned}$$

(2)

$$\begin{aligned} &\lim_{x \to 0} \frac{e^{-x^4} - \cos^2 x - x^2}{x^4} \\ &= \lim_{x \to 0} \frac{(1 - x^4 + o(x^4)) - \left(1 - \dfrac{x^2}{2} + \dfrac{x^4}{24} + o(x^4)\right)^2 - x^2}{x^4} \\ &= \lim_{x \to 0} \frac{-\dfrac{4}{3}x^4 + o(x^4)}{x^4} = -\frac{4}{3}. \end{aligned}$$

(3)

$$\begin{aligned}
&\lim_{x\to0}\frac{\sin(\sin x)-x\sqrt[3]{1-x^2}}{x^5}\\
&=\lim_{x\to0}\frac{\left(\sin x-\dfrac{\sin^3 x}{3!}+\dfrac{\sin^5 x}{5!}+o(x^5)\right)-x\left(1-\dfrac{x^2}{3}-\dfrac{x^4}{9}+o(x^4)\right)}{x^5}\\
&=\lim_{x\to0}\frac{\left(x-\dfrac{x^3}{6}+\dfrac{x^5}{120}\right)-\dfrac{x^3}{6}\left(1-\dfrac{x^2}{2}\right)+\dfrac{x^5}{120}-\left(x-\dfrac{x^3}{3}-\dfrac{x^5}{9}\right)+o(x^5)}{x^5}\\
&=\frac{1}{120}+\frac{1}{12}+\frac{1}{120}+\frac{1}{9}=\frac{19}{90}.
\end{aligned}$$

(4)

$$\begin{aligned}
&\lim_{x\to+\infty}\left(\left(x^3-x^2+\frac{x}{2}\right)\mathrm{e}^{\frac{1}{x}}-\sqrt{1+x^6}\right)\\
&=\lim_{x\to+\infty}\left(\left(x^3-x^2+\frac{x}{2}\right)\left(1+\frac{1}{x}+\frac{1}{2x^2}+\frac{1}{6x^3}+o\left(\frac{1}{x^3}\right)\right)\right.\\
&\qquad\left.-x^3\left(1+\frac{1}{2x^6}+o\left(\frac{1}{x^6}\right)\right)\right)\\
&=\lim_{x\to+\infty}\left(\frac{1}{6}+o(1)\right)=\frac{1}{6}.
\end{aligned}$$

注记　上面前三个小题都是“$\dfrac{0}{0}$”型未定式，第 (4) 题是“$\infty-\infty$”型未定式，都可用洛必达法则，但都非常麻烦，用局部泰勒展式非常方便. 注意与等价替换及等价变形结合使用. 对于泰勒展式展到多少阶，要前后、上下兼顾，如求分式函数的极限时，分子中的函数的泰勒公式展开到与分母中幂函数的最低次幂数相同的阶数为宜.

例 96　设函数 $f(x)$ 在点 a 二阶可导，求 $\lim\limits_{h\to0}\dfrac{f(a+2h)-3f(a)+2f(a-h)}{h^2}$.

解　解法 1　因为函数 $f(x)$ 在点 a 二阶可导，则在 a 点邻域内 $f'(x)$ 存在且在 $x=a$ 连续，该极限是“$\dfrac{0}{0}$”型未定式，可以用一次且只能用一次洛必达法则，则得

$$\begin{aligned}
&\lim_{h\to0}\frac{f(a+2h)-3f(a)+2f(a-h)}{h^2}\\
&=\lim_{h\to0}\frac{2f'(a+2h)-2f'(a-h)}{2h}
\end{aligned}$$

$$= \lim_{h\to 0}\frac{2f'(a+2h)-2f'(a)+2f'(a)-2f'(a-h)}{2h}$$

$$= \lim_{h\to 0}2\frac{f'(a+2h)-f'(a)}{2h}+\lim_{h\to 0}\frac{f'(a-h)-f'(a)}{-h}=3f''(a).$$

解法 2

$$\lim_{h\to 0}\frac{f(a+2h)-3f(a)+2f(a-h)}{h^2}$$

$$= \lim_{h\to 0}\bigg(\Big(f(a)+2hf'(a)+\frac{f''(a)}{2}(2h)^2-3f(a)+2\Big(f(a)-hf'(a)$$

$$+\frac{f''(a)}{2}(-h)^2\Big)+o(h^2)\Big)/h^2\bigg)$$

$$= \lim_{h\to 0}\frac{3f''(a)h^2+o(h^2)}{h^2}=3f''(a).$$

注记 注意此题是 "$\dfrac{0}{0}$" 型未定式, 很容易连续用洛必达法则, 这是不正确的, 因为 $f(x)$ 只在 a 点处二阶可导, 推不出 $f''(x)$ 存在, 所以只能用一次洛必达法则, 之后再用 a 点处二阶导数定义即可. 相比较解法 2 更简单, 就用函数 $f(x)$ 在 a 点处二阶局部泰勒展式就完成了. 所以局部泰勒展式对解决函数局部点态的问题时非常方便.

例 97 设函数 $f(x)$ 在点 $x=0$ 二阶可导, 且 $\lim\limits_{x\to 0}\left(\dfrac{\sin 3x}{x^3}+\dfrac{f(x)}{x^2}\right)=0$, 试求:

(1) $f(0), f'(0), f''(0)$; (2) $\lim\limits_{x\to 0}\dfrac{f(x)+3}{x^2}$.

解 (1) 由已知, 分别对 $\sin 3x, f(x)$ 在 $x=0$ 作局部泰勒展开,

$$\lim_{x\to 0}\left(\frac{\sin 3x}{x^3}+\frac{f(x)}{x^2}\right)$$

$$= \lim_{x\to 0}\frac{\sin 3x+xf(x)}{x^3}$$

$$= \lim_{x\to 0}\frac{3x-\dfrac{(3x)^3}{3!}+o(x^3)+x\left(f(0)+f'(0)x+\dfrac{f''(0)}{2!}x^2+o(x^2)\right)}{x^3}$$

$$= \lim_{x\to 0}\frac{(3+f(0))x+f'(0)x^2+\left(\dfrac{f''(0)}{2!}-\dfrac{9}{2}\right)x^3+o(x^3)}{x^3}=0,$$

所以

$$3+f(0)=0,\quad f'(0)=0,\quad \frac{f''(0)}{2!}-\frac{9}{2}=0,$$

即 $f(0)=-3,\ f'(0)=0,\ f''(0)=9$.

(2) 解法 1　对 $f(x)$ 在 $x=0$ 作二阶局部泰勒展开, 并利用上面的结果, 得

$$\lim_{x\to 0}\frac{f(x)+3}{x^2}=\lim_{x\to 0}\frac{f(0)+f'(0)x+\dfrac{f''(0)}{2!}x^2+o(x^2)+3}{x^2}=\frac{f''(0)}{2!}=\frac{9}{2}.$$

解法 2　仅用一次洛必达法则, 再用二阶导 $f''(0)$ 的定义, 即

$$\lim_{x\to 0}\frac{f(x)+3}{x^2}=\lim_{x\to 0}\frac{f'(x)}{2x}=\lim_{x\to 0}\frac{f'(x)-f'(0)}{2x}=\frac{f''(0)}{2}=\frac{9}{2}.$$

注记　注意此题是 “$\dfrac{0}{0}$” 型未定式, 很容易连续两次用洛必达法则, 这是不正确的, 因为在 $x=0$ 的去心邻域内, $f''(x)$ 可能不存在, 不满足洛必达法则的条件. 由于题中出现高阶导数的信息, 所以自然想到用局部泰勒展式.

例 98　设函数 $f(x)$ 定义在 $(1,+\infty)$ 上, 且 $f'(x),f''(x)$ 存在, 证明: 当 $\lim\limits_{x\to+\infty}f(x)=0$ 且 $\lim\limits_{x\to+\infty}f''(x)=0$ 时, 有 $\lim\limits_{x\to+\infty}f'(x)=0$.

证明　由于函数 $f(x)$ 在 $(1,+\infty)$ 上 $f''(x)$ 存在, 故有泰勒展式

$$f(x+1)=f(x)+f'(x)+\frac{f''(\xi)}{2!}\quad(x<\xi<x+1).$$

当 $x\to+\infty$ 时, $\xi\to+\infty$, 故

$$\lim_{x\to+\infty}f'(x)=\lim_{x\to+\infty}\left(f(x+1)-f(x)-\frac{f''(\xi)}{2!}\right)=0.$$

例 99　设在区间 $[a,b]$ 上 $f''(x)>0$, 证明: 对于 $[a,b]$ 中的任意 n 个点 $x_1,x_2,\cdots,x_n$, 恒有

$$\frac{f(x_1)+f(x_2)+\cdots+f(x_n)}{n}\geqslant f\left(\frac{x_1+x_2+\cdots+x_n}{n}\right),$$

其中, 当且仅当 $x_1=x_2=\cdots=x_n$ 时等号成立.

证明　设 $x_0=\dfrac{x_1+x_2+\cdots+x_n}{n}$, 由泰勒公式有

$$f(x_i)=f(x_0)+f'(x_0)(x_i-x_0)+\frac{1}{2}(x_i-x_0)^2f''(x_0+\theta_i(x_i-x_0)),$$

$0<\theta_i<1,\ i=1,2,\cdots,n$. f”(x)>0, i=1, 2, $\cdots,n$ 有

$$f(x_i)\geqslant f(x_0)+f'(x_0)(x_i-x_0),$$

当且仅当 $x_i=x_0$ 时等号成立. 于是

$$\begin{aligned}f(x_1)+f(x_2)+\cdots+f(x_n)&\geqslant nf(x_0)+(x_1+x_2+\cdots+x_n-nx_0)f'(x_0)\\&=nf(x_0),\end{aligned}$$

即

$$\frac{f(x_1)+f(x_2)+\cdots+f(x_n)}{n}\geqslant f\left(\frac{x_1+x_2+\cdots+x_n}{n}\right),$$

当且仅当 $x_1=x_2=\cdots=x_n$ 时等号成立.

注记 (1) 一般地, 设在区间 I 上 $f''(x)>0$, 对于任意的 $x_1,x_2,\cdots,x_n\in I$ 及满足条件 $\sum\limits_{i=1}^{n}\lambda_i=1$ 的 n 个正数 $\lambda_1,\ \lambda_2,\cdots,\lambda_n$, 成立不等式

$$\lambda_1f(x_1)+\lambda_2f(x_2)+\cdots+\lambda_nf(x_n)\geqslant f(\lambda_1x_1+\lambda_2x_2+\cdots+\lambda_nx_n)\ ,$$

其中等号当且仅当 $x_1=x_2=\cdots=x_n$ 时成立. 此不等式称为**凸函数的琴生 (Jensen) 不等式**.

(2) 条件 $f''(x)>0$ 只是充分条件, 利用后面的凸函数的定义也可证明此不等式.

例 100 设 n 是正整数, 多项式 $P_{2n}(x)=1+\dfrac{x}{1!}+\dfrac{x^2}{2!}+\cdots+\dfrac{x^{2n}}{(2n)!}$. 证明: $P_{2n}(x)=0$ 没有实根.

证明 当 $x\geqslant 0$ 时, $P_{2n}(x)\geqslant 1>0$, 即 $P_{2n}(x)=0$ 在 $[0,+\infty)$ 上没有实根. 若有实根, 必为负根. 令 $x_0<0$ 为 $P_{2n}(x)=0$ 的根, 即 $P_{2n}(x_0)=0$. 由函数 e^x 在 $x=0$ 处的泰勒公式,

$$0<\mathrm{e}^{x_0}=P_{2n}(x_0)+\frac{\mathrm{e}^{\xi}}{(2n+1)!}x_0^{2n+1}=\frac{\mathrm{e}^{\xi}}{(2n+1)!}x_0^{2n+1}<0.$$

矛盾! 即 $P_{2n}(x)=0$ 也没负根, 所以 $P_{2n}(x)=0$ 没有实根.

例 101 设函数 $f(x)$ 在区间 $[a,b]$ 上二阶连续可微, 且满足 $f(a)<0,f(b)>0$, 对任意的 $x\in[a,b]$, $f'(x)>0,f''(x)>0$.

(1) 证明方程 $f(x)=0$ 在区间 (a,b) 内有且仅有一个根 ξ;

(2) 取 $x_0=b$, 由递推公式

$$x_{n+1}=x_n-\frac{f(x_n)}{f'(x_n)},\quad n=0,1,2,\cdots$$

得到数列 $\{x_n\}$, 证明该数列在区间 $[a,b]$ 严格单调减;

(3) 证明数列 $\{x_n\}$ 的极限存在, 且 $\lim\limits_{n\to\infty}x_n=\xi$.

证明　(1) 因为函数 $f(x)$ 在区间 $[a,b]$ 上二阶连续可微, 且 $f(a)<0, f(b)>0$, 由闭区间连续函数的零值定理, 则存在 $\xi\in(a,b)$, 使得 $f(\xi)=0$. 由于 $f'(x)>0$, 故 $f(x)$ 在 $[a,b]$ 严格单调增, 所以方程 $f(x)=0$ 在区间 (a,b) 内只有唯一的根 ξ.

(2) **分析**　因为

$$x_{n+1}-x_n=-\frac{f(x_n)}{f'(x_n)},\quad f'(x)>0,$$

所以, 只要证得 $f(x_n)>0$, 就有 $x_{n+1}<x_n$.

由泰勒公式,

$$0=f(\xi)=f(x_n)+f'(x_n)(\xi-x_n)+\frac{f''(\theta_n)}{2!}(\xi-x_n)^2,$$

其中 θ_n 位于 ξ 与 x_n 之间. 由于 $f''(x)>0$, 故

$$f(x_n)+f'(x_n)(\xi-x_n)<0,$$

从而有

$$\xi<x_n-\frac{f(x_n)}{f'(x_n)}=x_{n+1}.$$

再由 $x_0=b$, $f(b)>0$, 以及 $f(x)$ 在 $[a,b]$ 上单调增, 得

$$f(x_{n+1})>f(\xi)=0\quad(x_n\in[a,b],n=0,1,2,\cdots).$$

又 $f'(x)>0$, 由递推公式得 $x_{n+1}<x_n$, 所以数列 $\{x_n\}$ 在区间 $[a,b]$ 上单调减.

(3) 因为数列 $\{x_n\}$ 在区间 $[a,b]$ 上单调减, 且 $x_n>\xi>a$, 则由数列极限的单调有界定理, 数列 $\{x_n\}$ 极限存在. 设极限为 α, 则 $\alpha\in[a,b]$. 因为函数 $f(x)$ 在区间 $[a,b]$ 上二阶连续可微, 所以对递推公式两边取极限, 得

$$\alpha=\alpha-\frac{f(\alpha)}{f'(\alpha)}.$$

于是 $f(\alpha)=0$, 由 (1) 知零点唯一, 则 $\alpha=\xi$, 即 $\lim\limits_{n\to\infty}x_n=\xi$.

注记　此例的证明涉及闭区间连续函数的零值定理、函数的单调性、泰勒定理、数列极限的单调有界定理等知识点, 是一类综合应用性很强的例题. 另外, 在此例基础上还可证得下面极限:

$$\lim_{n\to\infty}\frac{x_{n+1}-\xi}{(x_n-\xi)^2}=\frac{f''(\xi)}{2f'(\xi)}.$$

例 102　设函数 $f(x)$ 在 $[0,a]$ 上有二阶连续导数, $f'(0)=1$, $f''(0)\neq0$, 且 $0<f(x)<x$, $x\in(0,a)$, $a_{n+1}=f(a_n)$, $a_1\in(0,a)$.

(1) 证明数列 $\{a_n\}$ 收敛, 并求其极限;

(2) 求极限 $\lim\limits_{n\to\infty} na_n$.

解 (1) 由已知 $0<a_{n+1}=f(a_n)<a_n$, 则 $\{a_n\}$ 严格单调递减且有下界, 由数列的单调有界定理, 数列 $\{a_n\}$ 收敛. 设 $\lim\limits_{n\to\infty} a_n=A$, 则 $A=f(A)$ 且 $0\leqslant A\leqslant a$, $\{a_n\}$ 收敛于其下确界 0, 则 $A=0$, $f(0)=0$.

(2) $f(a_n)$ 在 0 点的二阶带皮亚若余项的泰勒展开为

$$a_{n+1}=f(a_n)=f(0)+f'(0)a_n+\frac{f''(0)}{2}a_n^2+o(a_n^2)=a_n+\frac{f''(0)}{2}a_n^2+o(a_n^2)\quad (n\to\infty)$$

$$\lim_{n\to\infty}\left(\frac{1}{a_{n+1}}-\frac{1}{a_n}\right)=\lim_{n\to\infty}\frac{a_n-a_{n+1}}{a_na_{n+1}}=\lim_{n\to\infty}\frac{-\dfrac{f''(0)}{2}a_n^2+o(a_n^2)}{a_n^2+\dfrac{f''(0)}{2}a_n^3+o(a_n^3)}=-\frac{f''(0)}{2}.$$

由上可知 $\{\dfrac{1}{a_n}\}$ 严格递增趋于无穷大, 由 Stloz 定理,

$$\lim_{n\to\infty} na_n=\lim_{n\to\infty}\frac{n+1-n}{\dfrac{1}{a_{n+1}}-\dfrac{1}{a_n}}=-\frac{2}{f''(0)}$$

例 103 设函数 $f(x)$ 在 $[0,1]$ 上二阶可导, 且 $f(0)=f(1)=1$, $\min\limits_{0\leqslant x\leqslant 1} f(x)=0$, 证明: 存在 $\xi\in(0,1)$, 使得 $f''(\xi)=8$.

证明 因为 $f(x)$ 在 $[0,1]$ 上连续, 必取到最小值. 设 $f(x_0)=\min\limits_{0\leqslant x\leqslant 1} f(x)=0$, 显然 $x_0\in(0,1)$. 因为 $f(x)$ 可导, 由费马定理知 $f'(x_0)=0$. 再由 $f(x)$ 在 x_0 处的一阶泰勒公式,

$$f(0)=f(x_0)+f'(x_0)(0-x_0)+\frac{f''(\xi_1)}{2!}(0-x_0)^2\quad (\xi_1\in(0,x_0)),$$

$$f(1)=f(x_0)+f'(x_0)(1-x_0)+\frac{f''(\xi_2)}{2!}(1-x_0)^2\quad (\xi_2\in(x_0,1)),$$

即

$$f''(\xi_1)x_0^2=2,\quad f''(\xi_2)(1-x_0)^2=2.$$

若 $0<x_0\leqslant\dfrac{1}{2}$, 则

$$f''(\xi_1)=\frac{2}{x_0^2}\geqslant 8,\quad f''(\xi_2)=\frac{2}{(1-x_0)^2}\leqslant 8;$$

若 $\dfrac{1}{2}<x_0<1$, 则

$$f''(\xi_1)=\frac{2}{x_0^2}<8,\quad f''(\xi_2)=\frac{2}{(1-x_0)^2}>8.$$

综上, 对 $f''(x)$ 使用导函数的介值定理, 必存在 $\xi\in(0,1)$, 使得 $f''(\xi)=8$.

例 104　设 $f(x)$ 在 $[0,1]$ 上二阶可导, 且对任意 $x\in[0,1]$, 有 $|f''(x)|\leqslant M$(常数 $M>0$), 又 $f(0)=f(1)=0$. 证明: 当 $x\in[0,1]$, 有 $|f(x)|\leqslant\dfrac{M}{8}$.

证明　任取 $x\in(0,1)$, 由泰勒公式,

$$f(y)=f(x)+f'(x)(y-x)+\frac{f''(\xi)}{2!}(y-x)^2\quad(y\in[0,1]).$$

令 $y=0$, 则

$$f(0)=f(x)-f'(x)x+\frac{f''(\xi_1)}{2!}x^2\quad(\xi_1\in(0,x));\tag{1}$$

令 $y=1$, 则

$$f(1)=f(x)+f'(x)(1-x)+\frac{f''(\xi)}{2!}(1-x)^2\quad(\xi_2\in(x,1)),\tag{2}$$

将式 (1) 乘 $(1-x)$, 式 (2) 乘 x, 并相加, 得

$$\begin{aligned}|f(x)|&=\left|\frac{f''(\xi_1)}{2!}x^2(1-x)+\frac{f''(\xi)}{2!}(1-x)^2x\right|\\&\leqslant\frac{M}{2}x(1-x)\leqslant\frac{M}{2}\left(\frac{x+1-x}{2}\right)^2=\frac{M}{8}.\end{aligned}$$

例 105　设函数 $f(x)$ 在 $[0,2]$ 上有连续的三阶导数, 且 $f(0)=1,f(2)=2$, $f'(1)=0$, 证明: 存在 $\xi\in(0,2)$, 使得 $f'''(\xi)=3$.

证明　由函数 $f(x)$ 在点 $x=1$ 处的二阶泰勒公式,

$$f(0)=f(1)+f'(1)(0-1)+\frac{f''(1)}{2!}(0-1)^2+\frac{f'''(\xi_1)}{3!}(0-1)^3\quad(\xi_1\in(0,1)),$$

$$f(2)=f(1)+f'(1)(2-1)+\frac{f''(1)}{2!}(2-1)^2+\frac{f'''(\xi_2)}{3!}(2-1)^3\quad(\xi_2\in(1,2)).$$

上面两式相减, 由已知条件得

$$1=f(2)-f(0)=\frac{1}{6}\left(f'''(\xi_1)+f'''(\xi_2)\right).$$

因为 $f(x)$ 在 $[0,2]$ 上有连续的三阶导数, 则 $f'''(x)$ 在 $[\xi_1,\xi_2]\subset(0,2)$ 上必能取得最大值 M 和最小值 m, 则有

$$m\leqslant3=\frac{1}{2}\left(f'''(\xi_1)+f'''(\xi_2)\right)\leqslant M,$$

由闭区间上连续函数的介值定理, 必存在 $\xi\in[\xi_1,\xi_2]\subset(0,2)$, 使得 $f'''(\xi)=3$.

例 106 设函数 $f(x)$ 在 $[a,b]$ 上有连续的二阶导数, 且 $f'(a)=f'(b)=0$, 证明: 在 (a,b) 内至少存在一点 ξ, 使得

$$|f''(\xi)|\geqslant\frac{4}{(b-a)^2}|f(b)-f(a)|.$$

证明 写出函数 $f(x)$ 分别在点 $x=a,x=b$ 处的一阶泰勒公式, 并代入 $x=\dfrac{a+b}{2}$, 得

$$f\left(\frac{a+b}{2}\right)=f(a)+f'(a)\left(\frac{a+b}{2}-a\right)+\frac{f''(\xi_1)}{2!}\left(\frac{a+b}{2}-a\right)^2,\quad a<\xi_1<\frac{a+b}{2},$$

$$f\left(\frac{a+b}{2}\right)=f(b)+f'(b)\left(\frac{a+b}{2}-b\right)+\frac{f''(\xi_2)}{2!}\left(\frac{a+b}{2}-b\right)^2,\quad \frac{a+b}{2}<\xi_2<b.$$

上面两式相减, 并由已知条件 $f'(a)=f'(b)=0$, 得

$$|f(b)-f(a)|=\frac{1}{8}(b-a)^2|f''(\xi_2)-f''(\xi_1)|\leqslant\frac{1}{8}(b-a)^2(|f''(\xi_2)|+|f''(\xi_1)|).$$

所以

$$\frac{4}{(b-a)^2}|f(b)-f(a)|\leqslant\max\{|f''(\xi_1)|,|f''(\xi_2)|\}=f''(\xi)|.$$

即若 $|f''(\xi_1)|\geqslant|f''(\xi_2)|$, 则 $\xi=\xi_1$; 若 $|f''(\xi_2)|\geqslant|f''(\xi_1)|$, 则 $\xi=\xi_2$. 总之, 在 (a,b) 内至少存在一点 ξ, 使得 $|f''(\xi)|\geqslant\dfrac{4}{(b-a)^2}|f(b)-f(a)|$.

注记 (1) 以上几个题都是把给定的区间 $[a,b]$ 分为两个子区间 $[a,x_0]$ 与 $[x_0,b]$, 并在这两个子区间上分别应用泰勒公式, 得两个中值 $\xi_1\in(a,x_0)$, $\xi_2\in(x_0,b)$, 然后利用相关条件进行讨论, 并在这两个中值中选取需要的中值 ξ.

(2) 用特殊点 (极值点、最值点、驻点等)$x_0\in[a,b]$ 的泰勒公式表示题中所关心的函数值如端点值 $f(a),f(b)$, 而后推导得结论.

例 107 设 $f(x)$ 在 $[0,+\infty)$ 上二阶可导, 证明:

(1) 若 $\lim\limits_{x\to+\infty}f(x)$ 和 $\lim\limits_{x\to+\infty}f'(x)$ 都存在, 则 $\lim\limits_{x\to+\infty}f'(x)=0$;

(2) 若 $\lim\limits_{x\to+\infty}f(x)$ 和 $\lim\limits_{x\to+\infty}f''(x)$ 都存在, 则 $\lim\limits_{x\to+\infty}f''(x)=\lim\limits_{x\to+\infty}f'(x)=0$.

证明 (1) 因为 $\lim\limits_{x\to+\infty}f(x)$ 存在, 则 $f(x)$ 有界, 从而 $\lim\limits_{x\to+\infty}\dfrac{f(x)}{x}=0$. 又 $\lim\limits_{x\to+\infty}f'(x)$ 存在, 则由洛必达法则

$$0=\lim_{x\to+\infty}\frac{f(x)}{x}=\lim_{x\to+\infty}f'(x).$$

(2) 由泰勒公式

$$f(x+1)=f(x)+f'(x)+\frac{1}{2}f''(x+\theta_1)\qquad(0<\theta_1<1),$$
$$f(x-1)=f(x)-f'(x)+\frac{1}{2}f''(x-\theta_2)\qquad(0<\theta_2<1)$$

两式相减, 得

$$f(x+1)-f(x-1)=2f'(x)+\frac{1}{2}(f''(x+\theta_1)-f''(x+\theta_2))$$

设 $\lim\limits_{x\to+\infty}f(x)=A$, $\lim\limits_{x\to+\infty}f''(x)=B$, 对上式两边取极限, 得

$$\lim_{x\to+\infty}f'(x)=0\Longrightarrow\lim_{x\to+\infty}\frac{f'(x)}{x}=0,$$

则由洛必达法则

$$0=\lim_{x\to+\infty}\frac{f'(x)}{x}=\lim_{x\to+\infty}f''(x)=B.$$

例 108　设函数 $f(x)$ 在 $(-\infty,+\infty)$ 上三阶可导, $f(x)$, $f'''(x)$ 在 $(-\infty,+\infty)$ 上有界, 证明 $f'(x)$, $f''(x)$ 在 $(-\infty,+\infty)$ 上也有界.

证明　由泰勒公式, 对任意实数 x

$$f(x+1)=f(x)+f'(x)+\frac{1}{2}f''(x)+\frac{f'''(\xi)}{6}\quad(\xi\in(x,x+1)),\tag{1}$$
$$f(x-1)=f(x)-f'(x)+\frac{1}{2}f''(x)-\frac{f'''(\eta)}{6}\quad(\eta\in(x-1,x))\tag{2}$$

两式相加, 得

$$f(x+1)+f(x-1)=2f(x)+f''(x)+\frac{1}{6}(f'''(\xi)-f'''(\eta)),\tag{3}$$

设 $|f(x)|\leqslant A,|f'''(x)|\leqslant B$, 由 (3) 式得

$$|f''(x)|\leqslant|f(x+1)|+|f(x-1)|+2|f(x)|+\frac{1}{6}|f'''(\xi)|+|f'''(\eta)|\leqslant 4A+\frac{B}{3}.$$

两式相减 (1) − (2), 得

$$f(x+1)-f(x-1)=2f'(x))+\frac{1}{6}(f'''(\xi)+f'''(\eta)),$$
$$\Longrightarrow|f'(x)|\leqslant\frac{1}{2}(|f(x+1)|+|f(x-1)|)+\frac{1}{12}(|f'''(\xi)|+|f'''(\eta)|)\leqslant A+\frac{B}{6}.$$

例 109 设函数 $f(x)$ 在点 x_0 的某个邻域内具有连续的二阶导数, 且 $f''(x_0)\neq 0$. 当 x_0+h 也在这个邻域内时, 有

$$f(x_0+h)=f(x_0)+f'(x_0+\theta h)h \quad (0<\theta<1),$$

求 $\lim\limits_{h\to 0}\theta$.

解 因为函数 $f(x)$ 在点 x_0 的某个邻域内具有连续的二阶导数, 则有泰勒公式

$$f(x_0+h)=f(x_0)+f'(x_0)h+\frac{1}{2}h^2f''(x_0+\theta_1 h) \quad (0<\theta_1<1),$$

与已知关系式比较得

$$f'(x_0+\theta h)h=f'(x_0)h+\frac{1}{2}h^2f''(x_0+\theta_1 h).$$

于是有

$$\theta\frac{f'(x_0+\theta h)-f'(x_0)}{\theta h}=\frac{f''(x_0+\theta_1 h)}{2}.$$

因为 $f''(x)$ 连续, 故对上式两边取极限 $(h\to 0)$ 得

$$f''(x_0)\lim_{h\to 0}\theta=\frac{1}{2}f''(x_0), \quad 即 \quad \lim_{h\to 0}\theta=\frac{1}{2}.$$

注记 一般地, 设 $f(x)$ 在点 x_0 的某个邻域内具有连续的 $n+1$ 阶微商, 且 $f^{(n+1)}(x_0)\neq 0$. 当 x_0+h 也在这个邻域内时, 有

$$f(x_0+h)=f(x_0)+f'(x_0)h+\cdots+\frac{f^{(n-1)}(x_0)}{(n-1)!}h^{n-1}+\frac{f^{(n)}(x_0+\theta h)}{n!}h^n \quad (0<\theta<1),$$

则

$$\lim_{h\to 0}\theta=\frac{1}{n+1}.$$

小　结

本节主要讨论泰勒公式在研究函数性态上的应用.

1. 求 $f(x)$ 在指定点 x_0 处的泰勒公式的方法:

(1) 直接法: 直接计算 $f(x)$ 在 $x=x_0$ 处的各阶导数, 并代入相应的泰勒公式;

(2) 间接法: 对所求函数作相应的初等变形, 利用已知的基本初等函数的泰勒公式, 写出所求的泰勒公式;

(3) 待定系数法: 若已知函数 $y=f(x)$ 在 x_0 处的 n 阶带佩亚诺余项的泰勒展式, 且 $f(x_0)\neq 0$, 则可用待定系数法求 $\dfrac{1}{f(x)}$ 在 x_0 处的 n 阶带佩亚诺余项的泰勒展式. 进一步, 若一阶导数 $f'(x_0)\neq 0$, $y=f(x)$ 的反函数 $x=g(y)$ 存在且 n 阶可导, 则也可用待定系数法求 $g(y)$ 在 $y_0=f(x_0)$ 处的 n 阶带佩亚诺余项的泰勒展式.

2. 带佩亚诺型余项的泰勒公式刻画了函数在一点附近的性态, 常用作极限计算, 或用来讨论、证明函数的局部性质.

3. 带拉格朗日型余项的泰勒公式刻画了函数在整个区间上的性质, 用于证明不等式, 或区间上含高阶导数的命题.

4. 泰勒定理是微分学的巅峰, 所以几乎所有微分学部分的题都可用泰勒定理解决, 尤其是题中或结论中出现二阶或二阶以上高阶导数时.

2.6　导数的应用

知 识 要 点

◇ **基本概念**

1. 函数的凹凸性

设函数 $f(x)$ 是区间 I 上的连续函数, 任给 I 中三点 $x_1<x<x_2$, 恒有

$$f(x)\leqslant f(x_1)+\frac{f(x_2)-f(x_1)}{x_2-x_1}(x-x_1),$$

$$\left(f(x)\geqslant f(x_1)+\frac{f(x_2)-f(x_1)}{x_2-x_1}(x-x_1)\right),$$

则称 $f(x)$ 是区间 I 上的凸函数 (凹函数). 如果成立严格不等式, 则称 $f(x)$ 为严格凸函数 (严格凹函数). 函数 $f(x)$ 所表示的曲线称为凸曲线 (凹曲线). 它的基

本几何特征是曲线上连接任意两点的弧都在连接这两点的弦的下 (上) 方; 当函数可导时, 弧位于切线的上 (下) 方.

注记 由此定义, 可得到以下命题, 都可作为连续函数的凹凸性的等价定义.

(1) 设函数 $f(x)$ 是区间 I 上的凸函数, 对 I 上的任意 $x_1 \neq x_2$ 和 $0<\lambda<1$, 恒有

$$f(\lambda x_1+(1-\lambda)x_2) \leqslant \lambda f(x_1)+(1-\lambda)f(x_2)$$

$$\Longleftrightarrow f\left(\sum_{i=1}^{n}\lambda_i x_i\right) \leqslant \sum_{i=1}^{n}\lambda_i f(x_i), \quad \lambda_i>0, \sum_{i=1}^{n}\lambda_i=1, \quad \{x_i\}_{i=1}^{n} \in I, x_i \neq x_j,$$

称为**凸函数的琴生不等式**.

设函数 $f(x)$ 是区间 I 上的凹函数, 对 I 上的任意 $x_1 \neq x_2$ 和 $0<\lambda<1$, 恒有

$$f(\lambda x_1+(1-\lambda)x_2) \geqslant \lambda f(x_1)+(1-\lambda)f(x_2)$$

$$\Longleftrightarrow f\left(\sum_{i=1}^{n}\lambda_i x_i\right) \geqslant \sum_{i=1}^{n}\lambda_i f(x_i), \quad \lambda_i>0, \sum_{i=1}^{n}\lambda_i=1, \quad \{x_i\}_{i=1}^{n} \in I, x_i \neq x_j,$$

称为**凹函数的琴生不等式**.

(2) 若函数 $f(x)$ 在区间 I 上连续, 且

$$f\left(\frac{x_1+x_2}{2}\right) \leqslant \frac{f(x_1)+f(x_2)}{2} \quad (x_1, x_2 \in I),$$

则函数 $f(x)$ 是区间 I 上的凸函数;

若函数 $f(x)$ 在区间 I 上连续, 且

$$f\left(\frac{x_1+x_2}{2}\right) \geqslant \frac{f(x_1)+f(x_2)}{2} \quad (x_1, x_2 \in I),$$

则函数 $f(x)$ 是区间 I 上的凹函数.

(3) 设函数 $f(x)$ 是区间 I 上的凸函数, 任给 I 中三点 $x_1<x<x_2$, 恒有

$$\frac{f(x)-f(x_1)}{x-x_1} \leqslant \frac{f(x_2)-f(x_1)}{x_2-x_1} \leqslant \frac{f(x_2)-f(x)}{x_2-x},$$

即弦右移时, 其斜率递增;

设函数 $f(x)$ 是区间 I 上的凹函数, 任给 I 中三点 $x_1<x<x_2$, 恒有

$$\frac{f(x)-f(x_1)}{x-x_1} \geqslant \frac{f(x_2)-f(x_1)}{x_2-x_1} \geqslant \frac{f(x_2)-f(x)}{x_2-x},$$

即弦右移时, 其斜率递减.

2. 曲线的拐点

设 $f(x)$ 在包含 x_0 的区间 I 上连续, 如果点 x_0 是 $f(x)$ 的凹凸区间的分界点, 则称曲线上的点 $(x_0,f(x_0))$ 是曲线 $y=f(x)$ 的一个拐点.

◇ 函数的单调性理论

1. 设函数 $f(x)$ 在 (a,b) 内可导, 则 $f(x)$ 在 (a,b) 内单调增 (减)$\Longleftrightarrow f'(x)\geqslant 0$ $(f'(x)\leqslant 0)$.

2. 设函数 $f(x)$ 在 (a,b) 内可导, 在 (a,b) 内 $f'(x)>0\,(f'(x)<0)$, 则 $f(x)$ 在 (a,b) 内严格单调增 (减).

3. 设函数 $f(x)$ 在 (a,b) 内可导, 在 (a,b) 内 $f'(x)\geqslant 0\,(f'(x)\leqslant 0)$, 且等号只在有限个点处成立, 则 $f(x)$ 在 (a,b) 内严格单调增 (减).

注记　虽然函数的单调性与导数的符号有密切的关系, 但仅仅由一点上的导数符号不能得出该点邻域中函数的单调性. 例如:

$$f(x)=\begin{cases} x+2x^2\sin\dfrac{1}{x} & (x\neq 0),\\ 0 & (x=0). \end{cases}$$

显然 $f'(0)=1>0$. 当 $x\neq 0$ 时, $f'(x)=1+4x\sin\dfrac{1}{x}-2\cos\dfrac{1}{x}$. 取 $x=\dfrac{1}{n\pi}$, 则有 $f'\left(\dfrac{1}{n\pi}\right)=1-2(-1)^n$. 可见在 $x=0$ 的任意邻域内 $f'(x)$ 都不保号, 所以在 $x=0$ 的每个邻域内 $f(x)$ 都不是单调的.

◇ 函数的极值理论

1. 设 $f(x)$ 在 x_0 点连续, $\exists\,\delta>0$, 使 $f(x)$ 在 $x\in(x_0-\delta,x_0)$ 内单调增 (减), 在 $x\in(x_0,x_0+\delta)$ 内单调减 (增), 则 x_0 是 $f(x)$ 的一个极大 (小) 值点.

2. 设 $f(x)$ 在 x_0 点的邻域 $|x-x_0|<\delta$ 内连续, 在去心邻域 $0<|x-x_0|<\delta$ 内可导, 则有:

(1) 若当 $x\in(x_0-\delta,x_0)$ 时, $f'(x)\geqslant 0$, 而当 $x\in(x_0,x_0+\delta)$ 时, $f'(x)\leqslant 0$, 则 x_0 是 $f(x)$ 的一个极大值点, $f(x_0)$ 是 $f(x)$ 的极大值;

(2) 若当 $x\in(x_0-\delta,x_0)$ 时, $f'(x)\leqslant 0$, 而当 $x\in(x_0,x_0+\delta)$ 时, $f'(x)\geqslant 0$, 则 x_0 是 $f(x)$ 的一个极小值点, $f(x_0)$ 是 $f(x)$ 的极小值;

(3) 若当 $f'(x)$ 在 x_0 两侧保持相同的正负号时, 则 x_0 不是 $f(x)$ 的极值点, $f(x_0)$ 不是 $f(x)$ 的极值.

3. 设 $f'(x_0)=0$, 若 $f''(x_0)<(>)0$, 则 x_0 是 $f(x)$ 的一个严格极大 (小) 值点.

4. 设 $f(x)$ 在驻点 x_0 处 n 阶可导, 且 $f'(x_0)=f''(x_0)=\cdots=f^{(n-1)}(x_0)=0$, 而 $f^{(n)}(x_0)\neq 0$.

(1) 当 n 是奇数时, 则 x_0 点不是 $f(x)$ 的极值;

(2) 当 n 是偶数时, 则函数 $f(x)$ 在 x_0 点取到极值; 且 $f^{(n)}(x_0)>0$ 时, x_0 是 $f(x)$ 的一个严格极小值点; $f^{(n)}(x_0)<0$ 时, x_0 是 $f(x)$ 的一个严格极大值点.

注记 (1) 从前两个结论, 可以推出函数单调区间的分界点, 或导函数的变号点是极值点.

(2) 但是, 若 x_0 是函数 $f(x)$ 的极值点, 函数在此点左右两侧未必具有单调性. 例如

$$f(x)=\begin{cases}1-x^2\left(2+\sin\dfrac{1}{x}\right) & (x\neq 0),\\ 1 & (x=0),\end{cases}$$

显然 $f(0)=1$ 是其极大值, $x=0$ 是其极大值点. 当 $f'(0)=0$, $x\neq 0$ 时

$$f'(x)=-4x-2x\sin\frac{1}{x}+\cos\frac{1}{x},$$

因此, 在点 $x=0$ 的两侧函数不具有单调性.

◇ 函数的凹凸性理论

1. 设函数 $f(x)$ 在 (a,b) 内可导, 则:

(1) $f(x)$ 在 (a,b) 内是凸的 $\Longleftrightarrow$ $f'(x)$ 在 (a,b) 内单调增;

(2) $f(x)$ 在 (a,b) 内是凹的 $\Longleftrightarrow$ $f'(x)$ 在 (a,b) 内单调减.

2. 设函数 $f(x)$ 在 (a,b) 内二阶可导, 则:

(1) $f(x)$ 在 (a,b) 内是凸的 $\Longleftrightarrow$ 在 (a,b) 内 $f''(x)\geqslant 0$;

(2) $f(x)$ 在 (a,b) 内是凹的 $\Longleftrightarrow$ 在 (a,b) 内 $f''(x)\leqslant 0$.

3. 设函数 $f(x)$ 在 (a,b) 内可导, 且 $f'(x)$ 在 (a,b) 内严格单调增 (减), 则 $f(x)$ 在 (a,b) 内严格凸 (凹).

4. 设函数 $f(x)$ 在 (a,b) 内二阶可导, 且在 (a,b) 内 $f''(x)>0\,(f''(x)<0)$, 则 $f(x)$ 在 (a,b) 内严格凸 (凹).

5. 设函数 $f(x)$ 在 (a,b) 内二阶可导, 且在 (a,b) 内 $f''(x)\geqslant 0\,(f''(x)\leqslant 0)$, 等号只在 (a,b) 内有限个点成立, 则 $f(x)$ 在 (a,b) 内严格凸 (凹).

◇ 曲线拐点的理论

1. 设 $f(x)$ 在 x_0 点连续, $f(x)$ 在 x_0 去心邻域可导, $\exists\,\delta>0$, 在区间 $(x_0-\delta,x_0)$ 内 $f'(x)$ 单调增 (减), 在区间 $(x_0,x_0+\delta)$ 内 $f'(x)$ 单调减 (增), 则 $(x_0,f(x_0))$ 是 $f(x)$ 的拐点.

2. 设 $f(x)$ 在 x_0 点连续, $f(x)$ 在 x_0 去心邻域二阶可导, $\exists\,\delta>0$, 在区间 $(x_0-\delta,x_0)$ 内 $f''(x)\leqslant 0\,(f''(x)\geqslant 0)$, 在区间 $(x_0,x_0+\delta)$ 内 $f''(x)\geqslant 0\,(f''(x)\leqslant 0)$, 则 $(x_0,f(x_0))$ 是 $f(x)$ 的拐点.

3. $f(x)$ 在 x_0 点二阶可导, $(x_0,f(x_0))$ 是 $f(x)$ 的拐点, 则 $f''(x_0)=0$.

4. $f(x)$ 在 x_0 点的某邻域内三阶可导, 且 $f''(x_0)=0, f'''(x_0)\neq 0$, 则 $(x_0, f(x_0))$ 是 $f(x)$ 的拐点.

注记　下面将判定拐点与极值点的条件作比较:

(1) a. $f(x)$ 在点 x_0 可导, 且 x_0 是极值点, 则 $f'(x_0)=0$ (费马定理).

b. $f(x)$ 在点 x_0 二阶可导, 且点 $(x_0,f(x_0))$ 是 $f(x)$ 的拐点, 则 $f''(x_0)=0$.

(2) a. $f(x)$ 在点 x_0 有 $f'(x_0)=0$, 但 $f(x_0)$ 未必是极值.

b. $f(x)$ 在点 x_0 有 $f''(x_0)=0$, 但点 $(x_0,f(x_0))$ 未必是拐点.

例如, $f(x)=x^4$, $f''(0)=0$, 但 $f(x)$ 在 $x=0$ 附近是严格凸函数, 所以点 $(0,0)$ 不是 $f(x)=x^4$ 的拐点.

(3) a. $f(x)$ 在点 x_0 不可导, 但 x_0 有可能是极值点.

b. $f(x)$ 在点 x_0 二阶导数不存在, 但点 $(x_0,f(x_0))$ 有可能是拐点.

例如, $f(x)=1+\sqrt[3]{x}$ 在 $x=0$ 处二阶导不存在, 由 $f''(x)=-\dfrac{2}{9}x^{-\frac{5}{3}}$ 知, 当 $x>0$ 时, $f''(x)<0$; 当 $x<0$ 时, $f''(x)>0$. 故 $(0,1)$ 是 $f(x)=1+\sqrt[3]{x}$ 的拐点.

◇ 曲线的渐近线

1. 曲线 $y=f(x)$ 的渐近线

(1) 若函数 $f(x)$ 满足 $\lim\limits_{x\to x_0}f(x)=\infty$,或 $\lim\limits_{x\to x_0^-}f(x)=\infty$,或 $\lim\limits_{x\to x_0^+}f(x)=\infty$, 则称直线 $x=x_0$ 是曲线 $y=f(x)$ 的垂直渐近线;

(2) 如果对某实数 a, 函数 $y=f(x)$ 满足 $\lim\limits_{x\to\infty}f(x)=a$, 或 $\lim\limits_{x\to-\infty}f(x)=a$, 或 $\lim\limits_{x\to+\infty}f(x)=a$, 则称直线 $y=a$ 是曲线 $y=f(x)$ 的水平渐近线;

(3) 如果对实数 $a\neq 0$, 函数 $f(x)$ 满足 $\lim\limits_{x\to\infty}\dfrac{f(x)}{x}=a$, $\lim\limits_{x\to\infty}[f(x)-ax]=b$, 称直线 $y=ax+b$ 是曲线 $y=f(x)$ 的斜渐近线.

2. 由参数方程 $x=\varphi(t),y=\psi(t)$ 所表示的曲线的渐近线

(1) 若存在 t_0, 使得 $\lim\limits_{t\to t_0}\varphi(t)$ 存在且有限, 同时 $\lim\limits_{t\to t_0}\psi(t)=\infty$, 则 $x=\lim\limits_{t\to t_0}\varphi(t)$ 为一条垂直渐近线;

(2) 若存在 t_0, 使得 $\lim\limits_{t\to t_0}\psi(t)$ 存在且有限, 同时 $\lim\limits_{t\to t_0}\varphi(t)=\infty$, 则 $y=\lim\limits_{t\to t_0}\psi(t)$ 为一条水平渐近线;

(3) 若存在 t_0, 使得 $\lim\limits_{t\to t_0}\varphi(t)=\infty$ 和 $\lim\limits_{t\to t_0}\psi(t)=\infty$, 这时才可能有斜渐近线, 此时若 $\lim\limits_{t\to t_0}\dfrac{\psi(t)}{\varphi(t)}=a,\lim\limits_{t\to t_0}(\psi(t)-a\varphi(t))=b$, 则 $y=ax+b$ 为斜渐近线.

其中 $t\to t_0$ 也可改为 $t\to t_0^-$ 或 $t\to t_0^+$.

◇ 描绘函数图形的大致步骤

1. 确定函数的定义域, 是否具有奇偶性、周期性及对称性.
2. 确定函数的间断点、驻点和导数不存在的点.
3. 确定函数的单调区间和极值点.
4. 确定函数的凹凸区间和曲线的拐点.
5. 确定函数的渐近线.
6. 描绘函数的一些辅助点, 如曲线与坐标轴的交点等.

精选例题

例 110 求最大的数 α 与最小的数 β, 使 $\left(1+\dfrac{1}{n}\right)^{n+\alpha}\leqslant e\leqslant\left(1+\dfrac{1}{n}\right)^{n+\beta}$, 其中 n 为正整数.

解 设 $f(n)$ 由方程 $\left(1+\dfrac{1}{n}\right)^{n+f(n)}=e$ 确定, 则 $f(n)=\dfrac{1}{\ln\left(1+\dfrac{1}{n}\right)}-n$, 下面求出 $f(n)$ 在正整数集中的上、下确界.

令
$$g(x)=\frac{1}{\ln(1+x)}-\frac{1}{x}\Longrightarrow g'(x)=\frac{(1+x)\ln^2(1+x)-x^2}{x^2(1+x)\ln^2(1+x)}\quad(x\in(0,1]),$$

令 $h(x)=(1+x)\ln^2(1+x)-x^2,\ h(0)=0$,

$$h'(x)=2\ln(1+x)+\ln^2(1+x)-2x,\quad h''(x)=\frac{2(\ln(1+x)-x)}{1+x}<0,$$

所以 $h'(x)$ 在 $[0,1]$ 上严格单调减, 即有 $h'(x)<h'(0)=0$. 从而 $h(x)$ 在 $[0,1]$ 上严格单调减, 即 $h(x)<h(0)=0$.

所以 $g'(x)<0$, 从而 $g(x)$ 在 $(0,1]$ 上严格单调减, 则有 $g(1)\leqslant g(x)\leqslant g(0+0)$.

$$g(1)=\frac{1}{\ln 2}-1,\quad g(0+0)=\lim_{x\to 0^+}\frac{1}{\ln(1+x)}-\frac{1}{x}=\lim_{x\to 0^+}\frac{x-\left(x-\frac{1}{2}x^2+o(x^2)\right)}{x^2}=\frac{1}{2},$$

$$\alpha=\inf\{f(n)\}=g(1)=\frac{1}{\ln 2}-1,\qquad \beta=\sup\{f(n)\}=g(0+0)=\frac{1}{2}.$$

思考题　设函数 $f(x)=\left(1+\dfrac{1}{x}\right)^{x+a}$, 证明：当 $a\geqslant\dfrac{1}{2}$ 时, $f(x)$ 在 $(0,+\infty)$ 内严格单调减；当 $a<\dfrac{1}{2}$ 时, 则 $f(x)$ 在 x 充分大时严格单调增.

例 111　设 $\mathrm{e}<a<b<\mathrm{e}^2$, 证明: $\ln^2 b-\ln^2 a>\dfrac{4(b-a)}{\mathrm{e}^2}$.

证明　证法 1　对函数 $\ln^2 x$ 在 $[a,b]$ 上应用拉格朗日中值定理得

$$\ln^2 b-\ln^2 a=\frac{2\ln\xi}{\xi}(b-a)\quad(\mathrm{e}<a<\xi<b<\mathrm{e}^2).$$

令 $f(x)=\dfrac{\ln x}{x}$, 则 $f'(x)=\dfrac{1-\ln x}{x^2}$. 所以当 $x>\mathrm{e}$ 时, $f'(x)<0$, 则 $f(x)$ 严格单调减, 从而有 $f(\xi)>f(\mathrm{e}^2)$, 即

$$\ln^2 b-\ln^2 a=\frac{2\ln\xi}{\xi}(b-a)>\frac{2\ln\mathrm{e}^2}{\mathrm{e}^2}(b-a)=\frac{4(b-a)}{\mathrm{e}^2}.$$

证法 2　令 $g(x)=\ln^2 x-\dfrac{4x}{\mathrm{e}^2}$, 有

$$g'(x)=\frac{2\ln x}{x}-\frac{4}{\mathrm{e}^2},\quad g''(x)=\frac{2(1-\ln x)}{x^2}.$$

所以当 $x>\mathrm{e}$ 时, $g''(x)<0$, 则 $g'(x)$ 严格单调减, 从而当 $\mathrm{e}<x<\mathrm{e}^2$ 时, $g'(x)>g'(\mathrm{e}^2)=0$, 此时 $g(x)$ 严格单调增, 所以当 $\mathrm{e}<a<b<\mathrm{e}^2$ 时, 有

$$0<g(b)-g(a)=\ln^2 b-\frac{4b}{\mathrm{e}^2}-\ln^2 a-\frac{4a}{\mathrm{e}^2}=\ln^2 b-\ln^2 a-\frac{4(b-a)}{\mathrm{e}^2}.$$

注记　(1) 证法 1 利用拉格朗日中值定理, 结合函数的单调性证明不等式; 证法 2 从结论形式构造函数, 利用其在给定区间上的单调性证明不等式. 它们都是从不等式的形式构造相应的函数, 通过对函数性态分析得出待证的不等式.

(2) 构造函数不一定唯一, 此题也可令 $\varphi(x)=\ln^2 x-\ln^2 a-\dfrac{4(x-a)}{\mathrm{e}^2}$, 或 $\psi(x)=\ln^2 b-\ln^2 x-\dfrac{4(b-x)}{\mathrm{e}^2}$. 把待证的不等式中一特定值取为变量 x, 称为**常数**

变量化方法. 这是数学中常用的方法, 使用此法便于利用极限、微分、积分等工具来讨论问题.

例 112 设 $f(x)$ 在 $[0,+\infty)$ 中二阶可导, 且 $f''(x)<0$, $f(0)=0$. 证明: 对任意正数 x_1,x_2, 有

$$f(x_1+x_2)<f(x_1)+f(x_2).$$

证明 证法 1 令 $F(x)=f(x_1+x)-f(x_1)-f(x)$, 因为 $f''(x)<0$, 则 $f'(x)$ 严格单调减, 从而有

$$F'(x)=f'(x_1+x)-f'(x)<0.$$

则 $F(x)$ 严格单调减, 于是有 $F(x_2)<F(0)$, 即

$$F(x_2)=f(x_1+x_2)-f(x_1)-f(x_2)<F(0)=-f(0)=0,$$

也即

$$f(x_1+x_2)<f(x_1)+f(x_2).$$

证法 2 不妨设 $x_1\leqslant x_2$, 即证

$$f(x_1+x_2)-f(x_2)<f(x_1)-f(0).$$

因为 $f(x)$ 二阶可导, 对函数 $f(x)$ 分别在区间 $[0,x_1]$, $[x_2,x_1+x_2]$ 上用拉格朗日中值定理, 得

$$f(x_1+x_2)-f(x_2)=f'(\xi)x_1 \quad (x_2<\xi<x_1+x_2),$$
$$f(x_1)-f(0)=f'(\eta)x_1 \quad (0<\eta<x_1).$$

因为 $f''(x)<0$, 则 $f'(x)$ 严格单调减, 从而有

$$f(x_1+x_2)-f(x_2)=f'(\xi)x_1<f'(\eta)x_1=f(x_1)-f(0)=f(x_1).$$

因此结论成立.

例 113 设 $x>0$, $y>0$, $0<\alpha<\beta$, 证明: $(x^\alpha+y^\alpha)^{\frac{1}{\alpha}}>(x^\beta+y^\beta)^{\frac{1}{\beta}}$.

证明 证法 1 令 $f(t)=(x^t+y^t)^{\frac{1}{t}},t>0$, 只需要证 $f(t)$ 在 $t>0$ 时严格单调减, 即证 $f'(t)<0$ 即可. 用对数求导法得

$$\begin{aligned}
f'(t)&=f(t)\left(\frac{\ln(x^t+y^t)}{t}\right)'\\
&=f(t)\left(\frac{x^t\ln x+y^t\ln x}{t(x^t+y^t)}-\frac{\ln(x^t+y^t)}{t^2}\right)\\
&=f(t)\frac{1}{t^2(x^t+y^t)}(x^t\ln x^t+y^t\ln y^t-(x^t+y^t)\ln(x^t+y^t)),
\end{aligned}$$

所以 $f'(t)$ 的符号与上面方括号内的表达式的符号一致. 如果记 $u=x^t>0$, $v=y^t>0$, 则

$$\ln(u^u v^v)<\ln((u+v)^u(u+v)^v)=\ln((u+v)^{u+v}).$$

所以

$$x^t\ln x^t+y^t\ln y^t-(x^t+y^t)\ln(x^t+y^t)<0.$$

因此 $f'(t)<0$, 从而 $0<\alpha<\beta$ 时, $(x^\alpha+y^\alpha)^{\frac{1}{\alpha}}=f(\alpha)>f(\beta)=(x^\beta+y^\beta)^{\frac{1}{\beta}}$.

证法 2　待证不等式两边同除以 $x>0$, 可变形为

$$\left(1+\left(\frac{y}{x}\right)^\alpha\right)^{\frac{1}{\alpha}}>\left(1+\left(\frac{y}{x}\right)^\beta\right)^{\frac{1}{\beta}}.$$

令 $g(t)=(1+u^t)^{\frac{1}{t}}$, $t>0, u>0$, 则

$$g'(t)=g(t)\frac{1}{t^2(1+u^t)}(u^t\ln u^t-(1+u^t)\ln(1+u^t)).$$

显然, $u^t\ln u^t<(1+u^t)\ln(1+u^t)$, 则 $g'(t)<0$, 所以 $g(t)$ 严格单调减, 从而有

$$(1+u^\alpha)^{\frac{1}{\alpha}}=g(\alpha)>g(\beta)=(1+u^\beta)^{\frac{1}{\beta}}\quad(0<\alpha<\beta),$$

即

$$\left(1+\left(\frac{y}{x}\right)^\alpha\right)^{\frac{1}{\alpha}}>\left(1+\left(\frac{y}{x}\right)^\beta\right)^{\frac{1}{\beta}},$$

在该不等式两边同乘以 $x>0$, 即得 $(x^\alpha+y^\alpha)^{\frac{1}{\alpha}}>(x^\beta+y^\beta)^{\frac{1}{\beta}}$.

注记　有时候对待证不等式作适当的恒等变形, 使得变形后的不等式的证明更简洁. 以上几个题都是利用函数的单调性证明不等式.

例 114　设定义函数 $f(x)$ 在 $(-\infty,+\infty)$ 中满足 $\lim\limits_{x\to0}\dfrac{f(x)}{x}=1$, 且 $f''(x)>0$, 证明: $f(x)\geqslant x$.

证明　证法 1　由 $\lim\limits_{x\to0}\dfrac{f(x)}{x}=1$, 知 $\lim\limits_{x\to0}f(x)=0$. 又函数 $f(x)$ 连续, 则 $f(0)=0$. 从而

$$f'(0)=\lim_{x\to0}\frac{f(x)-f(0)}{x-0}=\lim_{x\to0}\frac{f(x)}{x}=1.$$

于是, 函数 $f(x)$ 在 $x=0$ 处的一阶泰勒公式为

$$f(x)=f(0)+f'(0)x+\frac{1}{2}f''(\xi)x^2=x+\frac{1}{2}f''(\xi)x^2,$$

其中 ξ 位于 0 与 x 之间. 由已知 $f''(x)>0$, 得 $f(x)\geqslant x$.

证法 2　令 $F(x)=f(x)-x$, 由上可知 $f(0)=0, f'(0)=1$, 则 $F(0)=0, F'(0)=0$. 而 $F''(x)=f''(x)>0$, 所以 $F(0)$ 是 $F(x)$ 的极小值, 因只有一个驻点, 所以也是最小值, 则 $F(x)\geqslant F(0)=0$, 即 $f(x)\geqslant x$.

注记　因为题中有高阶导的信息, 所以很自然想到泰勒公式, 已知 $x=0$ 处的极限, 所以就在 $x=0$ 处展开, 并由此求出 $f(0), f'(0)$, 这就是证法 1 的思路. 证法 2 通过结论构造辅助函数, 并研究该函数的性态, 利用极值理论证得不等式.

例 115　设 $x>0$, $0<a<1$. 证明: $x^a-ax\leqslant 1-a$.

证明　令 $f(x)=x^a-ax$, 由 $f'(x)=a(x^{a-1}-1)=0$, 得唯一的驻点 $x=1$, 且当 $0<x<1$ 时, $f'(x)>0$; 当 $x>1$ 时, $f'(x)<0$. 故 $x=1$ 为 $f(x)$ 的极大值点, 也是最大值点, 即 $f(x)=x^a-ax\leqslant f(1)=1-a$.

注记　此题只要研究函数的最值即可得证, 类似可以证得如下不等式:

(1) 若 $0\leqslant x\leqslant 1$, $p>1$, 则 $\dfrac{1}{2^{p-1}}\leqslant x^p+(1-x)^p\leqslant 1$.

(2) 当 $|x|\leqslant 2$ 时, 有 $|3x-x^3|\leqslant 2$.

(3) 若 $m>0$, $n>0$, 则当 $0\leqslant x\leqslant a$ 时, 有 $x^m(a-x)^n\leqslant \dfrac{m^m\cdot n^n}{(m+n)^{m+n}}a^{m+n}$.

例 116　设函数 $f(x)$ 在 $[a,b]$ 上二阶可导, 且 $f(a)=a, f(b)=b, f''(x)<0$. 证明: 在 (a,b) 内, 成立不等式 $f(x)>x$.

证明　令 $F(x)=f(x)-x$, 则

$$F'(x)=f'(x)-1,\quad F''(x)=f''(x)<0,$$

故 $F(x)$ 在 (a,b) 内是严格凹函数. 又 $F(a)=F(b)=0$, 所以在 (a,b) 内, $F(x)>0$, 即 $f(x)>x$.

注记　此题的几何意义很明显: 严格凹函数所表示的曲线上连接任意两点的弧都在连接这两点的弦的上方. 所以此例中过 (a,a) 与 (b,b) 两点的直线为 $y=x$, 函数 $f(x)$ 在 (a,b) 内为严格凹函数, 则有 $f(x)>x$.

例 117　证明: 对每个自然数 n, 方程 $x^{n+2}-2x^n-1=0$ 有唯一正根.

证明　记 $f(x)=x^{n+2}-2x^n-1$, 由 $f(0)=f(\sqrt{2})=-1, f(+\infty)=+\infty$, 知方程有大于 $\sqrt{2}$ 的正根. 又

$$f'(x)=(n+2)x^{n+1}-2nx^{n-1}=(n+2)x^{n-1}\left(x^2-\frac{2n}{n+2}\right),$$

所以函数 $f(x)$ 在点 $x_n=\sqrt{\dfrac{2n}{n+2}}>0$ 处 $f'(x_n)=0$. 而在区间 $[0,x_n]$ 上 $f'(x)<0$, 故函数 $f(x)$ 在区间 $(0,x_n)$ 上严格单调减; 在区间 $(x_n,+\infty)$ 上 $f'(x)>0$, 故函数

$f(x)$ 在区间 $[x_n,+\infty)$ 上严格单调增. 由 $f(0)=f(\sqrt{2})=-1$, 知 $f(x)=0$ 只有一个大于 $\sqrt{2}$ 的正根.

注记　此题将函数的单调性分析与连续函数的零值定理相结合, 确定方程根的情况.

例 118　设函数 $f(x)$ 在 $[a,+\infty)$ 上二阶可导, 且 $f(a)>0$, $f'(a)<0$, 当 $x>a$ 时, $f''(x)\leqslant 0$. 试证: 在区间 $(a,+\infty)$ 内方程 $f(x)=0$ 有且仅有一个实根.

证明　因为 $f''(x)\leqslant 0$, 故 $f'(x)$ 单调减, 当 $x>a$ 时, 由拉格朗日中值定理得

$$f(x)-f(a)=f'(\xi)(x-a)\leqslant f'(a)(x-a),\quad a<\xi<x,$$

则有

$$f(x)\leqslant f(a)+f'(a)(x-a).$$

由 $f'(a)<0$, 知 $\lim\limits_{x\to+\infty}f(x)=-\infty$, 则必存在 $b>a$, 使 $f(b)<0$, 所以由连续函数的零值定理, 至少存在一点 $\eta\in(a,b)\subset(a,+\infty)$, 使 $f(\eta)=0$.

由上可知, 当 $x>a$ 时, $f'(x)\leqslant f'(a)<0$, 所以函数 $f(x)$ 在 $[a,+\infty)$ 上严格单调减, 故方程 $f(x)=0$ 在区间 $(a,+\infty)$ 内最多只有一个实根.

综上所述, 在区间 $(a,+\infty)$ 内方程 $f(x)=0$ 有且仅有一个实根.

注记　此题将函数的单调性分析、微分中值定理及连续函数的零值定理等知识点综合应用, 确定方程根的情况.

思考题　设函数 $f(x)$ 在 $[a,+\infty)$ 上连续, 且当 $x>a$ 时, $f'(x)\geqslant k>0$ (k 为常数). 证明: 若 $f(a)<0$, 则方程 $f(x)=0$ 在区间 $(a,+\infty)$ 内有且仅有一个实根.

例 119　讨论方程 $\ln x=\alpha x$ (与 α 有关) 实根的存在性及分布情况.

解　解法 1　作辅助函数

$$f(x)=\ln x-\alpha x\quad(x>0)$$

则

$$f'(x)=\frac{1}{x}-\alpha,$$

当 $\alpha\leqslant 0$ 时, 函数 $f(x)$ 严格单调增, 又 $f(0+0)=-\infty, f(+\infty)=+\infty$, 则方程有且仅有一个实根.

下面讨论 $\alpha>0$ 时方程根的情况. 此时函数 $f(x)$ 在区间 $\left(0,\frac{1}{\alpha}\right]$ 上严格单调增, 在区间 $\left[\frac{1}{\alpha},+\infty\right)$ 上严格单调减, 则 $x=\frac{1}{\alpha}$ 是极大值点, 也是最大值点, 且

$f\left(\dfrac{1}{\alpha}\right)=-\ln\alpha-1$. 所以根据 $f\left(\dfrac{1}{\alpha}\right)$ 的符号, 可以得到如下结论:

(1) 当 $f\left(\dfrac{1}{\alpha}\right)=-\ln\alpha-1<0$, 即 $\alpha>\dfrac{1}{\mathrm{e}}$ 时, $f(x)$ 无零点, 故方程 $\ln x=\alpha x$ 无实根;

(2) 当 $f\left(\dfrac{1}{\alpha}\right)=-\ln\alpha-1=0$, 即 $\alpha=\dfrac{1}{\mathrm{e}}$ 时, $f(x)$ 只有一个零点 $x=\mathrm{e}$, 故方程 $\ln x=\alpha x$ 只有一个实根 $x=\mathrm{e}$;

(3) 当 $f\left(\dfrac{1}{\alpha}\right)=-\ln\alpha-1>0$, 即 $0<\alpha<\dfrac{1}{\mathrm{e}}$ 时, 方程 $\ln x=\alpha x$ 有两个实根, 分别在 $\dfrac{1}{\alpha}$ 的两侧.

解法 2　作辅助函数

$$g(x)=\frac{\ln x}{x}\quad(x>0),$$

则原方程变为 $g(x)=\alpha$. 对函数 $g(x)$ 求导,

$$g'(x)=\frac{1-\ln x}{x^2},$$

故函数 $g(x)$ 在区间 $(0,\mathrm{e}]$ 上严格单调增, 在区间 $[\mathrm{e},+\infty)$ 上严格单调减, 所以 $x=\mathrm{e}$ 为$g(x)$的极大值点, 也是最大值点. 且$g(0+0)=-\infty$, $g(\mathrm{e})=\dfrac{1}{\mathrm{e}}$, $g(+\infty)=0$, $g(1)=0$. 可得如下结论:

(1) 当 $\alpha>\dfrac{1}{\mathrm{e}}$ 时, 方程无实根;

(2) 当 $\alpha=\dfrac{1}{\mathrm{e}}$ 时, 方程只有一个实根 $x=\mathrm{e}$;

(3) 当 $0<\alpha<\dfrac{1}{\mathrm{e}}$ 时, 方程有两个实根, 分别在 $(1,\mathrm{e})$ 与 $(\mathrm{e},+\infty)$ 内;

(4) 当 $\alpha\leqslant 0$ 时, 方程只有一个实根且在 $(0,1)$ 内.

例 120　设函数 $f(x)$ 在点 $x=1$ 处三阶可导, 且 $\lim\limits_{x\to1}\dfrac{f(x)-1}{(x-1)^3}=2$, 证明: $x=1$ 不是 $f(x)$ 的极值点, 而是 $f(x)$ 的凹凸区间的分界点.

证明　由函数 $f(x)$ 在 $x=1$ 的局部三阶泰勒公式可知

$$\begin{aligned}&\lim_{x\to1}\frac{f(x)-1}{(x-1)^3}\\&=\lim_{x\to1}\frac{f(1)+f'(1)(x-1)+\dfrac{f''(1)}{2!}(x-1)^2+\dfrac{f'''(1)}{3!}(x-1)^3+o((x-1)^3)-1}{(x-1)^3}\\&=2,\end{aligned}$$

故得 $f(1)=1,\ f'(1)=0,\ f''(1)=0,\ f'''(1)=12$, 由极值与拐点的理论知 $x=1$ 是驻点, 但不是 $f(x)$ 的极值点, 它是 $f(x)$ 的凹凸区间的分界点.

例 121　设函数 $f(x)$ 满足 $f''(x)+(f(x))^2=\sin x$, 且 $f(0)=0$, 证明: $(0,f(0))$ 是曲线 $y=f(x)$ 的拐点.

证明　由已知条件知, 当 $x=0$ 时, 得 $f''(0)=0$, 又

$$f''(x)=\sin x-(f(x))^2.$$

故 $f(x)$ 三阶可导, 且

$$f'''(x)=\cos x-2f(x)f'(x),$$

由此得 $f'''(0)=1$, 故 $(0,f(0))$ 是曲线 $y=f(x)$ 的拐点.

小　　结

本节主要利用函数的单调性理论、极值理论及凹凸理论研究函数的性态.

1. 利用函数的单调性理论与极值理论求函数的极值、最值, 确定函数的单调区间及其单调性, 确定极值点及极值.

2. 利用函数的单调性理论、函数的极值理论或函数的凹凸理论证明不等式.

3. 利用连续函数的零值定理及单调性理论等确定方程根的分布.

4. 利用凹凸与拐点理论, 确定函数的凹凸区间及其凹凸性与拐点.

5. 求曲线的渐近线及描绘函数图形.

第 3 章　单变量函数的积分学

3.1　不定积分的概念与性质

知 识 要 点

◇ **基本概念**

1. 原函数的定义

设 $f(x)$ 是定义在区间 I 上的函数, 如果存在可微函数 $F(x)$, 使得对任意 $x \in I$, 都有

$$F'(x) = f(x) \quad 或 \quad \mathrm{d}F(x) = f(x)\mathrm{d}x,$$

则称函数 $F(x)$ 为 $f(x)$ 在区间 I 上的一个原函数.

注记　关于原函数的概念应注意以下几点:

(1) I 可以是有限区间、无穷区间、闭区间或者开区间或者半开半闭区间, 端点的导数理解为单侧导数.

(2) 满足什么条件的函数存在原函数? 后面的微积分基本定理回答了此问题, 即连续函数存在原函数. 但连续只是原函数存在的充分条件, 而不是必有条件. 例如:

$$F(x) = \begin{cases} x^2 \sin \dfrac{1}{x} & (x \neq 0), \\ 0 & (x = 0), \end{cases} \qquad f(x) = F'(x) = \begin{cases} 2x \sin \dfrac{1}{x} - \cos \dfrac{1}{x} & (x \neq 0), \\ 0 & (x = 0), \end{cases}$$

显然, $f(x)$ 在 $x = 0$ 不连续, 它是 $f(x)$ 的第二类间断点, 但它在区间 $(-1,1)$ 内却

有原函数 $F(x)$.

(3) 若函数 $f(x)$ 在区间 I 上连续, 则 $f(x)$ 在该区间上原函数一定存在. 但这个原函数不一定是初等函数, 例如, $f(x)=\mathrm{e}^{-x^2}$ 是在 $(-\infty,+\infty)$ 上连续的初等函数, 但它的原函数却是用无穷级数表示的非初等函数.

(4) 如果 $F(x)$ 是 $f(x)$ 在 I 上的一个原函数, 则 $f(x)$ 为 $F(x)$ 的导函数. 由导函数的性质知, 若 $f(x)$ 在区间内有第一类间断点, 则它在该区间内没有原函数.

(5) 如果 $F(x)$ 是 $f(x)$ 在 I 上的一个原函数, 则 $f(x)$ 有无穷多个原函数, 且 $\{F(x)+C\}$ 是它的全体原函数, 其中 C 是任意常数.

(6) 如果 $F(x)$ 是 $f(x)$ 在 I 上的一个原函数, 则 $F(x)$ 在 I 上可导, 从而 $F(x)$ 在 I 上连续.

2. 不定积分的定义

如果 $F(x)$ 是 $f(x)$ 在 I 上的一个原函数, 称 $f(x)$ 在区间 I 上的全体原函数 $\{F(x)+C\}$ 为函数 $f(x)$ 在区间 I 上的不定积分, 记为

$$\int f(x)\mathrm{d}x=F(x)+C \quad (C\text{是任意常数}).$$

注记　(1) $f(x)$ 的不定积分不是一个函数, 而是一个函数族, 所以任意常数 C 是不可丢的, 而 $F(x)$ 是 $f(x)$ 的任意一个确定的原函数.

(2) 在几何上, $y=F(x)+C$ (C 为任意常数) 是平面上一族相互平行的曲线, 称为 $f(x)$ 的积分曲线. 积分曲线族的特征在于: 在横坐标相同的点处, 每条曲线的切线具有相同的斜率, 故它们相互平行. 这就是 $f(x)$ 的不定积分的几何意义.

(3) 因为同一个函数的各原函数之间只差一个常数, 所以一个函数的不定积分用不同方法求出的原函数形式可能不同, 但它们只差一个常数.

◇ 不定积分的基本公式与基本运算法则

1. 基本积分公式表

$$\int k\mathrm{d}x=kx+C,\ k\text{是常数}; \qquad \int x^{\alpha}\mathrm{d}x=\frac{x^{\alpha+1}}{\alpha+1}+C,\ \alpha\neq-1;$$

$\int \frac{1}{x}\mathrm{d}x = \ln|x| + C, x \neq 0;$ $\int \sin x\mathrm{d}x = -\cos x + C;$

$\int \cos x = \sin x + C;$ $\int \sec^2 x\mathrm{d}x = \tan x + C;$

$\int \csc^2 x\mathrm{d}x = -\cot x + C;$ $\int a^x\mathrm{d}x = \frac{a^x}{\ln a} + C,\ a > 0, a \neq 1;$

$\int \mathrm{e}^x\mathrm{d}x = \mathrm{e}^x + C;$ $\int \frac{1}{1+x^2}\mathrm{d}x = \arctan x + C;$

$\int \frac{1}{\sqrt{1-x^2}}\mathrm{d}x = \arcsin x + C;$ $\int \cosh x\mathrm{d}x = \sinh x + C;$

$\int \sinh x\mathrm{d}x = \cosh x + C;$ $\int \sec x\tan x\mathrm{d}x = \sec x + C;$

$\int \csc x\cot x\mathrm{d}x = -\csc x + C.$

2. 不定积分的运算法则

$$\Big(\int f(x)\mathrm{d}x\Big)' = (F(x)+C)' = f(x),$$
$$\mathrm{d}\Big(\int f(x)\mathrm{d}x\Big) = \mathrm{d}(F(x)+C) = f(x)\mathrm{d}x.$$
$$\int \frac{\mathrm{d}}{\mathrm{d}x}F(x)\mathrm{d}x = \int f(x)\mathrm{d}x = F(x) + C,$$
$$\int \mathrm{d}F(x) = \int f(x)\mathrm{d}x = F(x) + C.$$

3. 线性性质

$$\int [c_1 f(x) + c_2 g(x)]\mathrm{d}x = c_1\int f(x)\mathrm{d}x + c_2\int g(x)\mathrm{d}x,$$

其中 c_1, c_2 是不全为零的任意常数. 对任意有限项的线性组合仍然成立, 即

$$\int \left(\sum_{i=1}^{n} c_i f_i(x)\right)\mathrm{d}x = \sum_{i=1}^{n} c_i\int f_i(x)\mathrm{d}x,$$

其中 $c_i(i=1,2,\cdots,n)$ 是不全为零的任意常数.

精选例题

例 122　设在区间 I 上定义的函数 $f(x)$ 有原函数, 试证以下结论成立:

(1) 若 $f(x)$ 是奇函数, 则它的每一个原函数都是偶函数;

(2) 若 $f(x)$ 是偶函数, 则它的原函数中只有唯一的一个奇函数.

证明　设 $F(x)$ 是函数 $f(x)$ 在区间 I 上的任意一个原函数, 即 $F'(x)=f(x)$, $x\in I$.

(1) 若 $f(x)$ 是奇函数, 则有

$$[F(x)-F(-x)]'=f(x)+f(-x)=0,$$

所以 $F(x)-F(-x)=C$, 令 $x=0$ 代入, 得 $C=0$, 则有 $F(x)=F(-x)$, 即 $F(x)$ 为偶函数.

(2) 若 $f(x)$ 是偶函数, $F(x)$ 是函数 $f(x)$ 在区间 I 上的任意一个原函数, 则 $F(x)-F(0)$ 也是其原函数. 于是有

$$((F(x)-F(0))+(F(-x)-F(0)))'=f(x)-f(-x)=0,$$

所以

$$(F(x)-F(0))+(F(-x)-F(0))=C.$$

令 $x=0$ 代入, 得 $C=0$, 则有

$$F(x)-F(0)=-(F(-x)-F(0)),$$

即 $F(x)-F(0)$ 为奇函数. 其他原函数 $F(x)+C\,(C\neq -F(0))$, 在 $x=0$ 处不等于 0, 因此都不是奇函数.

注记　在学了微积分基本定理后, 对于上例中的命题可以给出另一种证明. 简单介绍如下:

若 $f(x)$ 在关于原点对称的区间上连续, 则由微积分基本定理得

$$\int f(x)\mathrm{d}x=\int_0^x f(t)\mathrm{d}t+C,$$

其中 C 为任意常数;

若 $f(x)$ 是奇函数, 则 $\int_0^x f(t)\mathrm{d}t$ 为偶函数, 由于任意常数 C 也是偶函数, 故 $f(x)$ 的任意原函数 $\int_0^x f(t)\mathrm{d}t+C$ 为偶函数;

若 $f(x)$ 是偶函数, 则 $\int_0^x f(t)\mathrm{d}t$ 为奇函数, 对任意常数 $C\neq 0$, 则 $\int_0^x f(t)\mathrm{d}t+C$ 既非奇函数也非偶函数, $f(x)$ 只有唯一的一个原函数 $\int_0^x f(t)\mathrm{d}t$ 为奇函数.

例 123 设 $\int f(x^2+1)\mathrm{d}x=\frac{1}{5}x^5+\frac{2}{3}x^3-x+C$, 求 $f(x)$.

解 对原式求导得 $f(x^2+1)=x^4+2x^2-1=(x^2+1)^2-2$, 所以

$$f(u)=u^2-2\quad(u\geqslant 1),\quad 即\quad f(x)=x^2-2\quad(x\geqslant 1).$$

例 124 设 $f(x)$ 的导函数是 $\sin x$, 求 $f(x)$ 的所有原函数.

分析 即已知 $f'(x)=\sin x$, 求 $\int f(x)\mathrm{d}x$.

解 因为 $f'(x)=\sin x$, 故

$$f(x)=\cos x+C_1.$$

由此得

$$\int f(x)\mathrm{d}x=\int(\cos x+C_1)\mathrm{d}x=-\sin x+C_1x+C_2.$$

例 125 求下列不定积分:

(1) $\int\frac{1}{\sqrt{x+1}+\sqrt{x-1}}\mathrm{d}x$; (2) $\int\frac{1}{\sin^2 x\cos^2 x}\mathrm{d}x$; (3) $\int\frac{1}{1-x^4}\mathrm{d}x$.

分析 这几个题都无法直接用不定积分的基本公式计算, 但作适当的恒等变形和适当的分项, 就可以用不定积分的基本公式.

解 (1) 对被积函数作分母有理化, 再用幂函数的不定积分公式, 得

$$\begin{aligned}\int\frac{1}{\sqrt{x+1}+\sqrt{x-1}}\mathrm{d}x&=\frac{1}{2}\left(\int\sqrt{x+1}\mathrm{d}x-\int\sqrt{x-1}\mathrm{d}x\right)\\&=\frac{1}{3}\left((x+1)^{\frac{3}{2}}-(x-1)^{\frac{3}{2}}\right)+C.\end{aligned}$$

(2) 利用三角函数公式, 把“1”打开, 再分项, 就可用不定积分的基本公式, 得

$$\begin{aligned}\int\frac{1}{\sin^2 x\cos^2 x}\mathrm{d}x&=\int\frac{\sin^2 x+\cos^2 x}{\sin^2 x\cos^2 x}\mathrm{d}x=\int\frac{1}{\cos^2 x}\mathrm{d}x+\int\frac{1}{\sin^2 x}\mathrm{d}x\\&=\tan x-\cot x+C.\end{aligned}$$

(3) 因为 $\frac{1}{1-x^4}=\frac{1}{4}\cdot\frac{1}{1-x}+\frac{1}{4}\cdot\frac{1}{1+x}+\frac{1}{2}\cdot\frac{1}{1+x^2}$, 所以

$$\begin{aligned}\int\frac{\mathrm{d}x}{1-x^4}&=\frac{1}{4}\int\frac{\mathrm{d}x}{1-x}+\frac{1}{4}\int\frac{\mathrm{d}x}{1+x}+\frac{1}{2}\int\frac{\mathrm{d}x}{1+x^2}\\&=\frac{1}{4}\ln\left|\frac{1+x}{1-x}\right|+\frac{1}{2}\arctan x+C.\end{aligned}$$

例 126　已知 $\sqrt{x}$ 是 $f(x)$ 的一个原函数, 且 $0\leqslant x\leqslant 1$, 求 $\int xf(1-x^2)\mathrm{d}x$.

解　令 $u=1-x^2$, $0\leqslant u\leqslant 1$, 则 $x=\sqrt{1-u}$. 又已知 $\sqrt{x}$ 是 $f(x)$ 的一个原函数, 即

$$\int f(x)\mathrm{d}x=\sqrt{x}+C,$$

所以

$$\int xf(1-x^2)\mathrm{d}x=-\frac{1}{2}\int f(u)\mathrm{d}u=-\frac{1}{2}\sqrt{u}+C=-\frac{1}{2}\sqrt{1-x^2}+C.$$

例 127　设 $f(x^2-1)=\ln\dfrac{x^2}{x^2-2}$, 且 $f(g(x))=\ln x$, 求 $\int g(x)\mathrm{d}x$.

解　令 $u=x^2-1$, 则 $f(u)=\ln\dfrac{u+1}{u-1}$, 所以 $f(g(x))=\ln\dfrac{g(x)+1}{g(x)-1}=\ln x$, 从而 $g(x)=\dfrac{x+1}{x-1}$. 于是有

$$\int g(x)\mathrm{d}x=\int\left(1+\frac{2}{x-1}\right)\mathrm{d}x=x+2\ln|x-1|+C.$$

例 128　试证在 $(-\infty,-1)$, $(-1,1)$, $(1,+\infty)$ 上, 函数 $\dfrac{1}{\sqrt{2}}\arctan\dfrac{\sqrt{2}x}{1-x^2}$ 都是 $\dfrac{1+x^2}{1+x^4}$ 的原函数, 并由此求出函数 $\dfrac{1+x^2}{1+x^4}$ 在 $(-\infty,+\infty)$ 上的一个原函数.

解　当 $|x|\neq 1$ 时, 因为

$$\left(\frac{1}{\sqrt{2}}\arctan\frac{\sqrt{2}x}{1-x^2}\right)'=\frac{1+x^2}{1+x^4}.$$

故在 $(-\infty,-1)$, $(-1,1)$, $(1,+\infty)$ 上, 函数 $\dfrac{1}{\sqrt{2}}\arctan\dfrac{\sqrt{2}x}{1-x^2}$ 都是 $\dfrac{1+x^2}{1+x^4}$ 的原函数.

因为 $\dfrac{1+x^2}{1+x^4}$ 在 $(-\infty,+\infty)$ 上连续, 故它在 $(-\infty,+\infty)$ 上的原函数是存在的. 该函数应该与分段函数 $\dfrac{1}{\sqrt{2}}\arctan\dfrac{\sqrt{2}x}{1-x^2}$ 在各段上的差是常数. 为保证原函数在分段点 $x=\pm1$ 处的连续性, 应如下决定这些常数值:

$$\lim_{x\to1^-}\frac{1}{\sqrt{2}}\arctan\frac{\sqrt{2}x}{1-x^2}=\frac{\pi}{2\sqrt{2}},\quad \lim_{x\to1^+}\frac{1}{\sqrt{2}}\arctan\frac{\sqrt{2}x}{1-x^2}=-\frac{\pi}{2\sqrt{2}},$$

$$\lim_{x\to-1^-}\frac{1}{\sqrt{2}}\arctan\frac{\sqrt{2}x}{1-x^2}=\frac{\pi}{2\sqrt{2}},\quad \lim_{x\to-1^+}\frac{1}{\sqrt{2}}\arctan\frac{\sqrt{2}x}{1-x^2}=-\frac{\pi}{2\sqrt{2}}.$$

由此可得函数 $\dfrac{1+x^2}{1+x^4}$ 在 $(-\infty,+\infty)$ 上的一个原函数为

$$F(x)=\begin{cases}\dfrac{1}{\sqrt{2}}\arctan\dfrac{\sqrt{2}x}{1-x^2}-\dfrac{\pi}{\sqrt{2}} & (x<-1),\\ -\dfrac{\pi}{2\sqrt{2}} & (x=-1),\\ \dfrac{1}{\sqrt{2}}\arctan\dfrac{\sqrt{2}x}{1-x^2} & (-1<x<1),\\ \dfrac{\pi}{2\sqrt{2}} & (x=1),\\ \dfrac{1}{\sqrt{2}}\arctan\dfrac{\sqrt{2}x}{1-x^2}+\dfrac{\pi}{\sqrt{2}} & (x>1).\end{cases}$$

例 129 求不定积分 $\int\max\{x^2,x^4\}\mathrm{d}x\ (-\infty<x<+\infty)$.

解 解法 1 被积函数可以表示为

$$\max\{x^2,x^4\}=\begin{cases}x^2 & (|x|\leqslant 1),\\ x^4 & (x<-1),\\ x^4 & (x>1).\end{cases}$$

当 $|x|\leqslant 1$ 时, $\int\max\{x^2,x^4\}\mathrm{d}x=\dfrac{x^3}{3}+C$;

当 $x>1$ 时, $\int\max\{x^2,x^4\}\mathrm{d}x=\dfrac{x^5}{5}+C_1$;

当 $x<-1$ 时, $\int\max\{x^2,x^4\}\mathrm{d}x=\dfrac{x^5}{5}+C_2$.

因为 $\max\{x^2,x^4\}$ 在 $(-\infty,+\infty)$ 上的原函数连续, 故有

$$\lim_{x\to1^+}\left(\frac{x^5}{5}+C_1\right)=\frac{1}{5}+C_1=\lim_{x\to1^-}\left(\frac{x^3}{3}+C\right)=\frac{1}{3}+C,$$
$$\lim_{x\to-1^-}\left(\frac{x^5}{5}+C_2\right)=-\frac{1}{5}+C_2=\lim_{x\to-1^+}\left(\frac{x^3}{3}+C\right)=-\frac{1}{3}+C,$$

所以

$$\int\max\{x^2,x^4\}\mathrm{d}x=\begin{cases}\dfrac{x^3}{3}+C & (|x|\leqslant 1),\\ \dfrac{x^5}{5}-\dfrac{2}{15}+C & (x<-1),\\ \dfrac{x^5}{5}+\dfrac{2}{15}+C & (x>1).\end{cases}$$

解法 2　函数 $\max\{x^2,x^4\}$ 在 $(-\infty,+\infty)$ 上的原函数连续, 现设 $F(x)$ 是 $\max\{x^2,x^4\}$ 在 $(-\infty,+\infty)$ 上的一个原函数, 满足 $F(0)=0$.

当 $|x|\leqslant 1$ 时, $\int\max\{x^2,x^4\}\mathrm{d}x=\frac{x^3}{3}+C$, 则 $F(x)=\frac{x^3}{3}+C_1$;

当 $x>1$ 时, $\int\max\{x^2,x^4\}\mathrm{d}x=\frac{x^5}{5}+C$, 则 $F(x)=\frac{x^5}{5}+C_2$;

当 $x<-1$ 时, $\int\max\{x^2,x^4\}\mathrm{d}x=\frac{x^5}{5}+C$, 则 $F(x)=\frac{x^5}{5}+C_3$.

下面确定常数 C_1,C_2,C_3. 因为 $F(0)=0$, 所以 $C_1=0$.

因为 $F(1-0)=\frac{1}{3}$, $F(1+0)=\frac{1}{5}+C_2$, 又 $F(x)$ 在 $x=1$ 处连续, 所以 $C_2=\frac{2}{15}$.

因为 $F(-1+0)=-\frac{1}{3}$, $F(-1-0)=-\frac{1}{5}+C_3$, 又 $F(x)$ 在 $x=-1$ 处连续, 所以 $C_3=-\frac{2}{15}$.

综上,

$$F(x)=\begin{cases}\frac{x^3}{3} & (|x|\leqslant 1),\\ \frac{x^5}{5}-\frac{2}{15} & (x<-1),\\ \frac{x^5}{5}+\frac{2}{15} & (x>1).\end{cases}$$

故在 $(-\infty,+\infty)$ 上 $\int\max\{x^2,x^4\}\mathrm{d}x=F(x)+C$.

注记　(1) 对于分段函数一定要注意原函数的存在区间及其连续性, 特别注意在分段点处原函数的连续性.

(2) 对于分段函数的不定积分, 如果我们先求出其中一个原函数 $F(x)$, 再用不定积分的定义, 则 $F(x)+C$ 就是其不定积分. 从几何上, 也就是求一条过某点的积分曲线, 进而得到这一族积分曲线. 所以求这个原函数 $F(x)$ 时, 要先给定过具体哪一点, 即我们的解法 2 中的条件 $F(0)=0$. 这样下面在各区间求这个原函数 $F(x)$ 的具体形式时, 需要注意的是, 子区间中不定积分所对应常数 C 是任意的, 但 $F(x)$ 分段表示中的常数 $C_1,C_2,\cdots$ 是确定的, 为了保证 $F(x)$ 的连续, 由分段点的连续定义, 就可以定出这些常数. 从而求出这个原函数 $F(x)$. 这种求原函数的方法, 称为 **“拼接法”**, 例 128 的解法和例 129 的解法 2 就是用此方法求解的.

小　结

1. 对于原函数存在的条件, 连续只是原函数存在的充分条件, 而不是必要条件. 在包含第一类间断点的区间内的函数不存在原函数.

2. 函数的奇偶性与其原函数的奇偶性的关系.

3. 给定一个函数, 求不定积分.

4. 给定原函数, 求导函数.

5. 利用定义及微分运算, 求不定积分.

6. 利用不定积分的基本公式与基本运算法则, 求不定积分.

7. 分段函数的不定积分的求法: 注意原函数在分段点处的常数拼接. 当已知函数在全区间上的原函数存在, 且分段求原函数较容易时, 可先分段求原函数, 然后再拼接成全区间上的原函数. **“拼接法”**如下:

如果已知函数 $f(x)$ 在 (a,b) 上连续, 并且已知 $F_1(x)$ 是 $f(x)$ 在子区间 (a,c) 上的原函数, 而 $F_2(x)$ 是 $f(x)$ 在子区间 (c,b) 上的原函数, 则 $f(x)$ 在 (a,b) 上满足条件 $F(c)=0$ 的原函数为

$$F(x)=\begin{cases}F_1(x)-F_1(c-0) & (a<x<c),\\ 0 & (x=c),\\ F_2(x)-F_2(c+0) & (c<x<b).\end{cases}$$

3.2　不定积分的计算方法

知识要点

◇ **不定积分的换元法**

1. 第一换元法或凑微分法

$$\int g(x)\mathrm{d}x=\int f(\varphi(x))\varphi'(x)\mathrm{d}x=\int f(\varphi(x))\mathrm{d}\varphi(x)=F(\varphi(x))+C.$$

其中 $F(x)$ 是 $f(x)$ 的一个原函数.

几种常用的凑微分形式:

(1) $\int f(ax+b)\mathrm{d}x=\frac{1}{a}\int f(ax+b)\mathrm{d}(ax+b)\ (a\neq 0)$;

(2) $\int f(\sin x)\cos x\mathrm{d}x=\int f(\sin x)\mathrm{d}\sin x$,

$\int f(\cos x)\sin x\mathrm{d}x=-\int f(\cos x)\mathrm{d}\cos x$;

(3) $\int f(\ln x)\frac{1}{x}\mathrm{d}x=\int f(\ln x)\mathrm{d}\ln x$, $\int f(\mathrm{e}^x)\mathrm{e}^x\mathrm{d}x=\int f(\mathrm{e}^x)\mathrm{d}\mathrm{e}^x$;

(4) $\int f(x^n)x^{n-1}\mathrm{d}x=\frac{1}{n}\int f(x^n)\mathrm{d}(x^n)\ (n\neq 0)$;

(5) $\int f\left(\frac{1}{x^n}\right)\frac{1}{x^{n+1}}\mathrm{d}x=-\frac{1}{n}\int f\left(\frac{1}{x^n}\right)\mathrm{d}\left(\frac{1}{x^n}\right)\ (n\neq 0)$; 特别地,

$\int f\left(\frac{1}{x}\right)\frac{1}{x^2}\mathrm{d}x=-\int f\left(\frac{1}{x}\right)\mathrm{d}\left(\frac{1}{x}\right)$,　$\int f(\sqrt{x})\frac{1}{\sqrt{x}}\mathrm{d}x=2\int f(\sqrt{x})\mathrm{d}\sqrt{x}$;

(6) $\int f(\tan x)\frac{1}{\cos^2 x}\mathrm{d}x=\int f(\tan x)\mathrm{d}\tan x$,

$\int f(\cot x)\frac{1}{\sin^2 x}\mathrm{d}x=-\int f(\cot x)\mathrm{d}\cot x$;

(7) $\int f(\arcsin x)\frac{1}{\sqrt{1-x^2}}\mathrm{d}x=\int f(\arcsin x)\mathrm{d}\arcsin x$,

$\int f(\arctan x)\frac{1}{1+x^2}\mathrm{d}x=\int f(\arctan x)\mathrm{d}\arctan x$;

(8) $\int \frac{f'(x)}{f(x)}\mathrm{d}x=\int\frac{\mathrm{d}f(x)}{f(x)}=\ln|f(x)|+C$.

2. 第二换元法或变量代换法

$$\int f(x)\mathrm{d}x=\int f(\varphi(t))\mathrm{d}\varphi(t)=\int f(\varphi(t))\varphi'(t)\mathrm{d}t=G(t)+C=G(\varphi^{-1}(x))+C.$$

注记　换元法主要由复合函数求导的法则得到. 注意两种换元积分法的差别:

(1) 第一换元法是把不易求的积分 $\int g(x)\mathrm{d}x$, 通过凑微分后化为一个易求的积分 $\int f(\varphi(x))\varphi'(x)\mathrm{d}x=\int f(\varphi(x))\mathrm{d}\varphi(x)$, 此法的关键是"凑"出微分 $\varphi'(x)\mathrm{d}x=\mathrm{d}\varphi(x)$.

(2) 第二换元法是对不易求的积分 $\int f(x)\mathrm{d}x$, 直接作变量替换 $x=\varphi(t)$ 化为一个易求的积分 $\int f(\varphi(t))\mathrm{d}\varphi(t)=\int f(\varphi(t))\varphi'(t)\mathrm{d}t$, 关键在于所取的变量代换 $x=\varphi(t)$, 在所考虑的区间上 $\varphi'(t)\neq 0$.

补充一个公式:

$$\int\frac{1}{\sqrt{x^2+A}}\mathrm{d}x=\ln|x+\sqrt{x^2+A}|+C\quad (A\neq 0).$$

◇ **不定积分的分部积分法**

设 $u(x)$ 和 $v(x)$ 可导, 不定积分 $\int u'(x)v(x)\mathrm{d}x$ 存在, 则不定积分 $\int u(x)v'(x)\mathrm{d}x$ 也存在, 且有

$$\int u(x)v'(x)\mathrm{d}x = u(x)v(x) - \int u'(x)v(x)\mathrm{d}x,$$

或

$$\int u(x)\mathrm{d}v(x) = u(x)v(x) - \int v(x)\mathrm{d}u(x).$$

注记 按照被积函数 $f(x)$ 的类型特点, 形式上有四种方法作积分运算:

(1) 降幂法: $f(x)$ 形如 $P_n(x)\mathrm{e}^{\alpha x}$, $P_n(x)\sin\alpha x$, $P_n(x)\cos\alpha x$ 等形式的函数, $P_n(x)$ 表示 n 次多项式函数, 一般 $\mathrm{e}^{\alpha x}, \sin\alpha x, \cos\alpha x$ 为 $v'(x)$, $P_n(x)$ 为求导函数 $u(x)$, 所以称为降幂.

(2) 升幂法: $f(x)$ 形如 $P_n(x)\ln\alpha x$, $P_n(x)\arctan\alpha x$, $P_n(x)\arcsin\alpha x$, $P_n(x)\arccos\alpha x$ 等形式的函数, 一般 $P_n(x)$ 为 $v'(x)$, $\ln\alpha x$, $\arctan\alpha x$, $\arccos\alpha x$ 为求导函数 $u(x)$, 所以称为升幂.

(3) 循环法: $f(x)$ 形如 $\mathrm{e}^{\alpha x}\sin\beta x$, $\mathrm{e}^{\alpha x}\cos\beta x$ 等形式的函数.

(4) 递推法: $f(x)$ 形如 $\ln^n \alpha x$, $\sin^n x$, $x^n\mathrm{e}^x$ 等与自然数 n 有关的函数.

◇ **有理函数的积分**

1. 有理函数的部分分式法

把有理函数 $R(x)=\dfrac{P(x)}{Q(x)}$ 的积分化为如下四类简单分式和的积分:

$$(1)\ \frac{A}{x-a};\quad (2)\ \frac{A}{(x-a)^k};\quad (3)\ \frac{mx+n}{x^2+px+q};\quad (4)\ \frac{mx+n}{(x^2+px+q)^k}.$$

其中 $p^2-4q<0$, $k=2,3,\cdots$, 且 A,a,m,n,p,q 都是实常数.

有理真分式分解为简单分式之和的典型方法是待定系数法. 通常将右边的分式通分, 分母为 $Q(x)$, 只要比较左、右两边分子中 x 同次幂的系数, 就可得到这些待定系数的一次方程组, 求解方程组即可求得这些系数.

而有理函数与分解成的简单分式之和是恒等式, 所以还可用取特殊值的方法, 或两边作一定运算后取极限的方法来确定待定系数. 例如:

$$\frac{x^2+2x-1}{x^3-1} = \frac{A}{x-1} + \frac{Bx+C}{x^2+x+1},$$

为求 A,B,C 的值, 先将两边同乘 $(x-1)$, 再令 $x\to1$, 左端 $\lim\limits_{x\to1}\dfrac{x^2+2x-1}{x^2+x+1}=\dfrac{2}{3}$; 右端为 A, 即得 $A=\dfrac{2}{3}$. 令 $x=0$, 得 $1=-A+C$, 所以 $C=\dfrac{5}{3}$. 两边同乘 x, 再令

$x\to\infty$, 得 $1=A+B$, 所以 $B=\dfrac{1}{3}$. 于是得

$$\frac{x^2+2x-1}{x^3-1}=\frac{\frac{2}{3}}{x-1}+\frac{\frac{1}{3}x+\frac{5}{3}}{x^2+x+1}.$$

2. 三角函数有理式 $R(\sin x,\cos x)$ 的积分

(1) 万能变换: 令 $t=\tan\dfrac{x}{2}$, $-\pi<x<\pi$;

(2) 当 $R(-\sin x,\cos x)=-R(\sin x,\cos x)$ 时, 即 R 是 $\sin x$ 的奇函数, 令 $t=\cos x$;

(3) 当 $R(\sin x,-\cos x)=-R(\sin x,\cos x)$ 时, 即 R 是 $\cos x$ 的奇函数, 令 $t=\sin x$;

(4) 当 $R(-\sin x,-\cos x)=R(\sin x,\cos x)$ 时, 即 R 是二元自变量的偶函数, 令 $t=\tan x$.

3. 简单根式的有理式的积分

我们仅讨论如下两类简单根式的有理式的积分:

(1) $R\left(x,\sqrt[n]{\dfrac{ax+b}{cx+d}}\right)$, $ad-bc\neq 0$, 令 $t=\sqrt[n]{\dfrac{ax+b}{cx+d}}$.

(2) $R\left(x,\sqrt{ax^2+bx+c}\right)$, $a\neq 0$, $b^2-4ac>0$.

当 $a>0$ 时, 可应用欧拉 (Euler) 第一代换: 令 $\sqrt{ax^2+bx+c}=t\pm\sqrt{a}x$;

当 $a<0$ 时, $ax^2+bx+c=a(x-\lambda)(x-\mu)$, λ,μ 是实数, 可应用欧拉第二代换: 令 $\sqrt{ax^2+bx+c}=t(x-\lambda)$ 或 $t(\mu-x)$.

精选例题

例 130　求下列不定积分:

(1) $\displaystyle\int\frac{1}{\sqrt{4+(ax+b)^2}}\mathrm{d}x\ (a\neq 0)$;　(2) $\displaystyle\int\frac{x^2+4x+1}{\sqrt{(x^2+1)^3}}\mathrm{d}x$;

(3) $\displaystyle\int\frac{\mathrm{d}x}{(1+x)\sqrt{x}}$;　(4) $\displaystyle\int\frac{\mathrm{e}^x\cos x-\mathrm{e}^x\sin x}{\mathrm{e}^{2x}}\mathrm{d}x$;

(5) $\displaystyle\int\frac{\sin 2x}{\sqrt{2-\sin^4 x}}\mathrm{d}x$;　(6) $\displaystyle\int\frac{x\cos x-\sin x}{x^2\sqrt{1-\dfrac{\sin^2 x}{x^2}}}\mathrm{d}x$.

解　(1) **分析**　这里把 $(ax+b)$ 看成一个变量 u, 从而用 $\dfrac{1}{\sqrt{u^2+a^2}}$ 的不定积分公式即可.

因为 $\mathrm{d}(ax+b)=a\mathrm{d}x$, 所以 $\mathrm{d}x=\frac{1}{a}\mathrm{d}(ax+b)$, 从而有

$$\begin{aligned}\int\frac{1}{\sqrt{4+(ax+b)^2}}\mathrm{d}x&=\frac{1}{a}\int\frac{\mathrm{d}(ax+b)}{\sqrt{4+(ax+b)^2}}\\&=\frac{1}{a}\ln(ax+b+\sqrt{4+(ax+b)^2})+C.\end{aligned}$$

(2) **分析** 此题要分项, 分别用 $\frac{1}{\sqrt{x^2+1}}$ 和 u^α 的不定积分公式, 可得

$$\begin{aligned}\int\frac{x^2+4x+1}{\sqrt{(x^2+1)^3}}\mathrm{d}x&=\int\frac{x^2+1}{\sqrt{(x^2+1)^3}}\mathrm{d}x+\int\frac{4x}{\sqrt{(x^2+1)^3}}\mathrm{d}x\\&=\int\frac{1}{\sqrt{x^2+1}}\mathrm{d}x+2\int\frac{1}{\sqrt{(x^2+1)^3}}\mathrm{d}(x^2+1)\\&=\ln(x+\sqrt{x^2+1})-\frac{4}{\sqrt{x^2+1}}+C.\end{aligned}$$

(3) **分析** 由于 $x=(\sqrt{x})^2$, $\frac{\mathrm{d}x}{\sqrt{x}}=\mathrm{d}(2\sqrt{x})$, 利用 $\frac{1}{1+u^2}$ 的积分公式, 可得

$$\int\frac{\mathrm{d}x}{(1+x)\sqrt{x}}=2\int\frac{\mathrm{d}\sqrt{x}}{1+x}=2\arctan\sqrt{x}+C.$$

(4) 被积表达式可凑成商式的微分:

$$\frac{\mathrm{e}^x\cos x-\mathrm{e}^x\sin x}{\mathrm{e}^{2x}}\mathrm{d}x=\frac{\mathrm{e}^x\mathrm{d}\sin x-\sin x\mathrm{d}\mathrm{e}^x}{(\mathrm{e}^x)^2}=\mathrm{d}\left(\frac{\sin x}{\mathrm{e}^x}\right),$$

所以

$$\int\frac{\mathrm{e}^x\cos x-\mathrm{e}^x\sin x}{\mathrm{e}^{2x}}\mathrm{d}x=\frac{\sin x}{\mathrm{e}^x}+C.$$

(5) **分析** 这里 $\sin 2x\mathrm{d}x=\mathrm{d}\sin^2 x$, 可把 $\sin^2 x$ 看成一个变量 u, 于是用 $\frac{1}{\sqrt{1-u^2}}$ 的不定积分公式, 可得

$$\begin{aligned}\int\frac{\sin 2x}{\sqrt{2-\sin^4 x}}\mathrm{d}x&=\int\frac{1}{\sqrt{1-\left(\frac{\sin^2 x}{\sqrt{2}}\right)^2}}\frac{\sin 2x}{\sqrt{2}}\mathrm{d}x\\&=\int\frac{1}{\sqrt{1-\left(\frac{\sin^2 x}{\sqrt{2}}\right)^2}}\mathrm{d}\left(\frac{\sin^2 x}{\sqrt{2}}\right)=\arcsin\frac{\sin^2 x}{\sqrt{2}}+C.\end{aligned}$$

(6) **分析**　把被积表达式中一部分凑成商式的微分 $\dfrac{x\cos x-\sin x}{x^2}\mathrm{d}x=\mathrm{d}\left(\dfrac{\sin x}{x}\right)$, 然后用 $\dfrac{1}{\sqrt{1-u^2}}$ 的不定积分公式, 可得

$$\int\frac{x\cos x-\sin x}{x^2\sqrt{1-\dfrac{\sin^2 x}{x^2}}}\mathrm{d}x=\int\frac{1}{\sqrt{1-\left(\dfrac{\sin x}{x}\right)^2}}\mathrm{d}\frac{\sin x}{x}$$
$$=\arcsin\frac{\sin x}{x}+C.$$

例 131　求下列不定积分:

(1) $\displaystyle\int\frac{x-1}{x^2+2x+3}\mathrm{d}x$;　　(2) $\displaystyle\int\frac{x-1}{\sqrt{x^2+2x+3}}\mathrm{d}x$;

(3) $\displaystyle\int\frac{x+1}{\sqrt{x^2-2x-3}}\mathrm{d}x$;　　(4) $\displaystyle\int\frac{x-1}{\sqrt{3-2x-x^2}}\mathrm{d}x$.

分析　分母是无实根的二次三项式或二次三项式的开方式, 分子是一次式, 很自然的想法是把分子的一次式凑出二次式的微分, 从而把分子分项处理.

解　(1)

$$\begin{aligned}\int\frac{x-1}{x^2+2x+3}\mathrm{d}x&=\int\frac{x+1}{x^2+2x+3}\mathrm{d}x-2\int\frac{1}{x^2+2x+3}\mathrm{d}x\\&=\frac{1}{2}\int\frac{1}{x^2+2x+3}\mathrm{d}(x^2+2x+3)-2\int\frac{1}{(x+1)^2+2}\mathrm{d}(x+1)\\&=\frac{1}{2}\ln(x^2+2x+3)-\sqrt{2}\arctan\frac{x+1}{\sqrt{2}}+C.\end{aligned}$$

(2)

$$\begin{aligned}\int\frac{x-1}{\sqrt{x^2+2x+3}}\mathrm{d}x&=\int\frac{x+1}{\sqrt{x^2+2x+3}}\mathrm{d}x-\int\frac{2}{\sqrt{x^2+2x+3}}\mathrm{d}x\\&=\frac{1}{2}\int\frac{1}{\sqrt{x^2+2x+3}}\mathrm{d}(x^2+2x+3)\\&\quad-2\int\frac{1}{\sqrt{(x+1)^2+2}}\mathrm{d}(x+1)\\&=\sqrt{x^2+2x+3}-2\ln(x+1+\sqrt{x^2+2x+3})+C.\end{aligned}$$

(3)

$$\begin{aligned}\int \frac{x+1}{\sqrt{x^2-2x-3}}\mathrm{d}x &= \int \frac{x-1}{\sqrt{x^2-2x-3}}\mathrm{d}x + \int \frac{2}{\sqrt{x^2-2x-3}}\mathrm{d}x \\ &= \frac{1}{2}\int \frac{1}{\sqrt{x^2-2x-3}}\mathrm{d}(x^2-2x-3) \\ &\quad + 2\int \frac{1}{\sqrt{(x-1)^2-4}}\mathrm{d}(x-1) \\ &= \sqrt{x^2-2x-3} + 2\ln|x-1+\sqrt{x^2-2x-3}| + C.\end{aligned}$$

(4)

$$\begin{aligned}\int \frac{x-1}{\sqrt{3-2x-x^2}}\mathrm{d}x &= \int \frac{x+1}{\sqrt{3-2x-x^2}}\mathrm{d}x - \int \frac{2}{\sqrt{3-2x-x^2}}\mathrm{d}x \\ &= -\frac{1}{2}\int \frac{1}{\sqrt{3-2x-x^2}}\mathrm{d}(3-2x-x^2) \\ &\quad - 2\int \frac{1}{\sqrt{4-(x+1)^2}}\mathrm{d}(x+1) \\ &= -\sqrt{3-2x-x^2} - 2\arcsin\frac{x+1}{2} + C.\end{aligned}$$

例 132 设 $f(x)$ 可微, 并且 $\int x^3 f'(x)\mathrm{d}x = x^2\cos x - 4x\sin x - 6\cos x + C$, 求 $f(x)$.

解 将等式两端对 x 求导数, 可得 $x^3 f'(x) = 2\sin x - 2x\cos x - x^2\sin x$, 即

$$f'(x) = \frac{2\sin x}{x^3} - \frac{2\cos x}{x^2} - \frac{\sin x}{x},$$

利用两次分部积分可得

$$\begin{aligned}f(x) &= \int \frac{2\sin x}{x^3}\mathrm{d}x - \int \frac{2\cos x}{x^2}\mathrm{d}x - \int \frac{\sin x}{x}\mathrm{d}x \\ &= -\frac{\sin x}{x^2} - \int \frac{\cos x}{x^2}\mathrm{d}x - \int \frac{\sin x}{x}\mathrm{d}x \\ &= -\frac{\sin x}{x^2} + \frac{\cos x}{x} + C.\end{aligned}$$

注记 (1) 若 $\int f(x)\mathrm{d}x = F(x) + C$, 则 $F'(x) = f(x)$.

(2) 分部积分运算时, 对其中一项函数进行分部积分后, 使其与另一项积分相消, 这是常用的技巧.

例如:

$$\begin{aligned}\int(x^2+2x-1)\mathrm{e}^{x+\frac{1}{x}}\mathrm{d}x&=\int(x^2+2x-1)\frac{x^2}{x^2-1}\mathrm{d}\mathrm{e}^{x+\frac{1}{x}}\\&=\int x^2\mathrm{d}\mathrm{e}^{x+\frac{1}{x}}+\int\frac{2x^3}{x^2-1}\mathrm{d}\mathrm{e}^{x+\frac{1}{x}}\\&=x^2\mathrm{e}^{x+\frac{1}{x}}-\int 2x\mathrm{e}^{x+\frac{1}{x}}\mathrm{d}x+\int 2x\mathrm{e}^{x+\frac{1}{x}}\mathrm{d}x\\&=x^2\mathrm{e}^{x+\frac{1}{x}}+C.\end{aligned}$$

另解:

$$\begin{aligned}\int 2x\mathrm{e}^{x+\frac{1}{x}}\mathrm{d}x&=\int\mathrm{e}^{x+\frac{1}{x}}\mathrm{d}(x^2)\\&=x^2\mathrm{e}^{x+\frac{1}{x}}-\int x^2\mathrm{e}^{x+\frac{1}{x}}\left(1-\frac{1}{x^2}\right)\mathrm{d}x\\&=x^2\mathrm{e}^{x+\frac{1}{x}}-\int(x^2-1)\mathrm{e}^{x+\frac{1}{x}}\mathrm{d}x,\end{aligned}$$

故

$$\int(x^2+2x-1)\mathrm{e}^{x+\frac{1}{x}}\mathrm{d}x=x^2\mathrm{e}^{x+\frac{1}{x}}+C.$$

例 133　已知 $\dfrac{\sin x}{x}$ 是可微函数 $f(x)$ 的一个原函数, 求 $\int x^3f'(x)\mathrm{d}x$.

解　解法 1　由原函数的定义得

$$f(x)=\left(\frac{\sin x}{x}\right)'=\frac{x\cos x-\sin x}{x^2}.$$

由分部积分得

$$\begin{aligned}\int x^3f'(x)\mathrm{d}x&=x^3f(x)-3\int x^2f(x)\mathrm{d}x\\&=x^3f(x)-3\int(x\cos x-\sin x)\mathrm{d}x\\&=x(x\cos x-\sin x)-3\left(x\sin x-2\int\sin x\mathrm{d}x\right)\\&=x^2\cos x-4x\sin x-6\cos x+C.\end{aligned}$$

解法 2

$$f'(x)=\left(\frac{\sin x}{x}\right)''=\frac{2\sin x-2x\cos x-x^2\sin x}{x^3}.$$

所以

$$\begin{aligned}\int x^3f'(x)\mathrm{d}x&=\int(2\sin x-2x\cos x-x^2\sin x)\mathrm{d}x\\&=-2\cos x+x^2\cos x-4\int x\cos x\mathrm{d}x\\&=x^2\cos x-4x\sin x-6\cos x+C.\end{aligned}$$

例 134 求下列不定积分:

(1) $\int \frac{1}{\sqrt{x}(1+\sqrt[3]{x})}\mathrm{d}x$; (2) $\int \frac{1}{(2x^2+1)\sqrt{x^2+1}}\mathrm{d}x$;

(3) $\int \frac{x^3}{2\sqrt{1+x^2}}\mathrm{d}x$; (4) $\int \frac{\arcsin\sqrt{x}}{\sqrt{x-x^2}}\mathrm{d}x$.

解 (1) **分析** 为同时化去 $\sqrt{x}$ 和 $\sqrt[3]{x}$, 可令 $\sqrt[6]{x}=t$.

令 $\sqrt[6]{x}=t$, 则 $\mathrm{d}x=6t^5\mathrm{d}t$, 所以有

$$\int \frac{1}{\sqrt{x}(1+\sqrt[3]{x})}\mathrm{d}x=\int \frac{6t^5}{t^3(1+t^2)}\mathrm{d}t=6\int \frac{1+t^2-1}{1+t^2}\mathrm{d}t$$
$$=6t-6\arctan t+C=6\sqrt[6]{x}-6\arctan\sqrt[6]{x}+C.$$

(2) **分析** 为去掉根号, 令 $x=\tan t$, $t\in\left(-\frac{\pi}{2},\frac{\pi}{2}\right)$, 即 t 属于 $\tan t$ 的一个单调区间, 这是第二换元法的要求.

令 $x=\tan t$, $t\in\left(-\frac{\pi}{2},\frac{\pi}{2}\right)$, 则有 $\mathrm{d}x=\sec^2 t\mathrm{d}t$, 所以得

$$\int \frac{1}{(2x^2+1)\sqrt{x^2+1}}\mathrm{d}x=\int \frac{\sec^2 t\mathrm{d}t}{(2\tan^2 t+1)\sec t}=\int \frac{\cos t\mathrm{d}t}{\sin^2 t+1}$$
$$=\int \frac{\mathrm{d}(\sin t)}{\sin^2 t+1}=\arctan(\sin t)+C$$
$$=\arctan\frac{x}{\sqrt{x^2+1}}+C.$$

(3) **分析** 被积函数含有 $\sqrt{x^2+1}$, 如果与第 (2) 题一样换元, 后续计算较繁, 而被积式又可写为 $f(x^2)x\mathrm{d}x$ 的形式, 因此自然想到作代换 $x^2=u$.

$$\int \frac{x^3}{2\sqrt{1+x^2}}\mathrm{d}x=\int \frac{x^2}{4\sqrt{1+x^2}}\mathrm{d}(x^2)=\frac{1}{4}\int\left(\sqrt{1+x^2}-\frac{1}{\sqrt{1+x^2}}\right)\mathrm{d}(x^2+1)$$
$$=\frac{1}{6}\sqrt{(1+x^2)^3}-\frac{1}{2}\sqrt{1+x^2}+C.$$

(4) 解法 1 令 $u=\arcsin\sqrt{x}(0<x<1)$, 则 $x=\sin^2 u\left(0<u<\frac{\pi}{2}\right)$, $\mathrm{d}x=2\sin u\cos u\mathrm{d}u$. 由换元法得

$$\int \frac{\arcsin\sqrt{x}}{\sqrt{x-x^2}}\mathrm{d}x=\int \frac{2u\sin u\cos u}{\sin u\sqrt{1-\sin^2 u}}\mathrm{d}u=2\int u\mathrm{d}u$$
$$=u^2+C=(\arcsin\sqrt{x})^2+C.$$

解法 2 令 $u=\sqrt{x}$, 则 $x=u^2(0<u<1),\mathrm{d}x=2u\mathrm{d}u$. 由换元法得

$$\int \frac{\arcsin\sqrt{x}}{\sqrt{x-x^2}}\mathrm{d}x=\int \frac{2\arcsin u}{\sqrt{1-u^2}}\mathrm{d}u=2\int \arcsin u\mathrm{d}\arcsin u$$
$$=(\arcsin u)^2+C=(\arcsin\sqrt{x})^2+C.$$

解法 3　利用凑微分法得

$$\int \frac{\arcsin\sqrt{x}}{\sqrt{x-x^2}}\mathrm{d}x = 2\int \frac{\arcsin\sqrt{x}}{\sqrt{1-x}}\mathrm{d}\sqrt{x} = 2\int \arcsin\sqrt{x}\mathrm{d}\arcsin\sqrt{x}$$
$$= (\arcsin\sqrt{x})^2 + C.$$

解法 4　利用分部积分得

$$\int \frac{\arcsin\sqrt{x}}{\sqrt{x-x^2}}\mathrm{d}x = 2\int \arcsin\sqrt{x}\,\mathrm{d}\arcsin\sqrt{x}$$
$$= 2(\arcsin\sqrt{x})^2 - \int \frac{\arcsin\sqrt{x}}{\sqrt{x-x^2}}\mathrm{d}x.$$

移项得

$$\int \frac{\arcsin\sqrt{x}}{\sqrt{x-x^2}}\mathrm{d}x = (\arcsin\sqrt{x})^2 + C.$$

注记　(1) 对带有反三角函数的被积函数的积分, 有两种常用的积分方法: 一种是对整个反三角函数作变量代换, 即换元法, 如解法 1; 另一种是用分部积分法, 把反三角函数作为求导的函数, 如解法 4.

(2) 在分部积分后, 若出现原来的积分, 则只要移项、整理就可求出, 这也是分部积分法中常用的一种技巧.

例 135　求下列三角函数有理式的不定积分:

(1) $\int \frac{\mathrm{d}x}{\cos x}$;　　(2) $\int \frac{\mathrm{d}x}{1+\sin x}$;

(3) $\int \frac{\mathrm{d}x}{a^2\sin^2 x + b^2\cos^2 x}\ (a>0, b>0)$;　　(4) $\int \frac{\mathrm{d}x}{2\sin x + \sin 2x}$;

(5) $\int \frac{\mathrm{d}x}{\sin^4 x + \cos^4 x}$;　　(6) $\int \frac{\mathrm{d}x}{\sin^4 x\cos^4 x}$;

(7) $\int \frac{\sin x\cos x}{\sin x + \cos x}\mathrm{d}x$;　　(8) $\int \frac{9\cos x - 8\sin x}{2\sin x + 5\cos x}\mathrm{d}x$.

解　(1) 解法 1

$$\int \frac{\mathrm{d}x}{\cos x} = \int \sec x\frac{\sec x + \tan x}{\sec x + \tan x}\mathrm{d}x = \int \frac{1}{\sec x + \tan x}(\sec^2 x + \sec x\tan x)\mathrm{d}x$$
$$= \int \frac{1}{\sec x + \tan x}\mathrm{d}(\tan x + \sec x)$$
$$= \ln|\sec x + \tan x| + C.$$

解法 2

$$\int \frac{\mathrm{d}x}{\cos x} = \int \frac{\cos x \mathrm{d}x}{\cos^2 x} = \int \frac{\mathrm{d}(\sin x)}{(1-\sin x)(1+\sin x)}$$
$$= \frac{1}{2}\int \left(\frac{1}{1-\sin x} + \frac{1}{1+\sin x}\right) \mathrm{d}(\sin x)$$
$$= \frac{1}{2}\ln\left|\frac{1+\sin x}{1-\sin x}\right| + C.$$

解法 3

$$\int \frac{\mathrm{d}x}{\cos x} = \int \frac{\mathrm{d}x}{\cos^2\frac{x}{2} - \sin^2\frac{x}{2}} = \int \frac{2}{1-\tan^2\frac{x}{2}} \cdot \frac{\mathrm{d}\left(\frac{x}{2}\right)}{\cos^2\frac{x}{2}}$$
$$= \int \left(\frac{1}{1-\tan\frac{x}{2}} + \frac{1}{1+\tan\frac{x}{2}}\right) \mathrm{d}\left(\tan\frac{x}{2}\right)$$
$$= \ln\left|\frac{1+\tan\frac{x}{2}}{1-\tan\frac{x}{2}}\right| + C.$$

解法 4　用万能代换, 令 $\tan\frac{x}{2} = t$, 则 $\mathrm{d}x = \frac{2}{1+t^2}\mathrm{d}t, \cos x = \frac{1-t^2}{1+t^2}$. 所以有

$$\int \frac{\mathrm{d}x}{\cos x} = \int \frac{1+t^2}{1-t^2}\frac{2}{1+t^2}\mathrm{d}t = \int \left(\frac{1}{t+1} - \frac{1}{t-1}\right)\mathrm{d}t$$
$$= \ln\left|\frac{t+1}{t-1}\right| + C = \ln\left|\frac{\tan\frac{x}{2}+1}{\tan\frac{x}{2}-1}\right| + C.$$

类似地, 可以求出

$$\int \frac{\mathrm{d}x}{\sin x} = \ln\left|\tan\frac{x}{2}\right| + C.$$

(2) 解法 1

$$\int \frac{\mathrm{d}x}{1+\sin x} = \int \frac{\mathrm{d}x}{\cos^2\frac{x}{2} + \sin^2\frac{x}{2} + 2\sin\frac{x}{2}\cos\frac{x}{2}}$$
$$= \int \frac{2}{\left(\tan\frac{x}{2}+1\right)^2} \frac{\mathrm{d}\left(\frac{x}{2}\right)}{\cos^2\frac{x}{2}}$$
$$= \int \frac{2}{\left(\tan\frac{x}{2}+1\right)^2}\mathrm{d}\tan\frac{x}{2} = -\frac{2}{\tan\frac{x}{2}+1} + C.$$

解法 2

$$\int \frac{\mathrm{d}x}{1+\sin x} = \int \frac{1-\sin x}{1-\sin^2 x}\mathrm{d}x = \int \frac{\mathrm{d}x}{\cos^2 x} - \int \frac{\sin x\mathrm{d}x}{\cos^2 x} = \tan x - \frac{1}{\cos x} + C.$$

(3)

$$\begin{aligned}\int \frac{\mathrm{d}x}{a^2\sin^2 x+b^2\cos^2 x} &= \int \frac{1}{a^2\tan^2 x+b^2}\mathrm{d}\tan x \\ &= \frac{1}{ab}\int \frac{1}{\left(\frac{a}{b}\tan x\right)^2+1}\mathrm{d}\left(\frac{a}{b}\tan x\right) \\ &= \frac{1}{ab}\arctan\left(\frac{a}{b}\tan x\right)+C.\end{aligned}$$

(4)

$$\begin{aligned}\int \frac{\mathrm{d}x}{2\sin x+\sin 2x} &= \int \frac{\mathrm{d}x}{2\sin x(1+\cos x)} = -\frac{1}{2}\int \frac{\mathrm{d}(\cos x)}{\sin^2 x(1+\cos x)} \\ &= -\frac{1}{2}\int \frac{\mathrm{d}(\cos x)}{(1-\cos^2 x)(1+\cos x)} \\ &= -\frac{1}{4}\int\left(\frac{1}{2(1-\cos x)}+\frac{1}{2(1+\cos x)}+\frac{1}{(1+\cos x)^2}\right)\mathrm{d}\cos x \\ &= \frac{1}{4(1+\cos x)} - \frac{1}{8}\ln\frac{1+\cos x}{1-\cos x}+C.\end{aligned}$$

(5)

$$\begin{aligned}\int \frac{\mathrm{d}x}{\sin^4 x+\cos^4 x} = \int \frac{\mathrm{d}x}{1-2\sin^2 x\cos^2 x} &= \int \frac{2\mathrm{d}x}{1+\cos^2 2x} \\ &= \int \frac{1}{1+\sec^2 2x}\cdot\frac{2\mathrm{d}x}{\cos^2 2x} \\ &= \int \frac{1}{2+\tan^2 2x}\mathrm{d}(\tan 2x) \\ &= \frac{1}{\sqrt{2}}\arctan\left(\frac{1}{\sqrt{2}}\tan 2x\right)+C.\end{aligned}$$

(6)

$$\begin{aligned}\int \frac{\mathrm{d}x}{\sin^4 x\cos^4 x} = \int \frac{16\mathrm{d}x}{\sin^4 2x} &= \int 8\csc^2 2x\frac{\mathrm{d}2x}{\sin^2 2x} \\ &= \int 8(\cot^2 2x+1)\mathrm{d}(-\cot 2x) \\ &= -\frac{8}{3}\cot^3 2x - 8\cot 2x + C.\end{aligned}$$

(7)

$$\begin{aligned}\int \frac{\sin x\cos x}{\sin x+\cos x}\mathrm{d}x &= \frac{1}{2}\int \frac{(\sin x+\cos x)^2-1}{\sin x+\cos x}\mathrm{d}x\\ &= \frac{1}{2}\int(\sin x+\cos x)\mathrm{d}x-\frac{1}{2\sqrt{2}}\int \frac{1}{\sin\left(x+\dfrac{\pi}{4}\right)}\mathrm{d}x\\ &= \frac{1}{2}(\sin x-\cos x)-\frac{1}{2\sqrt{2}}\ln\left|\tan\left(\frac{x}{2}+\frac{\pi}{8}\right)\right|+C.\end{aligned}$$

(8) 若用万能代换, 计算量会比较大, 但注意到该函数的特点, 可用**待定系数法**, 令

$$\begin{aligned}9\cos x-8\sin x &= A(2\sin x+5\cos x)+B(2\sin x+5\cos x)'\\ &= (2A-5B)\sin x+(5A+2B)\cos x,\end{aligned}$$

所以 $A=1,B=2$, 则有

$$\begin{aligned}\int \frac{9\cos x-8\sin x}{2\sin x+5\cos x}\mathrm{d}x &= \int \frac{(2\sin x+5\cos x)+2(2\sin x+5\cos x)'}{2\sin x+5\cos x}\mathrm{d}x\\ &= x+2\ln|2\sin x+5\cos x|+C.\end{aligned}$$

一般地,

$$\int \frac{a_1\sin x+b_1\cos x}{a\sin x+b\cos x}\mathrm{d}x = Ax+B\ln|a\sin x+b\cos x|+C.$$

注记 因为三角函数具有众多恒等式, 所以其积分方法也是多样的. 一般选用比较快捷且本人较熟练的方法. 方法不同, 可能原函数形式不一样, 但它们之间只差个常数.

例 136 设 $f'(\ln x)=\dfrac{\ln(1+x)}{x}$, $f(0)=0$, 求 $f(x)$.

解 令 $u=\ln x$, 则 $x=\mathrm{e}^u$. 所以有

$$f'(u)=\frac{\ln(1+\mathrm{e}^u)}{\mathrm{e}^u},$$

于是

$$\begin{aligned}f(u)=\int\frac{\ln(1+\mathrm{e}^u)}{\mathrm{e}^u}\mathrm{d}u &= -\mathrm{e}^{-u}\ln(1+\mathrm{e}^u)+\int\frac{1}{1+\mathrm{e}^u}\mathrm{d}u\\ &= -\mathrm{e}^{-u}\ln(1+\mathrm{e}^u)+\int\frac{\mathrm{d}\mathrm{e}^u}{\mathrm{e}^u(1+\mathrm{e}^u)}\\ &= -\mathrm{e}^{-u}\ln(1+\mathrm{e}^u)+\int\left(\frac{1}{\mathrm{e}^u}-\frac{1}{1+\mathrm{e}^u}\right)\mathrm{d}\mathrm{e}^u\end{aligned}$$

$$= -\mathrm{e}^{-u}\ln(1+\mathrm{e}^u)+u-\ln(1+\mathrm{e}^u)+C.$$

由 $f(0)=0$, 得 $C=\ln 4$. 所以 $f(x)=x-(1+\mathrm{e}^{-x})\ln(1+\mathrm{e}^x)+\ln 4$.

注记　本例的题型是: 已知 $f'(g(x))=\varphi(x)$, 求 $f(x)$. 一般思路是: 令 $u=g(x)$, 然后对 $f'(u)$ 的函数进行积分即可. 类似可以求解下题:

设 $f'(\ln x)=\begin{cases} 1 & (0<x\leqslant 1), \\ x & (1<x<+\infty), \end{cases}$ 且 $f(0)=0$, 求 $f(x)$.

在两个区间分段求积分, 注意 $f(x)$ 在 $x=0$ 处的连续性, 易得

$$f(x)=\begin{cases} x & (-\infty<x\leqslant 0), \\ \mathrm{e}^x-1 & (0<x<+\infty). \end{cases}$$

例 137　求下列不定积分:

(1) $\displaystyle\int \mathrm{e}^{2x}(\tan x+1)^2\mathrm{d}x$;　(2) $\displaystyle\int \frac{x\mathrm{e}^x}{\sqrt{\mathrm{e}^x-1}}\mathrm{d}x$;

(3) $\displaystyle\int \frac{\arctan x}{x^2(1+x^2)}\mathrm{d}x$;　(4) $\displaystyle\int \frac{\ln\sin x}{\sin^2 x}\mathrm{d}x$;

(5) $\displaystyle\int \frac{\arcsin x}{\sqrt{(1-x^2)^3}}\mathrm{d}x$;　(6) $\displaystyle\int \frac{3\ln^2 x+2\ln x+1}{x}\arctan\ln x\mathrm{d}x$.

解　(1)

$$\begin{aligned}\int \mathrm{e}^{2x}(\tan x+1)^2\mathrm{d}x &= \int \mathrm{e}^{2x}(\tan^2 x+1+2\tan x)\mathrm{d}x \\ &= \int \mathrm{e}^{2x}\mathrm{d}(\tan x)+2\int \mathrm{e}^{2x}\tan x\mathrm{d}x \\ &= \mathrm{e}^{2x}\tan x-\int 2\mathrm{e}^{2x}\tan x\mathrm{d}x+2\int \mathrm{e}^{2x}\tan x\mathrm{d}x \\ &= \mathrm{e}^{2x}\tan x+C.\end{aligned}$$

(2) 令 $\sqrt{\mathrm{e}^x-1}=t$, 则 $x=\ln(1+t^2)$, 故有

$$\begin{aligned}\int \frac{x\mathrm{e}^x}{\sqrt{\mathrm{e}^x-1}}\mathrm{d}x &= \int \frac{(1+t^2)\ln(1+t^2)}{t}\frac{2t}{1+t^2}\mathrm{d}t \\ &= 2\int \ln(1+t^2)\mathrm{d}t \\ &= 2t\ln(1+t^2)-\int \frac{4t^2}{1+t^2}\mathrm{d}t \\ &= 2t\ln(1+t^2)-4t+4\arctan t+C \\ &= 2x\sqrt{\mathrm{e}^x-1}-4\sqrt{\mathrm{e}^x-1}+4\arctan\sqrt{\mathrm{e}^x-1}+C.\end{aligned}$$

(3) **分析** 观察被积函数, 首先要分项, 又因被积函数中有反三角函数, 一般都用分部积分, 而反三角函数是作为求导的函数, 所以有

$$\begin{aligned}\int\frac{\arctan x}{x^2(1+x^2)}\mathrm{d}x&=\int\left(\frac{\arctan x}{x^2}-\frac{\arctan x}{1+x^2}\right)\mathrm{d}x\\&=-\int\arctan x\mathrm{d}\frac{1}{x}-\int\arctan x\mathrm{d}\arctan x\\&=-\frac{1}{x}\arctan x+\int\frac{1}{x}\cdot\frac{1}{1+x^2}\mathrm{d}x-\frac{1}{2}(\arctan x)^2\\&=-\frac{1}{x}\arctan x-\frac{1}{2}(\arctan x)^2+\int\left(\frac{1}{x}-\frac{x}{1+x^2}\right)\mathrm{d}x\\&=-\frac{1}{x}\arctan x-\frac{1}{2}(\arctan x)^2+\ln|x|-\frac{1}{2}\ln(1+x^2)+C.\end{aligned}$$

(4) **分析** 被积函数中有对数函数, 一般都用分部积分, 而对数函数是作为求导的函数, 故有

$$\begin{aligned}\int\frac{\ln\sin x}{\sin^2 x}\mathrm{d}x=-\int\ln\sin x\mathrm{d}\cot x&=-\cot x\ln\sin x+\int\cot^2 x\mathrm{d}x\\&=-\cot x\ln\sin x+\int(\csc^2 x-1)\mathrm{d}x\\&=-\cot x\ln\sin x-\cot x-x+C.\end{aligned}$$

(5) **分析** 被积函数中既有 $\sqrt{1-x^2}$, 又有 $\arcsin x$, 所以令 $x=\sin t$ $\left(-\frac{\pi}{2}<t<\frac{\pi}{2}\right)$, 可同时消去它们.

$$\begin{aligned}\int\frac{\arcsin x}{\sqrt{(1-x^2)^3}}\mathrm{d}x=\int\frac{t}{\cos^3 t}\cos t\mathrm{d}t=\int t\mathrm{d}(\tan t)&=t\tan t-\int\frac{\sin t}{\cos t}\mathrm{d}t\\&=t\tan t+\ln|\cos t|+C\\&=\frac{x\arcsin x}{\sqrt{1-x^2}}+\frac{1}{2}\ln(1-x^2)+C.\end{aligned}$$

(6) **分析** 被积函数看起来很复杂, 但有个关键项 $\ln x$, 而 $\frac{1}{x}\mathrm{d}x=\mathrm{d}\ln x$, 所以令 $t=\ln x$, 被积函数就可简化.

$$\begin{aligned}&\int\frac{3\ln^2 x+2\ln x+1}{x}\arctan\ln x\mathrm{d}x\\&=\int(3t^2+2t+1)\arctan t\mathrm{d}t\\&=\int\arctan t\mathrm{d}(t^3+t^2+t)\\&=(t^3+t^2+t)\arctan t-\int\frac{t^3+t+t^2+1-1}{1+t^2}\mathrm{d}t\end{aligned}$$

$$=(t^3+t^2+t)\arctan t-\int\left(t+1-\frac{1}{1+t^2}\right)\mathrm{d}t$$
$$=(t^3+t^2+t)\arctan t-\frac{1}{2}t^2-t+\arctan t+C$$
$$=(\ln^3x+\ln^2x+\ln x+1)\arctan\ln x-\frac{1}{2}\ln^2x-\ln x+C.$$

例 138　设 $f(x)$ 是严格单调的连续函数, $F(x)$ 是 $f(x)$ 的一个原函数, $f^{-1}(x)$ 为其反函数, 证明 $\int f^{-1}(x)\mathrm{d}x=xf^{-1}(x)-F(f^{-1}(x))+C$.

证明　由分部积分法及 $x=f(f^{-1}(x))$, 得

$$\begin{aligned}\int f^{-1}(x)\mathrm{d}x&=xf^{-1}(x)-\int x\mathrm{d}f^{-1}(x)\\&=xf^{-1}(x)-\int f(f^{-1}(x))\mathrm{d}f^{-1}(x)\\&=xf^{-1}(x)-F(f^{-1}(x))+C.\end{aligned}$$

注记　此命题可作为反函数的求积公式, 例如:

(1) 因为

$$\int\sin x\mathrm{d}x=-\cos x+C,$$

$f(x)=\sin x,\ x\in\left(-\frac{\pi}{2},\frac{\pi}{2}\right)$, 反函数 $f^{-1}(x)=\arcsin x,\ x\in(-1,1)$, 所以

$$\int\arcsin x\mathrm{d}x=x\arcsin x+\cos(\arcsin x)+C=x\arcsin x+\sqrt{1-x^2}+C.$$

(2) 因为

$$\int\mathrm{e}^x\mathrm{d}x=\mathrm{e}^x+C,$$

$f(x)=\mathrm{e}^x$, 反函数 $f^{-1}(x)=\ln x,\ x>0$, 所以

$$\int\ln x\mathrm{d}x=x\ln x-\mathrm{e}^{\ln x}+C=x\ln x-x+C.$$

例 139　求出下列不定积分的递推公式:

(1) $I_n=\int\sec^n x\mathrm{d}x$;　　(2) $J_n=\int\tan^n x\mathrm{d}x$;

(3) 利用上述公式计算 $\int\sec^3x\mathrm{d}x,\ \int\sec^4x\mathrm{d}x,\ \int\tan^2x\mathrm{d}x,\ \int\tan^3x\mathrm{d}x$.

解　(1) 由于

$$\begin{aligned}I_n=\int\sec^n x\mathrm{d}x&=\int\sec^{n-2}x\sec^2x\mathrm{d}x\\&=\tan x\sec^{n-2}x-(n-2)\int\sec^{n-2}x\tan^2x\mathrm{d}x\end{aligned}$$

$$=\tan x\sec^{n-2}x-(n-2)\int\sec^n x\mathrm{d}x+(n-2)\int\sec^{n-2}x\mathrm{d}x$$
$$=\tan x\sec^{n-2}x-(n-2)I_n+(n-2)I_{n-2},$$

所以

$$I_n=\frac{1}{n-1}\tan x\sec^{n-2}x+\frac{n-2}{n-1}I_{n-2}\quad(n=2,3,\cdots).$$

(2) 因为

$$\int\tan^n x\mathrm{d}x+\int\tan^{n-2}x\mathrm{d}x=\int\tan^{n-2}x\sec^2 x\mathrm{d}x=\frac{1}{n-1}\tan^{n-1}x+C,$$

所以

$$J_n=\frac{1}{n-1}\tan^{n-1}x-J_{n-2}\quad(n=2,3,\cdots).$$

(3) 因为 $\int\sec x\mathrm{d}x=\ln|\sec x+\tan x|+C$, 所以由 I_n 的递推公式得

$$\int\sec^3 x\mathrm{d}x=\frac{1}{2}\tan x\sec x+\frac{1}{2}\ln|\sec x+\tan x|+C,$$
$$\int\sec^4 x\mathrm{d}x=\frac{1}{3}\tan^3 x+\tan x+C.$$

因为 $\int\tan x\mathrm{d}x=-\ln|\cos x|+C$, 所以由 J_n 的递推公式得

$$\int\tan^2 x\mathrm{d}x=\tan x-x+C,$$
$$\int\tan^3 x\mathrm{d}x=\frac{1}{2}\tan^2 x-\int\tan x\mathrm{d}x=\frac{1}{2}\tan^2 x+\ln|\cos x|+C.$$

例 140 求不定积分 $\int\frac{x}{(x^4+1)(x^4+x^2)}\mathrm{d}x$.

解 先用变量代换, 令 $u=x^2$, 得

$$\int\frac{x}{(x^4+1)(x^4+x^2)}\mathrm{d}x=\frac{1}{2}\int\frac{\mathrm{d}u}{(u^2+1)(u^2+u)}.$$

令

$$\frac{1}{(u^2+1)(u^2+u)}=\frac{A}{u}+\frac{B}{u+1}+\frac{Cu+D}{u^2+1}.$$

两边乘以 u, 再令 $u\to0$, 得

$$A=1;$$

两边乘以 $(u+1)$, 再令 $u\to-1$, 得

$$B=-\frac{1}{2};$$

两边乘以 u, 再令 $u\to+\infty$, 得

$$0=A+B+C;$$

所以 $C=-\dfrac{1}{2}$; 令 $u=1$, 得

$$\frac{1}{4}=A+\frac{B}{2}+\frac{C+D}{2},$$

所以 $D=-\dfrac{1}{2}$. 因此

$$\frac{1}{(u^2+1)(u^2+u)}=\frac{1}{u}-\frac{1}{2(u+1)}-\frac{u+1}{2(u^2+1)}.$$

由此得

$$\begin{aligned}\int\frac{x}{(x^4+1)(x^4+x^2)}\mathrm{d}x&=\frac{1}{2}\int\frac{\mathrm{d}u}{(u^2+1)(u^2+u)}\\&=\frac{1}{2}\int\left(\frac{1}{u}-\frac{1}{2(u+1)}-\frac{u+1}{2(u^2+1)}\right)\mathrm{d}u\\&=\frac{1}{2}\ln|u|-\frac{1}{4}\ln|u+1|-\frac{1}{8}\ln(u^2+1)-\frac{1}{4}\arctan u+C\\&=\frac{1}{8}\ln\frac{x^8}{(x^2+1)^2(x^4+1)}-\frac{1}{4}\arctan x^2+C.\end{aligned}$$

例 141　求下列有理函数的不定积分:

(1) $\displaystyle\int\frac{1}{x(x^8+1)}\mathrm{d}x$;　　(2) $\displaystyle\int\frac{x^{15}}{(x^8+1)^2}\mathrm{d}x$;

(3) $\displaystyle\int\frac{x^4+1}{x^6+1}\mathrm{d}x$;　　(4) $\displaystyle\int\frac{x^2+1}{x^4+1}\mathrm{d}x$.

注记　有理函数的部分分式法计算烦琐, 一般能不用我们尽量不用, 尤其是函数幂次比较高的有理函数, 按照函数的特点用换元法或分部积分法或者两种方法结合起来用.

解　(1) 解法 1

$$\begin{aligned}\int\frac{1}{x(x^8+1)}\mathrm{d}x=\int\frac{x^7}{x^8(x^8+1)}\mathrm{d}x&=\frac{1}{8}\int\left(\frac{1}{x^8}-\frac{1}{x^8+1}\right)\mathrm{d}(x^8)\\&=\frac{1}{8}\ln\frac{x^8}{x^8+1}+C.\end{aligned}$$

解法 2

$$\int \frac{1}{x(x^8+1)}\mathrm{d}x = \int \frac{(x^8+1)-x^8}{x(x^8+1)}\mathrm{d}x = \int \frac{1}{x}\mathrm{d}x - \int \frac{x^7}{x^8+1}\mathrm{d}x$$
$$= \ln|x| - \frac{1}{8}\ln(x^8+1)+C.$$

解法 3

$$\int \frac{1}{x(x^8+1)}\mathrm{d}x = \int \frac{1}{x^9(x^{-8}+1)}\mathrm{d}x = -\frac{1}{8}\int \frac{1}{x^{-8}+1}\mathrm{d}(x^{-8}+1)$$
$$= -\frac{1}{8}\ln(x^{-8}+1)+C.$$

(2) 解法 1

$$\int \frac{x^{15}}{(x^8+1)^2}\mathrm{d}x = \frac{1}{8}\int \frac{x^8}{(x^8+1)^2}\mathrm{d}(x^8) = \frac{1}{8}\int \left(\frac{1}{x^8+1} - \frac{1}{(x^8+1)^2}\right)\mathrm{d}(x^8+1)$$
$$= \frac{1}{8}\ln(x^8+1) + \frac{1}{8(x^8+1)} + C.$$

解法 2

$$\int \frac{x^{15}}{(x^8+1)^2}\mathrm{d}x = \int \frac{x^{15}+x^7-x^7}{(x^8+1)^2}\mathrm{d}x = \frac{1}{8}\int \frac{1}{x^8+1}\mathrm{d}(x^8) - \frac{1}{8}\int \frac{1}{(x^8+1)^2}\mathrm{d}(x^8)$$
$$= \frac{1}{8}\ln(x^8+1) + \frac{1}{8(x^8+1)} + C.$$

(3)

$$\int \frac{x^4+1}{x^6+1}\mathrm{d}x = \int \frac{x^4+1-x^2+x^2}{(x^2+1)(x^4-x^2+1)}\mathrm{d}x$$
$$= \int \frac{\mathrm{d}x}{x^2+1} + \int \frac{x^2\mathrm{d}x}{x^6+1}$$
$$= \arctan x + \frac{1}{3}\arctan x^3 + C.$$

(4) 解法 1

$$\begin{aligned}\int\frac{x^2+1}{x^4+1}\mathrm{d}x&=\int\frac{x^2+1}{(x^2-\sqrt{2}x+1)(x^2+\sqrt{2}x+1)}\mathrm{d}x\\&=\frac{1}{2}\int\left(\frac{1}{x^2+\sqrt{2}x+1}+\frac{1}{x^2-\sqrt{2}x+1}\right)\mathrm{d}x\\&=\frac{1}{2}\int\frac{\mathrm{d}x}{\left(x-\frac{\sqrt{2}}{2}\right)^2+\frac{1}{2}}+\frac{1}{2}\int\frac{\mathrm{d}x}{\left(x+\frac{\sqrt{2}}{2}\right)^2+\frac{1}{2}}\\&=\frac{1}{\sqrt{2}}\int\frac{\mathrm{d}(\sqrt{2}x-1)}{(\sqrt{2}x-1)^2+1}+\frac{1}{\sqrt{2}}\int\frac{\mathrm{d}(\sqrt{2}x+1)}{(\sqrt{2}x+1)^2+1}\\&=\frac{1}{\sqrt{2}}\arctan(\sqrt{2}x-1)+\frac{1}{\sqrt{2}}\arctan(\sqrt{2}x+1)+C.\end{aligned}$$

解法 2

$$\begin{aligned}\int\frac{x^2+1}{x^4+1}\mathrm{d}x&=\int\frac{x^2-\sqrt{2}x+1+\sqrt{2}x}{(x^2-\sqrt{2}x+1)(x^2+\sqrt{2}x+1)}\mathrm{d}x\\&=\int\frac{1}{x^2+\sqrt{2}x+1}\mathrm{d}x+\int\frac{\sqrt{2}x}{x^4+1}\mathrm{d}x\\&=\sqrt{2}\arctan(\sqrt{2}x+1)+\frac{1}{\sqrt{2}}\arctan x^2+C.\end{aligned}$$

解法 3　当 $x\neq 0$ 时

$$\begin{aligned}\int\frac{x^2+1}{x^4+1}\mathrm{d}x&=\int\frac{\frac{1}{x^2}+1}{x^2+\frac{1}{x^2}}\mathrm{d}x\\&=\int\frac{\mathrm{d}\left(x-\frac{1}{x}\right)}{x^2+\frac{1}{x^2}}=\int\frac{\mathrm{d}\left(x-\frac{1}{x}\right)}{\left(x-\frac{1}{x}\right)^2+2}\\&=\frac{1}{\sqrt{2}}\arctan\frac{x^2-1}{\sqrt{2}x}+C.\end{aligned}$$

由于

$$\lim_{x\to 0^+}\frac{1}{\sqrt{2}}\arctan\frac{x^2-1}{\sqrt{2}x}=-\frac{\pi}{2\sqrt{2}},$$

$$\lim_{x\to 0^-}\frac{1}{\sqrt{2}}\arctan\frac{x^2-1}{\sqrt{2}x}=\frac{\pi}{2\sqrt{2}},$$

故可由拼接法得 $\dfrac{x^2+1}{x^4+1}$ 在 $(-\infty,+\infty)$ 上的一个原函数是

$$F(x)=\begin{cases}\dfrac{1}{\sqrt{2}}\arctan\dfrac{x^2-1}{\sqrt{2}x}+\dfrac{\pi}{2\sqrt{2}} & (x>0),\\ 0 & (x=0),\\ \dfrac{1}{\sqrt{2}}\arctan\dfrac{x^2-1}{\sqrt{2}x}-\dfrac{\pi}{2\sqrt{2}} & (x<0).\end{cases}$$

所以

$$\int\frac{x^2+1}{x^4+1}\mathrm{d}x=F(x)+C.$$

小　　结

1. 掌握函数求不定积分的基本方法: 换元法 (凑微分法和变量代换法) 及分部积分法.

2. 利用对被积函数的恒等变形、分项等使其化为便于积分的形式.

3. 对被积表达式作微分式的恒等变形, 使其化为便于积分的形式.

4. 根据被积表达式的具体形式, 灵活运用各种积分方法以达到简便快捷.

5. 对有理函数或由三角函数有理式、根式有理式变换得到的有理函数的积分, 尽量避免用万能代换及部分分式法求解, 注意灵活应用换元法与分部积分法.

3.3　定积分的概念和可积函数

知 识 要 点

◇ 定积分的概念

1. 定积分的定义

设函数 $f(x)$ 在有界区间 $[a,b]$ 上有定义, 作 $[a,b]$ 的一个分割 T: $a=x_0<x_1<x_2<\cdots<x_{n-1}<x_n=b$, 记 $\Delta x_i=x_i-x_{i-1}$, $\lambda(T)=\max\{\Delta x_i,1\leqslant i\leqslant n\}$,

在每个小区间上任取一点 $\xi_i \in [x_{i-1}, x_i]$ $(i=1,2,\cdots,n)$, 作和式

$$\sigma(T) := \sum_{i=1}^{n} f(\xi_i)\Delta x_i,$$

这个和称为积分和 (黎曼和). 如果当 $\lambda(T) \to 0^+$ 时, 积分和的极限

$$\lim_{\lambda(T)\to 0^+} \sigma(T) = \lim_{\lambda(T)\to 0^+} \sum_{i=1}^{n} f(\xi_i)\Delta x_i,$$

存在且与分法 T 及 $\xi_i \in [x_{i-1}, x_i]\,(i=1,2,\cdots,n)$ 取法无关, 则称函数 $f(x)$ 在区间 $[a,b]$ 上可积 (黎曼可积), 并且称此极限为函数 $f(x)$ 在区间 $[a,b]$ 上的定积分, 记作

$$\int_a^b f(x)\mathrm{d}x = \lim_{\lambda(T)\to 0^+} \sum_{i=1}^{n} f(\xi_i)\Delta x_i,$$

其中, 称 $f(x)$ 为被积函数, $f(x)\mathrm{d}x$ 为被积表达式, x 为积分变量, a 与 b 分别称为积分下限与积分上限.

$f(x)$ 在 $[a,b]$ 上的可积性, 即黎曼和的极限存在性的 "ε-δ" 语言叙述为: 设有实数 I, 对 $\forall \varepsilon > 0$, $\exists \delta > 0$, 使得对任意的分割 T, 只要 $\lambda(T) < \delta$, 对任取的 $\xi_i \in [x_{i-1}, x_i]$, $i=1,2,\cdots,n$, 就有

$$\left|\sum_{i=1}^{n} f(\xi_i)\Delta x_i - I\right| < \varepsilon.$$

这里的 I 就是 $f(x)$ 在区间 $[a,b]$ 上的定积分.

2. 理解定积分定义的几个关键点

定积分定义中应注意 "四个步骤" "两个任意" "两个无关" 及对积分区间的无限细分等.

(1) 定积分定义是构造性的, 分为四个步骤: 分割—局部近似—求和—取极限.

(2) 定积分是黎曼和的极限, 黎曼和既与分割 T 有关, 又与点 ξ_i 的取法有关, 但定积分的值即黎曼和的极限值与分割 T 及点 ξ_i 的取法无关.

(3) 判断定积分存在与否, 不能选特殊的分割 T 和取特殊的点 ξ_i, 这类似于数列极限中某子列极限存在, 推不出该数列极限存在. 但若定积分存在, 利用定义计算定积分的值时, 可以对区间 $[a,b]$ 采用特殊的分割及选取特殊点 ξ_i, 计算该黎曼和的极限就是计算函数 $f(x)$ 在区间 $[a,b]$ 上的定积分.

(4) 定积分是一种具有特殊结构的和式的极限, 它仅与被积函数 $f(x)$ 和积分区间 $[a,b]$ 有关, 与积分变量 x 无关, 即

$$\int_a^b f(x)\mathrm{d}x = \int_a^b f(t)\mathrm{d}t = \int_a^b f(u)\mathrm{d}u = \cdots,$$

简记为 $\int_a^b f$.

(5) 当 $\lambda(T) \to 0^+$ 时, 分点个数 $n \to \infty$, 但反过来, 不一定成立. 因为把分点总是放在区间 $[a,b]$ 的某个子区间中, 可以满足 $n \to \infty$, 但 $\lambda(T) \to 0^+$ 不成立. 所以定义中极限过程不能替换为 $n \to \infty$.

3. 定积分的几何意义

若 $f(x)$ 是区间 $[a,b]$ 上非负连续函数, 则 $\int_a^b f(x)\mathrm{d}x$ 是曲线 $f(x)$, 直线 $y=0$, $x=a$, $x=b$ 所围成的曲边梯形的面积.

4. 两个规定

(1) $\int_a^a f(x)\mathrm{d}x = 0$; (2) $\int_b^a f(x)\mathrm{d}x = -\int_a^b f(x)\mathrm{d}x$.

◇ **可积函数类**

可积的必要条件: 若函数 $f(x)$ 在 $[a,b]$ 上可积, 则它在 $[a,b]$ 上有界.

注记 (1) 无界函数必不可积, 但是闭区间上的有界函数也未必可积. 比如, 狄利克雷 (Dirichlet) 函数 $D(x)$ 在 $[0,1]$ 上显然是有界的, 但在该区间上不可积.

(2) 有界区间上的有界函数 $|f(x)|$ 或 $f^2(x)$ 可积, 但函数 $f(x)$ 未必可积, 例如函数

$$f(x) = \begin{cases} 1 & (x \text{ 为有理数}), \\ -1 & (x \text{ 为无理数}), \end{cases}$$

显然 $|f(x)|$ 或 $f^2(x)$ 在区间 $[0,1]$ 上可积, 而 $f(x)$ 在区间 $[0,1]$ 上不可积.

以下三类有界函数是可积的:

(1) 区间 $[a,b]$ 上的连续函数 $f(x)$ 必可积;

(2) 如果在区间 $[a,b]$ 上的有界函数 $f(x)$ 只有有限多个间断点, 则它可积;

(3) 区间 $[a,b]$ 上的单调函数 $f(x)$ 必可积.

精选例题

例 142　利用定积分的定义求下列定积分:

(1) $\int_0^{\pi}\sin x\mathrm{d}x$;　　(2) $\int_1^2\ln x\mathrm{d}x$.

解　(1) 由于 $\sin x$ 在 $[0,\pi]$ 上连续, 故可积, 从而可采用特殊的分割 T 及选取特殊点 ξ_i. 于是将 $[0,\pi]$ n 等分, 分点 $x_i=\dfrac{i}{n}\pi$, $i=1,2,\cdots,n$, 取 $\xi_i=x_i$, 这时, $\sin x$ 在 $[0,\pi]$ 上的积分和为 $\sum\limits_{i=1}^{n}\dfrac{\pi}{n}\sin\dfrac{i}{n}\pi$, 所以有

$$\int_0^{\pi}\sin x\mathrm{d}x=\lim_{n\to\infty}\sum_{i=1}^{n}\frac{\pi}{n}\sin\frac{i}{n}\pi=\lim_{n\to\infty}\frac{\pi}{n}\frac{\sin\dfrac{n+1}{2n}\pi\sin\dfrac{n}{2n}\pi}{\sin\dfrac{\pi}{2n}}=2.$$

注记　由估计

$$\frac{n}{n+1}\sum_{i=1}^{n}\frac{\sin\dfrac{i}{n}\pi}{n}=\sum_{i=1}^{n}\frac{\sin\dfrac{i}{n}\pi}{n+1}<\sum_{i=1}^{n}\frac{\sin\dfrac{i}{n}\pi}{n+\dfrac{1}{i}}<\sum_{i=1}^{n}\frac{\sin\dfrac{i}{n}\pi}{n},$$

利用本题的求和法及夹逼定理得数列极限

$$\lim_{n\to\infty}\sum_{i=1}^{n}\frac{\sin\dfrac{i}{n}\pi}{n+\dfrac{1}{i}}=\lim_{n\to\infty}\sum_{i=1}^{n}\frac{\sin\dfrac{i}{n}\pi}{n}=\frac{2}{\pi}.$$

(2) 因 $\ln x$ 在区间 $[1,2]$ 上连续, 故可积, 从而可采用特殊的分割 T 及选取特殊点 ξ_i. 则可在 $[1,2]$ 上取分点 $x_i=2^{\frac{i}{n}}$, $i=0,1,2,\cdots,n$, 取 $\xi_i=x_i$, 这时, $\ln x$ 在 $[1,2]$ 上的积分和为

$$\sum_{i=1}^{n}(2^{\frac{i}{n}}-2^{\frac{i-1}{n}})\ln(2^{\frac{i}{n}})=\frac{2^{\frac{1}{n}}-1}{n}\sum_{i=1}^{n}i\cdot2^{\frac{i-1}{n}}\cdot\ln2=\frac{2^{\frac{1}{n}}-1}{n}\sum_{i=1}^{n}i\cdot(2^{\frac{1}{n}})^{i-1}\cdot\ln2.$$

由于 $x\neq1$ 时

$$\sum_{i=1}^{n}ix^{i-1}=\sum_{i=1}^{n}(x^i)'=\left(\frac{x-x^{n+1}}{1-x}\right)'=\frac{1-(n+1)x^n+nx^{n+1}}{(1-x)^2},$$

所以有

$$\frac{2^{\frac{1}{n}}-1}{n}\sum_{i=1}^{n}i\left(2^{\frac{1}{n}}\right)^{i-1}=\frac{2^{\frac{1}{n}}-1}{n}\cdot\frac{1-(n+1)\left(2^{\frac{1}{n}}\right)^{n}+n\left(2^{\frac{1}{n}}\right)^{n+1}}{\left(1-2^{\frac{1}{n}}\right)^{2}}$$
$$=\frac{-1+2n\left(2^{\frac{1}{n}}-1\right)}{n\left(2^{\frac{1}{n}}-1\right)}=\frac{-1}{n\left(2^{\frac{1}{n}}-1\right)}+2.$$

因

$$\lim_{n\to\infty}\frac{\frac{1}{n}}{2^{\frac{1}{n}}-1}=\lim_{x\to0^+}\frac{x}{2^x-1}=\lim_{x\to0^+}\frac{1}{2^x\ln2}=\frac{1}{\ln2},$$

故

$$\lim_{n\to\infty}\frac{2^{\frac{1}{n}}-1}{n}\sum_{i=1}^{n}i\cdot(2^{\frac{1}{n}})^{i-1}\cdot\ln2=\left(2-\frac{1}{\ln2}\right)\ln2=2\ln2-1.$$

从而有

$$\int_1^2\ln x\mathrm{d}x=\lim_{n\to\infty}\frac{2^{\frac{1}{n}}-1}{n}\sum_{i=1}^{n}i\cdot(2^{\frac{1}{n}})^{i-1}\cdot\ln2=2\ln2-1.$$

例 143 利用定积分的定义求极限: $\lim\limits_{n\to\infty}\sum\limits_{i=1}^{n}\frac{1}{n}\sqrt{a^2-\left(\frac{ia}{n}\right)^2}\ (a>0)$.

解 解法 1 把和式变形为

$$\sum_{i=1}^{n}\frac{1}{n}\sqrt{a^2-\left(\frac{ia}{n}\right)^2}=\sum_{i=1}^{n}\frac{a}{n}\sqrt{1-\left(\frac{i}{n}\right)^2},$$

则和式 $\sum\limits_{i=1}^{n}\frac{1}{n}\sqrt{1-\left(\frac{i}{n}\right)^2}$ 可看作函数 $\sqrt{1-x^2}$ 在区间 $[0,1]$ 上的黎曼和, 所以此和式的极限为连续函数 $\sqrt{1-x^2}$ 在区间 $[0,1]$ 上的定积分. 由定积分的几何意义可得

$$\lim_{n\to\infty}\sum_{i=1}^{n}\frac{1}{n}\sqrt{a^2-\left(\frac{ia}{n}\right)^2}=a\int_0^1\sqrt{1-x^2}\mathrm{d}x=\frac{\pi}{4}a.$$

解法 2 从和式的形式, 考虑 $[0,a]$ 上连续函数 $\sqrt{a^2-x^2}$, 将区间 $[0,a]$ n 等分, 分割步长 $\Delta x_i=\frac{a}{n}$, 取分点 $x_i=\xi_i=\frac{ia}{n}$, $i=1,2,\cdots,n$, 则和式 $\sum\limits_{i=1}^{n}\frac{a}{n}\sqrt{a^2-\left(\frac{ia}{n}\right)^2}$ 为函数 $\sqrt{a^2-x^2}$ 在区间 $[0,a]$ 上的黎曼和, 所以此和式的极限为连续函数 $\sqrt{a^2-x^2}$ 在区间 $[0,a]$ 上的定积分. 由定积分的几何意义可得

$$\lim_{n\to\infty}\sum_{i=1}^{n}\frac{1}{n}\sqrt{a^2-\left(\frac{ia}{n}\right)^2}=\frac{1}{a}\int_0^a\sqrt{a^2-x^2}\mathrm{d}x=\frac{\pi}{4}a.$$

小　结

利用定积分的定义求某些和式 (比如与自然数 n 有关) 的极限. 当一个和式可看成某可积函数在某区间上的黎曼和时, 则此和式的极限就是相应可积函数的积分值, 比如通过几何意义求得积分值, 就求得了此和式的极限.

3.4　定积分的基本性质与微积分基本定理

知 识 要 点

◇ **定积分的基本性质**

1. 线性性

设 $f(x),g(x)$ 都在 $[a,b]$ 上 (黎曼) 可积, 对任意常数 c_1,c_2, 有

$$\int_a^b (c_1f(x)+c_2g(x))\mathrm{d}x = c_1\int_a^b f(x)\mathrm{d}x + c_2\int_a^b g(x)\mathrm{d}x.$$

对任意有限个可积函数的线性组合也成立, 即

$$\int_a^b \sum_{i=1}^n c_i f_i(x)\mathrm{d}x = \sum_{i=1}^n c_i \int_a^b f_i(x)\mathrm{d}x,$$

其中 $c_i\,(i=1,2,\cdots,n)$ 是任意常数.

2. 乘积可积性

设 $f(x),g(x)$ 都在 $[a,b]$ 上 (黎曼) 可积, 则 $f(x)g(x)$ 在 $[a,b]$ 上也是可积的.

3. 积分区间的可加性

设 c 是区间 (a,b) 内任意一点, $f(x)$ 在 $[a,b]$ 上可积, 则 $f(x)$ 在 $[a,c]$ 和 $[c,b]$ 上也可积，且有

$$\int_a^b f(x)\mathrm{d}x = \int_a^c f(x)\mathrm{d}x + \int_c^b f(x)\mathrm{d}x.$$

4. 子区间上的可积性

若 $f(x)$ 在 $[a,b]$ 上可积, 则它在任何一个子区间 $[a_1,b_1]$ $(a \leqslant a_1 < b_1 \leqslant b)$ 上也可积.

5. 保序性

若 $[a,b]$ 上可积函数 $f(x) \geqslant g(x)$, 则

$$\int_a^b f(x)\mathrm{d}x \geqslant \int_a^b g(x)\mathrm{d}x.$$

特别地, 若 $g(x)=0$, 则 $\int_a^b f(x)\mathrm{d}x \geqslant 0$, 称为定积分的保号性.

若 $f(x)$ 在 $[a,b]$ 上连续且 $f(x) \geqslant 0$, 但 $f(x) \not\equiv 0$, 则有 $\int_a^b f(x)\mathrm{d}x > 0$.

由此推知, 若在 $[a,b]$ 上 $f(x)$ 与 $g(x)$ 都连续且 $f(x) \geqslant g(x)$, 但 $f(x) \not\equiv g(x)$, 则有

$$\int_a^b f(x)\mathrm{d}x > \int_a^b g(x)\mathrm{d}x.$$

估值公式 设 $f(x)$ 在 $[a,b]$ 上可积, 且 $m \leqslant f(x) \leqslant M$, 这里 m,M 是常数, 则有

$$m(b-a) \leqslant \int_a^b f(x)\mathrm{d}x \leqslant M(b-a).$$

6. 绝对可积性

设 $f(x)$ 在 $[a,b]$ 上可积, 则 $|f(x)|$ 在 $[a,b]$ 上也可积, 并且

$$\left|\int_a^b f(x)\mathrm{d}x\right| \leqslant \int_a^b |f(x)|\mathrm{d}x.$$

◇ 积分中值定理

1. 积分中值定理

设函数 $f(x)$ 在闭区间 $[a,b]$ 上连续, 则至少存在一点 $\xi \in (a,b)$, 使得

$$\int_a^b f(x)\mathrm{d}x = f(\xi)(b-a), \quad \xi \in (a,b).$$

2. 推广的积分中值定理或第一积分中值定理

设在闭区间 $[a,b]$ 上 $f(x)$ 连续, $\varphi(x)$ 可积且不变号, 则至少存在一点 $\xi \in (a,b)$, 使得

$$\int_a^b f(x)\varphi(x)\mathrm{d}x = f(\xi)\int_a^b \varphi(x)\mathrm{d}x.$$

◇ 变限积分函数的性质

函数 $f(x)$ 在区间 $[a,b]$ 上可积, 称 $F(x)=\int_a^x f(t)\mathrm{d}t\,(a\leqslant x\leqslant b)$ 为积分上限函数或变上限函数.

1. 连续性

若函数 $f(x)$ 在 $[a,b]$ 上可积, 则其积分上限函数 $F(x)$ 在区间 $[a,b]$ 上连续.

2. 可微性

(1) 逐点求导: 若函数 $f(x)$ 在 $[a,b]$ 上可积, 在点 $x_0\in(a,\ b)$ 处连续, 则函数 $F(x)=\int_a^x f(t)\mathrm{d}t$ 在点 x_0 处可导, 且 $F'(x_0)=f(x_0)$. 若 $f(x)$ 在 $x=a$ 点右连续, 则 $F'_+(a)=f(a)$; 若 $f(x)$ 在 $x=b$ 点左连续, 则 $F'_-(b)=f(b)$.

(2) 复合函数求导: 设函数 $f(x)$ 在区间 $[a,b]$ 上连续, $u(x),v(x)$ 在 (α,β) 内可微, 且当 $x\in(\alpha,\beta)$ 时, $u(x),v(x)\in[a,b]$, 则 $\psi(x)=\int_{v(x)}^{u(x)} f(t)\mathrm{d}t$ 在 (α,β) 内可微, 且

$$\psi'(x)=f(u(x))u'(x)-f(v(x))v'(x).$$

◇ 微积分基本定理

1. 微分形式的微积分基本定理 (原函数存在定理)

设函数 $f(x)$ 在 $[a,b]$ 上连续, 则函数 $F(x)=\int_a^x f(t)\mathrm{d}t$ 在 $[a,b]$ 上可导, 且 $F'(x)=f(x)$, 即 $F(x)$ 是 $f(x)$ 的原函数.

2. 积分形式的微积分基本定理 (牛顿–莱布尼茨 (Newton-Leibniz) 公式)

(1) 设函数 $f(x)$ 在区间 $[a,b]$ 上可积, 且有原函数 $F(x)$, 则有

$$\int_a^b f(x)\mathrm{d}x=F(x)\Big|_a^b=F(b)-F(a).$$

(2) 设函数 $f(x)$ 在区间 $[a,b]$ 上连续, $F(x)$ 是 $f(x)$ 在 $[a,b]$ 上的任意一个原函数, 则有

$$\int_a^x f(t)\mathrm{d}t=F(t)\Big|_a^x=F(x)-F(a)\quad(a\leqslant x\leqslant b).$$

特别地, $\int_a^b f(x)\mathrm{d}x=F(x)\Big|_a^b=F(b)-F(a)$.

推广结论　设函数 $f(x)$ 在 $[a,b]$ 上可积, 并在 (a,b) 内有原函数 $F(x)$, 且 $F(a+0),F(b-0)$ 存在, 则 $\int_a^b f(x)\mathrm{d}x=F(b-0)-F(a+0)$.

注记　(1) 在牛顿–莱布尼茨公式 (1) 中应注意到, 函数可积与原函数存在是两个不同的概念.

① 原函数存在, 函数未必可积. 例如:

$$F(x)=\begin{cases} x^2\sin\dfrac{1}{x^2} & (x\neq 0),\\ 0 & (x=0).\end{cases}\qquad f(x)=F'(x)=\begin{cases} 2x\sin\dfrac{1}{x^2}-\dfrac{2}{x}\cos\dfrac{1}{x^2} & (x\neq 0),\\ 0 & (x=0).\end{cases}$$

显然, $f(x)$ 在 $x=0$ 不连续且在 $x=0$ 附近无界, 所以它在区间 $[-1,1]$ 上不可积, 但它在区间 $[-1,1]$ 内却有原函数 $F(x)$.

② 函数可积, 原函数未必存在. 例如:

$$\operatorname{sgn}(x)=\begin{cases} 1 & (x>0),\\ 0 & (x=0),\\ -1 & (x<0).\end{cases}$$

显然, $f(x)$ 在 $x=0$ 不连续且有第一类间断点, 则 $\operatorname{sgn}(x)$ 在区间 $[-1,2]$ 内原函数不存在, 但它在区间 $[-1,2]$ 上可积, 且

$$\int_{-1}^{2}\operatorname{sgn}(x)\mathrm{d}x=\int_{-1}^{0}-1\mathrm{d}x+\int_{0}^{2}1\mathrm{d}x=-1+2=1.$$

(2) 由牛顿-莱布尼茨公式 (2) 知道, 若函数 $f(x)$ 在区间 I 上连续, 则在区间 I 中,

$$\int f(x)\mathrm{d}x=\int_{x_0}^{x}f(t)\mathrm{d}t+C\quad (x_0\in I).$$

精 选 例 题

例 144 证明下列不等式:

(1) $\displaystyle\int_0^1 x^m(1-x)^n\mathrm{d}x\leqslant\frac{m^m n^n}{(m+n)^{m+n}}\,(m>0,n>0)$;

(2) 当 $x\geqslant 0$ 时, $\displaystyle\int_0^x (t-t^2)\sin^{2n}t\mathrm{d}t\leqslant\frac{1}{(2n+2)(2n+3)}$, 其中 n 为自然数.

证明 (1) 先求函数 $f(x)=x^m(1-x)^n$ 在区间 $[0,1]$ 上的最大值. 因为

$$f'(x)=mx^{m-1}(1-x)^n-nx^m(1-x)^{n-1}=x^{m-1}(1-x)^{n-1}(m(1-x)-nx).$$

故由 $f'(x)=0$, 求得 $f(x)$ 在 $(0,1)$ 内的唯一驻点 $x_0=\dfrac{m}{m+n}$, 又 $f(0)=f(1)=0$, $f(x_0)>0$, 所以 $f(x_0)$ 是 $f(x)$ 在区间 $[0,1]$ 上的最大值. 故

$$\int_0^1 x^m(1-x)^n\mathrm{d}x\leqslant\int_0^1 x_0^m(1-x_0)^n\mathrm{d}x$$

$$=\left(\frac{m}{m+n}\right)^m\left(1-\frac{m}{m+n}\right)^n=\frac{m^mn^n}{(m+n)^{m+n}}.$$

(2) 令 $f(x)=\int_0^x(t-t^2)\sin^{2n}t\mathrm{d}t$, 则 $f'(x)=(x-x^2)\sin^{2n}x$. 当 $0<x<1$ 时, $f'(x)>0$, 故 $f(x)$ 在 $0\leqslant x\leqslant 1$ 时单调增; 当 $x>1$ 时, 除 $x=k\pi(k=1,2,3,\cdots)$ 的点外, $f'(x)<0$, 故 $f(x)$ 在 $x\geqslant 1$ 时单调减, 因此 $f(x)$ 在 $[0,+\infty)$ 上最大值为 $f(1)$.

$$f(x)\leqslant f(1)=\int_0^1(t-t^2)\sin^{2n}t\mathrm{d}t\leqslant\int_0^1(t-t^2)t^{2n}\mathrm{d}t=\frac{1}{(2n+2)(2n+3)}.$$

例 145　求下列函数的导数:

(1) 设 $\varphi(x)=\int_{\frac{1}{x}}^{x^2}\sin t^2\mathrm{d}t$, 求 $\varphi'(x)$;

(2) 设 $g(x)$ 在 $[a,b]$ 上连续, $\psi(x)=\int_a^b|x-t|g(t)\mathrm{d}t$, 当 $x\in(a,b)$ 时, 求 $\psi'(x),\psi''(x)$;

(3) 设 $f(x)=\int_0^x(1-\sin(\sin t))\mathrm{d}t$, 求 $(f^{-1})'(0)$;

(4) 设 $y=\int_0^{1+\sin t}(1+\mathrm{e}^{\frac{1}{u}})\mathrm{d}u$, 其中 $t=t(x)$ 由 $\begin{cases}x=\cos 2v,\\ t=\sin v\end{cases}$ 确定, 求 $\frac{\mathrm{d}y}{\mathrm{d}x}$;

(5) 设 $2x-\tan(x-y)=\int_0^{x-y}\sec^2t\mathrm{d}t$, 求 $\frac{\mathrm{d}^2y}{\mathrm{d}x^2}$.

解　(1)

$$\varphi'(x)=\sin((x^2)^2)\cdot 2x-\sin\left(\frac{1}{x}\right)^2\cdot\frac{-1}{x^2}=2x\sin x^4+\frac{1}{x^2}\sin\frac{1}{x^2}.$$

(2) **分析**　被积函数中带绝对值, 所以就要比较 x 与 t 的大小以去掉绝对值号. 另外这里 t 是积分变量, 而 x 是与积分无关的参变量, 或者说对于积分变量 t, x 是常量, 这样就把积分区间在 x 处分开, 在不同的区间内, 绝对值号就可去掉, 并且 x 或关于 x 的因式都可以提到积分号外.

当 $x\in(a,b)$ 时

$$\begin{aligned}\psi(x)&=\int_a^b|x-t|g(t)\mathrm{d}t=\int_a^x|x-t|g(t)\mathrm{d}t+\int_x^b|x-t|g(t)\mathrm{d}t\\&=\int_a^x(x-t)g(t)\mathrm{d}t+\int_x^b(t-x)g(t)\mathrm{d}t\\&=x\int_a^x g(t)\mathrm{d}t-\int_a^x tg(t)\mathrm{d}t+\int_x^b tg(t)\mathrm{d}t-x\int_x^b g(t)\mathrm{d}t.\end{aligned}$$

所以

$$\psi'(x)=\left(\int_a^x g(t)\mathrm{d}t+xg(x)\right)-xg(x)-xg(x)-\left(\int_x^b g(t)\mathrm{d}t-xg(x)\right)$$

$$= \int_a^x g(t)\mathrm{d}t - \int_x^b g(t)\mathrm{d}t,$$

$$\psi''(x) = g(x) - (-g(x)) = 2g(x).$$

(3) $y = f(x)$ 的反函数 $x = f^{-1}(y)$, 当 $x = 0$ 时, $y = 0$. 则

$$(f^{-1})'(0) = \left.\frac{\mathrm{d}x}{\mathrm{d}y}\right|_{y=0} = \frac{1}{\left.\dfrac{\mathrm{d}y}{\mathrm{d}x}\right|_{x=f^{-1}(0)}} = \frac{1}{(1-\sin(\sin x))\big|_{x=0}} = 1.$$

(4) **分析** 由已知, 三个变量的链式依赖关系 $y \to t \to x$, 由复合函数链式求导法则知

$$\frac{\mathrm{d}y}{\mathrm{d}x} = \frac{\mathrm{d}y}{\mathrm{d}t}\frac{\mathrm{d}t}{\mathrm{d}x}.$$

其中求 $\dfrac{\mathrm{d}y}{\mathrm{d}t}$ 是变限积分函数求导, 求 $\dfrac{\mathrm{d}t}{\mathrm{d}x}$ 是参数函数求导.

由已知得

$$\frac{\mathrm{d}y}{\mathrm{d}t} = \left(1+\mathrm{e}^{\frac{1}{1+\sin t}}\right)(1+\sin t)' = \left(1+\mathrm{e}^{\frac{1}{1+\sin t}}\right)\cos t,$$

$$\frac{\mathrm{d}t}{\mathrm{d}x} = \frac{\dfrac{\mathrm{d}t}{\mathrm{d}v}}{\dfrac{\mathrm{d}x}{\mathrm{d}v}} = \frac{\cos v}{-2\sin 2v} = -\frac{1}{4\sin v} = -\frac{1}{4t},$$

所以

$$\frac{\mathrm{d}y}{\mathrm{d}x} = \frac{\mathrm{d}y}{\mathrm{d}t}\frac{\mathrm{d}t}{\mathrm{d}x} = -\frac{\cos t}{4t}\left(1+\mathrm{e}^{\frac{1}{1+\sin t}}\right).$$

(5) **分析** 这是带变限积分函数的隐式方程求导问题, 可以直接把 y 作为 x 的函数 $y = y(x)$, 两边关于 x 求导, 也可以利用一阶微分形式不变性时两边微分, 求得 $\dfrac{\mathrm{d}y}{\mathrm{d}x}$, 然后求得二阶导数.

方程两边对 x 求导, 得

$$2 - \sec^2(x-y)\left(1-\frac{\mathrm{d}y}{\mathrm{d}x}\right) = \sec^2(x-y)\left(1-\frac{\mathrm{d}y}{\mathrm{d}x}\right),$$

整理得

$$\frac{\mathrm{d}y}{\mathrm{d}x} = 1-\cos^2(x-y).$$

所以

$$\frac{\mathrm{d}^2y}{\mathrm{d}x^2} = \frac{\mathrm{d}(1-\cos^2(x-y))}{\mathrm{d}x} = 2\sin(x-y)\cos(x-y)\left(1-\frac{\mathrm{d}y}{\mathrm{d}x}\right)$$

$$= \sin(2(x-y))\cos^2(x-y).$$

例 146　设 $f(x)$ 是 $[0,+\infty)$ 上的正值连续函数, $G(x)=\dfrac{\int_0^x tf(t)\mathrm{d}t}{\int_0^x f(t)\mathrm{d}t}$, 证明: $G(x)$ 在 $(0,+\infty)$ 中严格增.

证明

$$G'(x)=\frac{\left(\int_0^x tf(t)\mathrm{d}t\right)'\int_0^x f(t)\mathrm{d}t-\int_0^x tf(t)\mathrm{d}t\left(\int_0^x f(t)\mathrm{d}t\right)'}{\left(\int_0^x f(t)\mathrm{d}t\right)^2}$$
$$=\frac{xf(x)\int_0^x f(t)\mathrm{d}t-f(x)\int_0^x tf(t)\mathrm{d}t}{\left(\int_0^x f(t)\mathrm{d}t\right)^2}=\frac{\int_0^x (x-t)f(x)f(t)\mathrm{d}t}{\left(\int_0^x f(t)\mathrm{d}t\right)^2}.$$

上式右端中分子是 $t\in[0,x]$ 上的积分, 由已知条件以及 $x>0$, 可知被积函数 $(x-t)f(x)f(t)$ 非负连续, 且对 $t\in[0,x]$, 不恒等于 0, 所以分子大于 0, 而分母显然也大于 0, 所以 $G'(x)>0$, 故 $G(x)$ 在 $(0,+\infty)$ 中严格增.

例 147　求下列极限:

(1) $\lim\limits_{x\to 0}\dfrac{\int_0^{1-\cos x}\sin t^2\mathrm{d}t}{\mathrm{e}^{x^8-2x^6}-1}$;

(2) $\lim\limits_{x\to 0}\dfrac{\int_0^x (x-t)\sin t^2\mathrm{d}t}{(x^2+x^3)(1-\sqrt{1-x^2})}$;

(3) 设 $f(x)$ 在 $[0,+\infty)$ 连续, 且满足 $\lim\limits_{x\to+\infty}\dfrac{f(x)}{x^2}=1$, 求 $\lim\limits_{x\to+\infty}\dfrac{\mathrm{e}^{-2x}\int_0^x \mathrm{e}^{2t}f(t)\mathrm{d}t}{f(x)}$;

(4) $\lim\limits_{x\to 0}\dfrac{\int_0^x\left(\int_0^{u^2}\arctan(1+t)\mathrm{d}t\right)\mathrm{d}u}{(1-\cos x)\ln(1+x)}$;

(5) $\lim\limits_{x\to+\infty}\sqrt[3]{x}\int_x^{x+1}\dfrac{\sin t}{\sqrt{t+\cos t}}\mathrm{d}t$.

解　(1) **分析**　这是 “$\dfrac{0}{0}$” 型未定式, 用洛必达法则, 但分母要先等价替换.

因为当 $x\to 0$ 时, $\mathrm{e}^{x^8-2x^6}-1\sim x^8-2x^6\sim -2x^6$, $1-\cos x\sim\dfrac{x^2}{2}$, 所以

$$\lim_{x\to 0}\frac{\int_0^{1-\cos x}\sin t^2\mathrm{d}t}{\mathrm{e}^{x^8-2x^6}-1}=\lim_{x\to 0}\frac{\int_0^{1-\cos x}\sin t^2\mathrm{d}t}{-2x^6}=\lim_{x\to 0}\frac{\sin x\sin(1-\cos x)^2}{-12x^5}$$
$$=\lim_{x\to 0}\frac{x(1-\cos x)^2}{-12x^5}$$

$$=\lim_{x\to 0}\frac{x\left(\dfrac{x^2}{2}\right)^2}{-12x^5}=-\frac{1}{48}.$$

(2) **分析** 这是“$\dfrac{0}{0}$”型未定式，用洛必达法则．要注意分母含根式函数，要先等价替换，分子是被积函数与积分上限都含参变量 x 的变上限积分函数，所以求导前要先变形，把参变量提到积分号外，以便利用变限积分的求导公式．

因为当 $x\to 0$ 时，$1-\sqrt{1-x^2}\sim-\dfrac{1}{2}(-x^2)$，$x^2+x^3\sim x^2$，所以两次使用洛必达法则得

$$\lim_{x\to 0}\frac{\int_0^x(x-t)\sin t^2\mathrm{d}t}{(x^2+x^3)(1-\sqrt{1-x^2})}=\lim_{x\to 0}\frac{x\int_0^x\sin t^2\mathrm{d}t-\int_0^x t\sin t^2\mathrm{d}t}{\dfrac{1}{2}x^4}$$

$$=\lim_{x\to 0}\frac{\int_0^x\sin t^2\mathrm{d}t}{2x^3}=\lim_{x\to 0}\frac{\sin x^2}{6x^2}=\frac{1}{6}.$$

(3) **分析** 注意到条件 $\lim\limits_{x\to+\infty}\dfrac{f(x)}{x^2}=1$，实质是提供了等价无穷大量替换，这样极限为“$\dfrac{*}{\infty}$”型的未定式，想到用洛必达法则，但分子如果带着 e^{-2x} 求导，非常不方便，所以先变形把此项转到分母上，化为“$\dfrac{\infty}{\infty}$”型的未定式，再用洛必达法则．

先作恒等变形，利用无穷大量替换及洛必达法则，得

$$\lim_{x\to+\infty}\frac{\mathrm{e}^{-2x}\int_0^x\mathrm{e}^{2t}f(t)\mathrm{d}t}{f(x)}=\lim_{x\to+\infty}\frac{\int_0^x\mathrm{e}^{2t}f(t)\mathrm{d}t}{\mathrm{e}^{2x}x^2}=\lim_{x\to+\infty}\frac{\mathrm{e}^{2x}f(x)}{\mathrm{e}^{2x}(2x^2+2x)}$$

$$=\lim_{x\to+\infty}\frac{x^2}{2x^2+2x}=\frac{1}{2}.$$

(4) 利用等价替换及两次使用洛必达法则，有

$$\lim_{x\to 0}\frac{\int_0^x\left(\int_0^{u^2}\arctan(1+t)\mathrm{d}t\right)\mathrm{d}u}{(1-\cos x)\ln(1+x)}=\lim_{x\to 0}\frac{\int_0^x\left(\int_0^{u^2}\arctan(1+t)\mathrm{d}t\right)\mathrm{d}u}{\dfrac{1}{2}x^2\cdot x}$$

$$=\lim_{x\to 0}\frac{\int_0^{x^2}\arctan(1+t)\mathrm{d}t}{\dfrac{3}{2}x^2}$$

$$=\lim_{x\to 0}\frac{2x\arctan(1+x^2)}{3x}=\frac{\pi}{6}.$$

注记　分子求导时, 可以令 $F(u)=\int_0^{u^2}\arctan(1+t)\mathrm{d}t$, 则

$$\left(\int_0^x\left(\int_0^{u^2}\arctan(1+t)\mathrm{d}t\right)\mathrm{d}u\right)'=\left(\int_0^x F(u)\mathrm{d}u\right)'=F(x)$$
$$=\int_0^{x^2}\arctan(1+t)\mathrm{d}t.$$

(5) 因为当 $x>1$ 时

$$\left|\sqrt[3]{x}\int_x^{x+1}\frac{\sin t}{\sqrt{t+\cos t}}\mathrm{d}t\right|\leqslant\sqrt[3]{x}\int_x^{x+1}\frac{1}{\sqrt{t-1}}\mathrm{d}t=2\sqrt[3]{x}(\sqrt{x}-\sqrt{x-1})$$
$$=\frac{2\sqrt[3]{x}}{\sqrt{x}+\sqrt{x-1}}\to 0\quad(x\to+\infty),$$

所以由夹逼定理知 $\lim\limits_{x\to+\infty}\sqrt[3]{x}\int_x^{x+1}\frac{\sin t}{\sqrt{t+\cos t}}\mathrm{d}t=0.$

例 148　求函数 $f(x)=\int_0^{x^2}(2-t)\mathrm{e}^{-t}\mathrm{d}t$ 的最大值与最小值.

解　因 $f(x)$ 是偶函数, 故只需要求在 $[0,+\infty)$ 内 $f(x)$ 的最值. 由

$$f'(x)=2x(2-x^2)\mathrm{e}^{-x^2},$$

求得 $f(x)$ 在 $[0,+\infty)$ 内唯一的驻点 $x=\sqrt{2}$. 当 $0<x<\sqrt{2}$ 时, $f'(x)>0$; 当 $x>\sqrt{2}$ 时, $f'(x)<0$. 所以 $x=\sqrt{2}$ 是 $f(x)$ 在 $[0,+\infty)$ 内的最大值点, $\pm\sqrt{2}$ 是 $f(x)$ 在 $(-\infty,+\infty)$ 的最大值点.

$$f_{\max}=f(\pm\sqrt{2})=\int_0^2(2-t)\mathrm{e}^{-t}\mathrm{d}t=(t-1)\mathrm{e}^{-t}\Big|_0^2=1+\mathrm{e}^{-2}.$$

因为

$$\lim_{x\to+\infty}f(x)=\lim_{x\to+\infty}\int_0^{x^2}(2-t)\mathrm{e}^{-t}\mathrm{d}t=\lim_{x\to+\infty}\left((t-1)\mathrm{e}^{-t}\Big|_0^{x^2}\right)=1,$$

而 $f(0)=0$, 所以 $f(x)$ 在 $(-\infty,+\infty)$ 的最小值为 $f(0)=0$, 即

$$f_{\min}=f(0)=0.$$

例 149　利用定积分的定义求下列极限:

(1) $\lim\limits_{n\to\infty}\left(\frac{\ln\left(1+\frac{1}{n}\right)}{n+1}+\frac{\ln\left(1+\frac{2}{n}\right)}{n+2}+\cdots+\frac{\ln\left(1+\frac{n}{n}\right)}{n+n}\right)$;

(2) $\lim\limits_{n\to+\infty}\left(\dfrac{1}{\sqrt{2n^2}}+\dfrac{1}{\sqrt{2n^2-1}}+\dfrac{1}{\sqrt{2n^2-4}}+\cdots+\dfrac{1}{\sqrt{2n^2-(n-1)^2}}\right)$;

(3) $\lim\limits_{n\to\infty}\sum\limits_{i=1}^{n}\dfrac{i}{n\sqrt{n^2+i^2}}$;

(4) $\lim\limits_{n\to\infty}\dfrac{1}{n^4}\prod\limits_{i=1}^{2n}(n^2+i^2)^{\frac{1}{n}}$.

解 (1) 把求极限的数列通项变形

$$\begin{aligned}&\frac{\ln\left(1+\frac{1}{n}\right)}{n+1}+\frac{\ln\left(1+\frac{2}{n}\right)}{n+2}+\cdots+\frac{\ln\left(1+\frac{n}{n}\right)}{n+n}\\&=\frac{1}{n}\left(\frac{\ln\left(1+\frac{1}{n}\right)}{1+\frac{1}{n}}+\frac{\ln\left(1+\frac{2}{n}\right)}{1+\frac{2}{n}}+\cdots+\frac{\ln\left(1+\frac{n}{n}\right)}{1+\frac{n}{n}}\right)=\sum_{i=1}^{n}\frac{1}{n}\frac{\ln\left(1+\frac{i}{n}\right)}{1+\frac{i}{n}},\end{aligned}$$

则和式为函数 $\dfrac{\ln(1+x)}{1+x}$ 在区间 $[0,1]$ 上的黎曼和. 又函数 $\dfrac{\ln(1+x)}{1+x}$ 在区间 $[0,1]$ 上连续, 则可积, 因此所求和式的极限是函数 $\dfrac{\ln(1+x)}{1+x}$ 在区间 $[0,1]$ 上的定积分, 所以

$$\begin{aligned}&\lim_{n\to\infty}\left(\frac{\ln\left(1+\frac{1}{n}\right)}{n+1}+\frac{\ln\left(1+\frac{2}{n}\right)}{n+2}+\cdots+\frac{\ln\left(1+\frac{n}{n}\right)}{n+n}\right)\\&=\int_0^1\frac{\ln(1+x)}{1+x}\mathrm{d}x=\left.\frac{\ln^2(1+x)}{2}\right|_0^1=\frac{\ln^2 2}{2}.\end{aligned}$$

(2) 把求极限的数列通项变形

$$\begin{aligned}&\frac{1}{\sqrt{2n^2}}+\frac{1}{\sqrt{2n^2-1}}+\frac{1}{\sqrt{2n^2-4}}+\cdots+\frac{1}{\sqrt{2n^2-(n-1)^2}}\\&=\frac{1}{n}\left(\frac{1}{\sqrt{2}}+\frac{1}{\sqrt{2-\left(\frac{1}{n}\right)^2}}+\cdots+\frac{1}{\sqrt{2-\left(\frac{n-1}{n}\right)^2}}\right)=\sum_{i=0}^{n-1}\frac{1}{n}\frac{1}{\sqrt{2-\left(\frac{i}{n}\right)^2}},\end{aligned}$$

则和式是函数 $\dfrac{1}{\sqrt{2-x^2}}$ 在区间 $[0,1]$ 上的黎曼和. 又函数 $\dfrac{1}{\sqrt{2-x^2}}$ 在区间 $[0,1]$ 上连续, 故可积, 从而所求和式的极限是函数 $\dfrac{1}{\sqrt{2-x^2}}$ 在区间 $[0,1]$ 上的定积分,

所以

$$\lim_{n\to+\infty}\left(\frac{1}{\sqrt{2n^2}}+\frac{1}{\sqrt{2n^2-1}}+\frac{1}{\sqrt{2n^2-4}}+\cdots+\frac{1}{\sqrt{2n^2-(n-1)^2}}\right)$$
$$=\int_0^1\frac{1}{\sqrt{2-x^2}}\mathrm{d}x=\arcsin\frac{x}{\sqrt{2}}\bigg|_0^1=\frac{\pi}{4}.$$

(3) 因为

$$\sum_{i=1}^{n}\frac{i}{n\sqrt{n^2+i^2}}=\sum_{i=1}^{n}\frac{1}{n}\frac{\frac{i}{n}}{\sqrt{1+\left(\frac{i}{n}\right)^2}},$$

故和式是函数 $\frac{x}{\sqrt{1+x^2}}$ 在区间 $[0,1]$ 上的黎曼和. 又函数 $\frac{x}{\sqrt{1+x^2}}$ 在区间 $[0,1]$ 上连续, 故可积, 从而所求和式的极限是函数 $\frac{x}{\sqrt{1+x^2}}$ 在区间 $[0,1]$ 上的定积分, 所以

$$\lim_{n\to\infty}\sum_{i=1}^{n}\frac{i}{n\sqrt{n^2+i^2}}=\int_0^1\frac{x}{\sqrt{1+x^2}}\mathrm{d}x=\sqrt{1+x^2}\Big|_0^1=\sqrt{2}-1.$$

(4) 令 $x_n=\frac{1}{n^4}\prod_{i=1}^{2n}(n^2+i^2)^{\frac{1}{n}}$, 则

$$\begin{aligned}\ln x_n=\frac{1}{n}\sum_{i=1}^{2n}\ln(n^2+i^2)-4\ln n&=\frac{1}{n}\sum_{i=1}^{2n}\ln n^2\left(1+\left(\frac{i}{n}\right)^2\right)-4\ln n\\&=\frac{1}{n}\left(\sum_{i=1}^{2n}\ln n^2+\sum_{i=1}^{2n}\ln\left(1+\left(\frac{i}{n}\right)^2\right)\right)-4\ln n\\&=\frac{1}{n}\sum_{i=1}^{2n}\ln\left(1+\left(\frac{i}{n}\right)^2\right).\end{aligned}$$

因为和式 $\frac{1}{n}\sum_{i=1}^{2n}\ln\left(1+\left(\frac{i}{n}\right)^2\right)$ 为函数 $\ln(1+x^2)$ 在区间 $[0,2]$ 上的黎曼和 (对区间 $[0,2]$ 作 $2n$ 等分, 每个区间长 $\frac{1}{n}$, 而函数 $\ln(1+x^2)$ 在区间 $[0,2]$ 上连续, 故可积), 所以和式的极限

$$\lim_{n\to\infty}\frac{1}{n}\sum_{i=1}^{2n}\ln\left(1+\left(\frac{i}{n}\right)^2\right)$$

是函数 $\ln(1+x^2)$ 在区间 $[0,2]$ 上的定积分, 则有

$$\lim_{n\to\infty}\ln x_n=\int_0^2\ln(1+x^2)\mathrm{d}x=x\ln(1+x^2)\Big|_0^2-\int_0^2\frac{2x^2}{1+x^2}\mathrm{d}x$$

$$= 2\ln 5 - 4 + 2\arctan 2.$$

故

$$\lim_{n\to\infty}\frac{1}{n^4}\prod_{i=1}^{2n}(n^2+i^2)^{\frac{1}{n}} = \lim_{n\to\infty} x_n = \lim_{n\to\infty} \mathrm{e}^{\ln x_n} = \mathrm{e}^{\lim\limits_{n\to\infty}\ln x_n} = 25\mathrm{e}^{-4+2\arctan 2}.$$

例 150 求下列极限:

(1) $\lim\limits_{n\to\infty}\int_0^{\frac{\pi}{4}}\sin^{n+\frac{1}{3}}x\mathrm{d}x$; (2) $\lim\limits_{n\to\infty}\int_0^{\frac{\pi}{2}}\sin^{n+\frac{1}{3}}x\mathrm{d}x$;

(3) $\lim\limits_{n\to\infty}\int_0^{1}\dfrac{x^n}{1+(1-x)^7}\mathrm{d}x$; (4) $\lim\limits_{n\to\infty}\int_n^{n+1}x^2\mathrm{e}^{-x^2}\mathrm{d}x$.

解 (1) 解法 1 因为 $\sin x$ 在 $\left[0,\dfrac{\pi}{4}\right]$ 上严格增, 所以当 $0\leqslant x\leqslant\dfrac{\pi}{4}$ 时, 有

$$0\leqslant \sin^{n+\frac{1}{3}}x\leqslant\left(\sin\frac{\pi}{4}\right)^{n+\frac{1}{3}}=\left(\frac{1}{\sqrt{2}}\right)^{n+\frac{1}{3}}.$$

利用定积分的保序性可得

$$0\leqslant\int_0^{\frac{\pi}{4}}\sin^{n+\frac{1}{3}}x\mathrm{d}x\leqslant\int_0^{\frac{\pi}{4}}\left(\frac{1}{\sqrt{2}}\right)^{n+\frac{1}{3}}\mathrm{d}x=\frac{\pi}{4}\left(\frac{1}{\sqrt{2}}\right)^{n+\frac{1}{3}}.$$

又

$$\lim_{n\to\infty}\frac{\pi}{4}\left(\frac{1}{\sqrt{2}}\right)^{n+\frac{1}{3}}=0,$$

由夹逼定理得 $\lim\limits_{n\to\infty}\int_0^{\frac{\pi}{4}}\sin^{n+\frac{1}{3}}x\mathrm{d}x=0.$

解法 2 因为函数 $\sin^{n+\frac{1}{3}}x$ 在 $\left[0,\dfrac{\pi}{4}\right]$ 上连续, 所以由积分中值定理得

$$\lim_{n\to\infty}\int_0^{\frac{\pi}{4}}\sin^{n+\frac{1}{3}}x\mathrm{d}x=\lim_{n\to\infty}\frac{\pi}{4}(\sin\xi_n)^{n+\frac{1}{3}}=0\quad\left(0<\xi_n<\frac{\pi}{4}\right).$$

(2) **分析** 本题不能用第 (1) 题的两种方法, 因为函数在 $\left[0,\dfrac{\pi}{2}\right]$ 上的最大值是 1, 解法 1 行不通. 而用积分中值定理, 极限 $\lim\limits_{n\to\infty}(\sin\xi_n)^{n+\frac{1}{3}}$ 在 $n\to\infty$, $\xi_n\to\dfrac{\pi}{2}$ 时, 就会出现“1^∞”型未定式而无法计算, 所以需要在端点 $\dfrac{\pi}{2}$ 特殊处理.

对 $\forall\varepsilon\in\left(0,\dfrac{\pi}{2}\right)$, 因为在 $\left[\dfrac{\pi}{2}-\dfrac{\varepsilon}{2},\dfrac{\pi}{2}\right]$ 上 $0\leqslant\sin^{n+\frac{1}{3}}x\leqslant 1$, 所以

$$0\leqslant\int_{\frac{\pi}{2}-\frac{\varepsilon}{2}}^{\frac{\pi}{2}}\sin^{n+\frac{1}{3}}x\mathrm{d}x\leqslant\int_{\frac{\pi}{2}-\frac{\varepsilon}{2}}^{\frac{\pi}{2}}1\mathrm{d}x=\frac{\varepsilon}{2}.$$

对上述给定的 ε, 当 $x\in\left[0,\dfrac{\pi}{2}-\dfrac{\varepsilon}{2}\right]$ 时, 恒有

$$0\leqslant \sin^{n+\frac{1}{3}}x\leqslant\left(\sin\left(\frac{\pi}{2}-\frac{\varepsilon}{2}\right)\right)^{n+\frac{1}{3}}.$$

所以

$$0\leqslant\int_0^{\frac{\pi}{2}-\frac{\varepsilon}{2}}\sin^{n+\frac{1}{3}}x\leqslant\left(\frac{\pi}{2}-\frac{\varepsilon}{2}\right)\left(\sin\left(\frac{\pi}{2}-\frac{\varepsilon}{2}\right)\right)^{n+\frac{1}{3}}.$$

因为 $0<\sin\left(\dfrac{\pi}{2}-\dfrac{\varepsilon}{2}\right)<1$, 所以上面不等式的右端极限为 0, 因而由夹逼定理得

$$\lim_{n\to\infty}\int_0^{\frac{\pi}{2}-\frac{\varepsilon}{2}}\sin^{n+\frac{1}{3}}x=0.$$

于是由极限的定义, 对上述给定的 ε, 存在 N, 只要 $n>N$, 就有

$$\int_0^{\frac{\pi}{2}-\frac{\varepsilon}{2}}\sin^{n+\frac{1}{3}}x<\frac{\varepsilon}{2}.$$

综上, 当 $n>N$ 时

$$0\leqslant\int_0^{\frac{\pi}{2}}\sin^{n+\frac{1}{3}}x\mathrm{d}x=\int_0^{\frac{\pi}{2}-\frac{\varepsilon}{2}}\sin^{n+\frac{1}{3}}x\mathrm{d}x+\int_{\frac{\pi}{2}-\frac{\varepsilon}{2}}^{\frac{\pi}{2}}\sin^{n+\frac{1}{3}}x\mathrm{d}x<\frac{\varepsilon}{2}+\frac{\varepsilon}{2}=\varepsilon,$$

即得

$$\lim_{n\to\infty}\int_0^{\frac{\pi}{2}}\sin^{n+\frac{1}{3}}x\mathrm{d}x=0.$$

(3) **分析**　因为函数的积分值难以求出, 且与第 (2) 题类似, 可用类似的方法证明其极限为 0, 下面有更简便的方法.

解法 1　因为 $0\leqslant x\leqslant 1$ 时, 有

$$0\leqslant\frac{x^n}{1+(1-x)^7}\leqslant x^n,$$

所以

$$0\leqslant\int_0^1\frac{x^n}{1+(1-x)^7}\mathrm{d}x\leqslant\int_0^1 x^n\mathrm{d}x=\frac{1}{n+1}.$$

则由夹逼定理得

$$\lim_{n\to\infty}\int_0^1\frac{x^n}{1+(1-x)^7}\mathrm{d}x=0.$$

解法 2　因为 $0\leqslant x\leqslant 1$ 时, $x^n>0$, $\dfrac{1}{1+(1-x)^7}$ 连续, 所以利用推广的积分中值定理, 得

$$\begin{aligned}\lim_{n\to\infty}\int_0^1\frac{x^n}{1+(1-x)^7}\mathrm{d}x&=\lim_{n\to\infty}\frac{1}{1+(1-\xi_n)^7}\int_0^1 x^n\mathrm{d}x\\&=\lim_{n\to\infty}\frac{1}{(1+(1-\xi_n)^7)(n+1)}=0\quad(0<\xi_n<1).\end{aligned}$$

注记 一般地, 若函数 $f(x)$ 在 $[0,1]$ 连续, 则 $\lim\limits_{n\to\infty}\int_0^1 x^n f(x)\mathrm{d}x=0$.

解法 1 利用积分的保序性进行放大或缩小, 由夹逼原理求得极限; 解法 2 利用积分中值定理或推广的积分中值定理, 但一定要注意定理的条件.

(4) **分析** 函数 $x^2\mathrm{e}^{-x^2}$ 连续, 但无法求出积分, 只能用积分中值定理.

因为函数 $x^2\mathrm{e}^{-x^2}$ 连续, 所以由积分中值定理, 存在 ξ_n 满足 $n<\xi_n<n+1$, 使得

$$\lim_{n\to\infty}\int_n^{n+1}x^2\mathrm{e}^{-x^2}\mathrm{d}x=\lim_{n\to\infty}\xi_n^2\mathrm{e}^{-\xi_n^2}=\lim_{\xi\to+\infty}\xi^2\mathrm{e}^{-\xi^2}=0.$$

例 151 设 $f(x)=\begin{cases}2x+\dfrac{3}{2}x^2, & -1\leqslant x<0,\\ \dfrac{x\mathrm{e}^x}{(\mathrm{e}^x+1)^2}, & 0\leqslant x\leqslant 1.\end{cases}$ 求 $F(x)=\int_{-1}^x f(t)\mathrm{d}t$ 的表达式, 并讨论 $F(x)$ 在 $[-1,1]$ 上的可微性.

解 当 $-1\leqslant x<0$ 时

$$F(x)=\int_{-1}^x 2t+\frac{3}{2}t^2\mathrm{d}t=\left(t^2+\frac{1}{2}t^3\right)\Big|_{-1}^x=\frac{1}{2}x^3+x^2-\frac{1}{2}.$$

当 $0\leqslant x\leqslant 1$ 时

$$F(x)=\int_{-1}^x f(t)\mathrm{d}t=\int_{-1}^0 f(t)\mathrm{d}t+\int_0^x f(t)\mathrm{d}t=\left(t^2+\frac{1}{2}t^3\right)\Big|_{-1}^0+\int_0^x\frac{t\mathrm{e}^t}{(\mathrm{e}^t+1)^2}\mathrm{d}t.$$

因为

$$\begin{aligned}\int\frac{t\mathrm{e}^t}{(\mathrm{e}^t+1)^2}\mathrm{d}t=\int t\mathrm{d}\left(\frac{-1}{\mathrm{e}^t+1}\right)&=-\frac{t}{\mathrm{e}^t+1}+\int\frac{\mathrm{d}t}{\mathrm{e}^t+1}\\&=-\frac{t}{\mathrm{e}^t+1}-\int\frac{\mathrm{d}\mathrm{e}^{-t}}{\mathrm{e}^{-t}+1}\\&=-\frac{t}{\mathrm{e}^t+1}-\ln(\mathrm{e}^{-t}+1)+C,\end{aligned}$$

所以当 $0\leqslant x\leqslant 1$ 时

$$\begin{aligned}F(x)&=\left(t^2+\frac{1}{2}t^3\right)\Big|_{-1}^0+\left(-\frac{t}{\mathrm{e}^t+1}-\ln(\mathrm{e}^{-t}+1)\right)\Big|_0^x\\&=-\frac{1}{2}-\frac{x}{\mathrm{e}^x+1}-\ln(\mathrm{e}^{-x}+1)+\ln 2.\end{aligned}$$

综上, 得

$$F(x)=\begin{cases}\dfrac{1}{2}x^3+x^2-\dfrac{1}{2} & (-1\leqslant x<0),\\ \ln 2-\dfrac{1}{2}-\dfrac{x}{\mathrm{e}^x+1}-\ln(\mathrm{e}^{-x}+1) & (0\leqslant x\leqslant 1).\end{cases}$$

显然 $f(x)$ 在 $[-1,0),(0,1]$ 上连续, 又

$$f(0+0)=\lim_{x\to 0^+}\frac{x\mathrm{e}^x}{(\mathrm{e}^x+1)^2}=0=f(0)=f(0-0),$$

即 $f(x)$ 在 $[-1,1]$ 上连续, 故 $F(x)$ 在 $[-1,1]$ 上可微.

例 152　设 $\lim\limits_{x\to 0}f(x)$ 及 $\int_0^1 f(x)\mathrm{d}x$ 都存在, 且有

$$f(x)=(x^2-1)\lim_{x\to 0}f(x)+x\int_0^1 f(x)\mathrm{d}x+2,$$

求 $f(x)$.

分析　此题已经给出待求函数的极限和其定积分, 所以可以用待定系数法, 把极限和定积分分别用常数待定, 然后对关系式分别求极限、定积分, 依次求出待定的常数, 即该函数极限和定积分.

解　记 $a=\lim\limits_{x\to 0}f(x)$, $b=\int_0^1 f(x)\mathrm{d}x$, 则由已知得

$$f(x)=a(x^2-1)+bx+2,$$

令 $x\to 0$, 对上式求极限, 得

$$a=-a+2,$$

即

$$a=1.$$

所以

$$f(x)=x^2+bx+1,$$

对上式两边在 $[0,1]$ 上积分, 得

$$b=\frac{1}{3}+\frac{1}{2}b+1,$$

解得 $b=\dfrac{8}{3}$. 故

$$f(x)=x^2+\frac{8}{3}x+1.$$

思考题　设 $f(x)\in C[-\pi,\pi]$, 且 $f(x)=\dfrac{x}{1+\cos^2 x}+\int_{-\pi}^{\pi}f(x)\sin x\mathrm{d}x$, 求 $f(x)$.

例 153　设连续函数 $f(x)$ 满足 $f(x)\left(1+\int_0^x f(t)\mathrm{d}t\right)=\mathrm{e}^{-2x}$, 求 $f(x)$.

解 令 $F(x)=1+\int_0^x f(t)\mathrm{d}t$, 则 $F(0)=1$, 且 $F'(x)=f(x)$, 故方程化为

$$F'(x)F(x)=\left(\frac{F^2(x)}{2}\right)'=\mathrm{e}^{-2x},$$

即 $(F^2(x))'=2\mathrm{e}^{-2x}$. 由牛顿-莱布尼茨公式得

$$\int_0^x (F^2(t))'\mathrm{d}t=F^2(x)-F^2(0)=\int_0^x 2\mathrm{e}^{-2t}\mathrm{d}t=-\mathrm{e}^{-2t}\Big|_0^x=1-\mathrm{e}^{-2x}.$$

所以

$$F^2(x)=2-\mathrm{e}^{-2x},$$

又 $F(0)=1$, 则 $F(x)=\sqrt{2-\mathrm{e}^{-2x}}$, 故

$$f(x)=F'(x)=\frac{1}{\mathrm{e}^{2x}\sqrt{2-\mathrm{e}^{-2x}}}.$$

注记 若函数 $f(x)$ 在区间 $[a,b]$ 上连续, 则

$$\int f(x)\mathrm{d}x=\int_a^x f(t)\mathrm{d}t+C,$$

即 $f(x)$ 的原函数

$$F(x)=\int_a^x f(t)\mathrm{d}t+C,$$

正是利用此关系, 我们把已知关系式化为

$$f(x)\left(1+\int_0^x f(t)\mathrm{d}t\right)=f(x)F(x)=F'(x)F(x)=\left(\frac{F^2(x)}{2}\right)'.$$

例 154 设 $f(x)\in C[a,b]$ 满足: 对任意 $g(x)\in C[a,b]$, 只要 $\int_a^b g=0$ 时, 就有 $\int_a^b fg=0$, 试证: $f(x)$ 是 $[a,b]$ 上的常值函数.

证明 由积分中值定理, $\exists x_0\in(a,b)$ 使

$$\int_a^b f(x)\mathrm{d}x=(b-a)f(x_0) \quad 即 \quad \int_a^b (f(x)-f(x_0))\mathrm{d}x=0,$$

从而

$$\int_a^b f(x_0)(f(x)-f(x_0))\mathrm{d}x=0.$$

令 $g(x)=f(x)-f(x_0)$, 则由已知得

$$\int_a^b f(x)g(x)\mathrm{d}x=\int_a^b f(x)(f(x)-f(x_0))\mathrm{d}x=0.$$

由此两式可得

$$\int_a^b (f(x)-f(x_0))^2\mathrm{d}x=0,$$

进而有 $f(x)-f(x_0)\equiv 0$, 即 $f(x)\equiv f(x_0)$, $x\in[a,b]$.

例 155　正确使用牛顿-莱布尼茨公式计算定积分:

(1) $\displaystyle\int_{-1}^{1}\frac{\mathrm{d}x}{x}$;　　(2) $\displaystyle\int_0^{2\pi}\frac{\sec^2 x\mathrm{d}x}{2+\tan^2 x}$.

解　(1) 如下计算是错误的:

$$\int_{-1}^{1}\frac{\mathrm{d}x}{x}=\ln|x|\Big|_{-1}^{1}=0-0=0.$$

因为从原函数的概念看, 在包含 0 点的区间 $[-1,1]$ 上, $\ln|x|$ 不是 $\dfrac{1}{x}$ 的原函数, 所以不能在区间 $[-1,1]$ 上用牛顿-莱布尼茨公式. 函数 $\dfrac{1}{x}$ 在区间 $[-1,1]$ 上无界, 故其定积分不存在.

(2) 如下计算

$$\int_0^{2\pi}\frac{\sec^2 x\mathrm{d}x}{2+\tan^2 x}=\int_0^{2\pi}\frac{\mathrm{d}(\tan x)}{2+\tan^2 x}=\frac{1}{\sqrt{2}}\arctan\left(\frac{\tan x}{\sqrt{2}}\right)\Big|_0^{2\pi}=0.$$

但很容易判断出, 本题的被积函数在区间 $[0,2\pi]$ 上大于 0, 则定积分也必定大于 0, 所以上面的解法是错误的.

从原函数的概念看, 在区间 $[0,2\pi]$ 上, 函数 $F(x)=\arctan\dfrac{\tan x}{\sqrt{2}}$ 有两个第一类间断点 $\dfrac{\pi}{2}$ 和 $\dfrac{3\pi}{2}$, 因此在区间 $[0,2\pi]$ 上不能用牛顿-莱布尼茨公式. 而

$$F\left(\frac{\pi}{2}-0\right)=F\left(\frac{3\pi}{2}-0\right)=\frac{\pi}{2},\quad F\left(\frac{\pi}{2}+0\right)=F\left(\frac{3\pi}{2}+0\right)=-\frac{\pi}{2},$$

可以分区间用牛顿-莱布尼茨公式的推广结论,

$$\begin{aligned}\int_0^{2\pi}\frac{\sec^2 x\mathrm{d}x}{2+\tan^2 x}&=\left(\int_0^{\frac{\pi}{2}}+\int_{\frac{\pi}{2}}^{\frac{3\pi}{2}}+\int_{\frac{3\pi}{2}}^{2\pi}\right)\frac{\sec^2 x\mathrm{d}x}{2+\tan^2 x}\\&=\frac{1}{\sqrt{2}}\left(F\left(\frac{\pi}{2}-0\right)-F(0)+F\left(\frac{3\pi}{2}-0\right)\right.\\&\quad\left.-F\left(\frac{\pi}{2}+0\right)+F(2\pi)-F\left(\frac{3\pi}{2}+0\right)\right)\\&=\sqrt{2}\pi.\end{aligned}$$

也可以利用对称性,

$$\int_0^{2\pi}\frac{\sec^2 x\mathrm{d}x}{2+\tan^2 x}=4\int_0^{\frac{\pi}{2}}\frac{\sec^2 x\mathrm{d}x}{2+\tan^2 x}=\frac{4}{\sqrt{2}}\left(F\left(\frac{\pi}{2}-0\right)-F(0)\right)=\sqrt{2}\pi.$$

例 156 设函数 $f(x)$ 在 $[a,b]$ 连续, 证明: 必存在 $\xi\in(a,b)$ 使得

$$(\xi-a)f(\xi)=\int_{\xi}^{b}f(x)\mathrm{d}x.$$

分析 因为 $f(x)$ 在 $[a,b]$ 连续, 所以 $F(x)=\int_{x}^{b}f(t)\mathrm{d}t$ 可导, 且 $F'(x)=-f(x)$. 利用 $F(x)$, 等式 $(\xi-a)f(\xi)=\int_{\xi}^{b}f(x)\mathrm{d}x$ 可改写为

$$(\xi-a)F'(\xi)+F(\xi)=0,$$

凑成全微分形式为 $((x-a)F(x))'\big|_{x=\xi}=0$, 由此就可引进辅助函数 $G(x)=(x-a)F(x)$.

证明 令 $G(x)=(x-a)\int_{x}^{b}f(t)\mathrm{d}t$, 则 $G(x)$ 在 $[a,b]$ 连续, 且 $G(a)=G(b)=0$, 由 $f(x)$ 在 $[a,b]$ 连续, 知 $G(x)$ 在 (a,b) 内可微, 所以由罗尔中值定理, 存在 $\xi\in(a,b)$ 使得 $G'(\xi)=0$, 即

$$G'(\xi)=\int_{\xi}^{b}f(x)\mathrm{d}x-(\xi-a)f(\xi)=0.$$

得证.

例 157 设 $f(x)$ 在 $[-a,a]$ $(a>0)$ 上二阶可导, 试证: 存在 $\xi\in(-a,a)$ 使得

$$a^3f''(\xi)=3\int_{-a}^{a}(f(x)-f(0))\mathrm{d}x.$$

证明 两次应用柯西中值定理, $(0<\xi_0<a,\ 0<\xi_1<\xi_0)$, 有

$$\begin{aligned}\frac{3\int_{-a}^{a}(f(x)-f(0))\mathrm{d}x}{a^3}&=\frac{3\int_{-x}^{x}(f(t)-f(0))\mathrm{d}t\Big|_{x=0}^{x=a}}{x^3\Big|_{x=0}^{x=a}}=\frac{f(\xi_0)+f(-\xi_0)-2f(0)}{\xi_0^2}\\&=\frac{[f(x)+f(-x)-2f(0)]\Big|_{x=0}^{x=\xi_0}}{x^2\Big|_{x=0}^{x=\xi_0}}=\frac{f'(\xi_1)-f'(-\xi_1)}{2\xi_1}\\&=\frac{f'(\xi_1)-f'(-\xi_1)}{\xi_1-(-\xi_1)}=f''(\xi).\end{aligned}$$

从而得证. 其中 $\xi\in(-\xi_1,\xi_1)\subset(-a,a)$, 是函数 $f'(x)$ 在区间 $[-\xi_1,\xi_1]$ 上应用拉格朗日中值定理的中值.

例 158 设 $f(x)$ 在 $[a,b]$ 上连续, 且 $\int_{a}^{b}f(x)\mathrm{d}x=\int_{a}^{b}xf(x)\mathrm{d}x=\int_{a}^{b}x^2f(x)\mathrm{d}x=0$, 证明: $f(x)$ 在 (a,b) 内至少有三个零点.

分析　判断函数的零点, 常用介值定理或罗尔中值定理. 由于该题不好确定 $f(x)$ 的符号变化, 所以考虑对其原函数使用罗尔中值定理.

证明　证法 1　若 $f(x)$ 在 $[a,b]$ 的某个区间上恒为零, 则结论成立.

否则, 令 $F(x)=\int_a^x f(t)\mathrm{d}t$, 因 $f(x)\in C[a,b]$, 则 $F'(x)=f(x)$. 又 $F(a)=F(b)=0$, 用罗尔中值定理, 存在 $c\in(a,b)$, 使得

$$\int_a^b xf(x)\mathrm{d}x=xF(x)\Big|_a^b-\int_a^b F(x)\mathrm{d}x=-F(c)(b-a)=0,$$

所以 $F(c)=0$. 对 $F(x)$ 在 $[a,c]$ 和 $[c,b]$ 上应用罗尔中值定理, 存在 $c_1\in(a,c),c_2\in(c,b)$ 使得

$$0=F(c)-F(a)=F'(c_1)(c-a),\quad 0=F(b)-F(c)=F'(c_2)(b-c).$$

即 $f(c_1)=f(c_2)=0$. 所以 $f(x)$ 在 (a,b) 内至少有两个零点 c_1,c_2 $(a<c_1<c_2<b)$. 下面证明在 $f(x)$ 在 (a,b) 内至少还有另外的零点. 否则, $f(x)$ 在三个区间 (a,c_1), (c_1,c_2), (c_2,b) 内恒不为零, 且不妨设依次符号相异. 构造多项式

$$p(x)=(x-c_1)(x-c_2),$$

则在 (a,b) 内除 c_1, c_2 外, 恒有 $p(x)f(x)>0$ 或 $p(x)f(x)<0$, 因此 $\int_a^b p(x)f(x)\mathrm{d}x\neq 0$. 而 $\int_a^b p(x)f(x)\mathrm{d}x=\int_a^b x^2f(x)\mathrm{d}x-(c_1+c_2)\int_a^b xf(x)\mathrm{d}x+c_1c_2\int_a^b f(x)\mathrm{d}x=0$, 矛盾! 所以 $f(x)$ 在 (a,b) 内至少有三个零点.

证法 2　令 $F(x)=\int_a^x f(t)\mathrm{d}t, G(x)=\int_a^x F(t)\mathrm{d}t$, 则 $F(a)=F(b)=G(a)=0$, 由分部积分, 有

$$0=\int_a^b xf(x)\mathrm{d}x=xF(x)\Big|_a^b-\int_a^b F(x)\mathrm{d}x=-\int_a^b F(x)\mathrm{d}x,\tag{1}$$

从而 $G(b)=0$. 再作两次分部积分及积分中值定理, 得

$$\begin{aligned}0=\int_a^b x^2f(x)\mathrm{d}x&=x^2F(x)\Big|_a^b-2\int_a^b xF(x)\mathrm{d}x=-2xG(x)\Big|_a^b+2\int_a^b G(x)\mathrm{d}x\\&=2\int_a^b G(x)\mathrm{d}x=2(b-a)G(c)\quad(c\in(a,b)),\end{aligned}$$

即有

$$G(c)=\int_a^c F(t)\mathrm{d}t=0.\tag{2}$$

由 (1)(2) 两式可得

$$\int_c^b F(t)\mathrm{d}t=0.\tag{3}$$

对 (2),(3) 两式用积分中值定理知, 存在 $\xi_1\in(a,c)$, $\xi_2\in(c,b)$, 使得 $F(\xi_1)=F(\xi_2)=0$, 由罗尔中值定理知 $f(x)$ 在 (a,ξ_1), (ξ_1,ξ_2), (ξ_2,b) 内各至少有一个零点.

注记　该题的结论可作如下推广:

设 $f(x)\in C[a,b]$, 如果对 $k=0,1,2,\cdots,n$, 有 $\int_a^b x^k f(x)\mathrm{d}x=0$, 则 $f(x)$ 在 (a,b) 内至少有 $n+1$ 个零点.

例 159　设函数 $f(x)$ 在 $[a,b]$ 上有连续的导函数, 证明:

$$\max_{a\leqslant x\leqslant b}\{f(x)\}\leqslant\frac{1}{b-a}\int_a^b f(x)\mathrm{d}x+\int_a^b|f'(x)|\mathrm{d}x.$$

分析　设 $\max\limits_{a\leqslant x\leqslant b}\{f(x)\}=f(x_0)$, 即证

$$(b-a)f(x_0)\leqslant\int_a^b f(x)\mathrm{d}x+(b-a)\int_a^b|f'(x)|\mathrm{d}x,$$

即证

$$\int_a^b f(x_0)\mathrm{d}x-\int_a^b f(x)\mathrm{d}x=\int_a^b(f(x_0)-f(x))\mathrm{d}x\leqslant(b-a)\int_a^b|f'(x)|\mathrm{d}x.$$

由

$$f(x_0)-f(x)=\int_x^{x_0}f'(t)\mathrm{d}t\leqslant\int_a^b|f'(x)|\mathrm{d}x,$$

得

$$\begin{aligned}\int_a^b(f(x_0)-f(x))\mathrm{d}x&=\int_a^b\left(\int_x^{x_0}f'(t)\mathrm{d}t\right)\mathrm{d}x\leqslant\int_a^b\left(\int_a^b|f'(x)|\mathrm{d}x\right)\mathrm{d}x\\&=(b-a)\int_a^b|f'(x)|\mathrm{d}x.\end{aligned}$$

证明　证法 1　因为 $f(x)$ 在 $[a,b]$ 上有连续的导函数, 所以有最大值, 设 $\max\limits_{a\leqslant x\leqslant b}\{f(x)\}=f(x_0)$, 由牛顿–莱布尼茨公式,

$$f(x_0)-f(x)=\int_x^{x_0}f'(t)\mathrm{d}t\leqslant\int_a^b|f'(x)|\mathrm{d}x,$$

得

$$\int_a^b(f(x_0)-f(x))\mathrm{d}x\leqslant\int_a^b\left(\int_a^b|f'(x)|\mathrm{d}x\right)\mathrm{d}x=(b-a)\int_a^b|f'(x)|\mathrm{d}x,$$

$$\int_a^b f(x_0)\mathrm{d}x=(b-a)f(x_0)\leqslant\int_a^b f(x)\mathrm{d}x+(b-a)\int_a^b|f'(x)|\mathrm{d}x,$$

故

$$f(x_0) \leqslant \frac{1}{b-a}\int_a^b f(x)\mathrm{d}x + \int_a^b |f'(x)|\mathrm{d}x.$$

证法 2　因为 $f(x)$ 在 $[a,b]$ 上有连续的导函数, 所以有最大值和最小值, 即 $\exists x_0, x_1 \in [a,b]$, 使得对 $\forall x \in [a,b]$, 都有 $f(x_1) \leqslant f(x) \leqslant f(x_0)$. 由牛顿–莱布尼茨公式,

$$\begin{aligned} f(x_0) = f(x_1) + \int_{x_1}^{x_0} f'(t)\mathrm{d}t &= \frac{1}{b-a}\int_a^b f(x_1)\mathrm{d}x + \int_{x_1}^{x_0} f'(x)\mathrm{d}x \\ &\leqslant \frac{1}{b-a}\int_a^b f(x)\mathrm{d}x + \left|\int_{x_1}^{x_0} |f'(x)|\mathrm{d}x\right| \\ &\leqslant \frac{1}{b-a}\int_a^b f(x)\mathrm{d}x + \int_a^b |f'(x)|\mathrm{d}x, \end{aligned}$$

即

$$\max_{a\leqslant x\leqslant b}\{f(x)\} \leqslant \frac{1}{b-a}\int_a^b f(x)\mathrm{d}x + \int_a^b |f'(x)|\mathrm{d}x.$$

证法 3　设 $\max\limits_{a\leqslant x\leqslant b}\{f(x)\} = f(x_0)$, 由积分中值定理, $\exists \xi \in [a,b]$ 满足

$$\frac{1}{b-a}\int_a^b f(x)\mathrm{d}x = f(\xi).$$

则有

$$\begin{aligned} \max_{a\leqslant x\leqslant b}\{f(x)\} - \frac{1}{b-a}\int_a^b f(x)\mathrm{d}x = f(x_0) - f(\xi) &= \int_\xi^{x_0} f'(t)\mathrm{d}t \\ &\leqslant \left|\int_\xi^{x_0} |f'(t)|\mathrm{d}t\right| \leqslant \int_a^b |f'(x)|\mathrm{d}x, \end{aligned}$$

即得证.

例 160　设 $f(x), g(x)$ 都是 $[a,b]$ 上的连续增函数, 证明:

$$\int_a^b f(x)\mathrm{d}x \cdot \int_a^b g(x)\mathrm{d}x \leqslant (b-a)\int_a^b f(x)g(x)\mathrm{d}x.$$

分析　要证结论成立, 只要证明对 $\forall u \in [a,b]$ 都有

$$\int_a^u f(x)\mathrm{d}x \cdot \int_a^u g(x)\mathrm{d}x \leqslant (u-a)\int_a^u f(x)g(x)\mathrm{d}x.$$

所以令 $F(u) = (u-a)\int_a^u f(x)g(x)\mathrm{d}x - \int_a^u f(x)\mathrm{d}x \cdot \int_a^u g(x)\mathrm{d}x$, 那么很自然想到研究 $F(u)$ 的单调性, 来证明不等式.

证明 令 $F(u)=(u-a)\int_a^u f(x)g(x)\mathrm{d}x-\int_a^u f(x)\mathrm{d}x\cdot\int_a^u g(x)\mathrm{d}x$, 因为 $f(x)$, $g(x)$ 都在 $[a,b]$ 上的连续, 所以 $F(u)$ 在 $[a,b]$ 可微, 且 $F(a)=0$. 当 $u>a$ 时,

$$
\begin{aligned}
F'(u)&=\int_a^u f(x)g(x)\mathrm{d}x+(u-a)f(u)g(u)-g(u)\int_a^u f(x)\mathrm{d}x-f(u)\int_a^u g(x)\mathrm{d}x\\
&=\int_a^u (f(x)g(x)+f(u)g(u)-f(x)g(u)-f(u)g(x))\mathrm{d}x\\
&=\int_a^u (f(u)-f(x))(g(u)-g(x))\mathrm{d}x.
\end{aligned}
$$

因为 $f(x),g(x)$ 在 $[a,b]$ 都是增函数, 在积分区间内 $x\leqslant u$, 所以 $f(u)-f(x)\geqslant 0$, $g(u)-g(x)\geqslant 0$. 因此 $F'(u)\geqslant 0$, 即 $F(u)$ 单调不减, 则 $F(b)\geqslant F(a)=0$, 从而有

$$\int_a^b f(x)\mathrm{d}x\cdot\int_a^b g(x)\mathrm{d}x\leqslant (b-a)\int_a^b f(x)g(x)\mathrm{d}x.$$

注记 (1) 本题证明用的是**常数变量化方法**, 把常数 b 换成变量 u, 从而得到辅助函数 $F(u)$. 通过研究 $F(u)$ 的单调性, 证明不等式成立.

(2) 在求 $F'(u)$ 时, 本来是四项式子, 写成了一个含参变量 u 的关于 x 的积分, 是为了估计积分大小, 或确定积分正负, 这一方法也常被用到, 它属于式子恒等变形的方法.

(3) 在例题结论的基础上, 读者可以去证明, “连续” 这个条件去掉后, 仍有相应的结论.

例 161 设 $f(x)$ 在 $[0,1]$ 上连续, 且对任意 $x,y\in[0,1]$ 均有 $|f(x)-f(y)|\leqslant M|x-y|$, M 为正常数, 证明:

$$\left|\int_0^1 f(x)\mathrm{d}x-\frac{1}{n}\sum_{k=1}^{n}f\left(\frac{k}{n}\right)\right|\leqslant\frac{M}{2n}.$$

分析 由结论, 需要把 $[0,1]$ 区间 n 等分, $0=x_0<x_1<\cdots<x_{n-1}<x_n=1$, $x_k=\dfrac{k}{n}$, $x_k-x_{k-1}=\dfrac{1}{n}$, $k=1,2,\cdots,n$, 由积分区间的可加性,

$$\int_0^1 f(x)\mathrm{d}x=\sum_{k=1}^{n}\int_{x_{k-1}}^{x_k} f(x)\mathrm{d}x,$$

而

$$\frac{1}{n}\sum_{k=1}^{n}f\left(\frac{k}{n}\right)=\sum_{k=1}^{n}\int_{x_{k-1}}^{x_k} f(x_k)\mathrm{d}x.$$

联立两式, 利用已知条件, 即证得结论.

证明 把 $[0,1]$ 区间 n 等分, $0=x_0<x_1<\cdots<x_{n-1}<x_n=1$, $x_k=\dfrac{k}{n}$, $x_k-x_{k-1}=\dfrac{1}{n}$, $k=1,2,\cdots,n$, 利用积分区间的可加性及已知条件, 得

$$\begin{aligned}\left|\int_0^1 f(x)\mathrm{d}x-\frac{1}{n}\sum_{k=1}^n f\left(\frac{k}{n}\right)\right| &= \left|\sum_{k=1}^n\int_{x_{k-1}}^{x_k} f(x)\mathrm{d}x-\sum_{k=1}^n\int_{x_{k-1}}^{x_k} f(x_k)\mathrm{d}x\right| \\ &\leqslant \sum_{k=1}^n\int_{x_{k-1}}^{x_k}|f(x)-f(x_k)|\mathrm{d}x \\ &\leqslant M\sum_{k=1}^n\int_{x_{k-1}}^{x_k}(x_k-x)\mathrm{d}x \\ &= M\sum_{k=1}^n\left(\frac{k}{n^2}-\frac{k^2-(k-1)^2}{2n^2}\right)=\frac{M}{2n}.\end{aligned}$$

注记 (1) 对于定积分与其相应的积分和式同时出现的不等式, 由定积分的定义与定积分的区间可加性, 把二者统一在小区间内处理.

(2) 如果把条件 "对任意 $x,y\in[0,1]$ 均有 $|f(x)-f(y)|\leqslant M|x-y|$" 改为 "对任意 $x\in[0,1]$ 均有 $|f'(x)|\leqslant M$", 则对 $|f(x)-f(x_k)|$ 可用拉格朗日中值定理, 便可得到同样的结果.

例 162 设 $f(x)$ 在区间 $[a,b]$ 上的导函数连续,

$$a_n=\int_a^b f(x)\mathrm{d}x-\frac{b-a}{n}\sum_{k=1}^n f(x_k)\quad(n\in\mathbb{N}),$$

其中 $x_k=a+\dfrac{k(b-a)}{n}, k=1,2,\cdots,n$. 证明:

$$\lim_{n\to\infty}na_n=\frac{b-a}{2}(f(a)-f(b)).$$

解 解法 1

$$\begin{aligned}a_n=\int_a^b f(x)\mathrm{d}x-\frac{b-a}{n}\sum_{k=1}^n f(x_k) &= \sum_{k=1}^n\int_{x_{k-1}}^{x_k} f(x)\mathrm{d}x-\sum_{k=1}^n\int_{x_{k-1}}^{x_k} f(x_k)\mathrm{d}x \\ &= \sum_{k=1}^n\int_{x_{k-1}}^{x_k}\frac{f(x)-f(x_k)}{x-x_k}(x-x_k)\mathrm{d}x \\ &= \sum_{k=1}^n\frac{f(\xi_k)-f(x_k)}{\xi_k-x_k}\int_{x_{k-1}}^{x_k}(x-x_k)\mathrm{d}x,\end{aligned}$$

其中 $\xi_k \in (x_{k-1}, x_k)$, 是由推广的积分中值定理得到的. 再由拉格朗日中值定理, $\exists \eta_k \in (\xi_k, x_k) \subset (x_{k-1}, x_k)$, 使得上式变为

$$a_n = \sum_{k=1}^{n} f'(\eta_k)\left(-\frac{(x_k - x_{k-1})^2}{2}\right) = -\sum_{k=1}^{n} f'(\eta_k)(x_k - x_{k-1})\frac{b-a}{2n}.$$

因为 $f(x)$ 在 $[a,b]$ 上的导函数连续, 所以 $f'(x)$ 在 $[a,b]$ 上可积, 则

$$\begin{aligned}\lim_{n\to\infty} na_n &= -\frac{b-a}{2}\lim_{n\to\infty}\sum_{k=1}^{n} f'(\eta_k)(x_k - x_{k-1}) \\ &= -\frac{b-a}{2}\int_a^b f'(x)\mathrm{d}x = \frac{b-a}{2}[f(a) - f(b)].\end{aligned}$$

解法 2 由拉格朗日中值定理得

$$\begin{aligned}a_n &= \sum_{k=1}^{n}\int_{x_{k-1}}^{x_k}(f(x) - f(x_k))\mathrm{d}x \\ &= \sum_{k=1}^{n}\int_{x_{k-1}}^{x_k} f'(\xi_k)(x - x_k)\mathrm{d}x \quad (\xi_k \in (x, x_k)).\end{aligned}$$

因为

$$M_k(x - x_k) \leqslant f'(\xi_k)(x - x_k) \leqslant m_k(x - x_k), \quad x \in [x_{k-1}, x_k],$$

其中 M_k, m_k 分别是 $f'(x)$ 在 $[x_{k-1}, x_k]$ 上的最大值和最小值, 所以

$$n\sum_{k=1}^{n} M_k\int_{x_{k-1}}^{x_k}(x - x_k)\mathrm{d}x \leqslant na_n \leqslant n\sum_{k=1}^{n} m_k\int_{x_{k-1}}^{x_k}(x - x_k)\mathrm{d}x,$$

$$-\frac{b-a}{2}\sum_{k=1}^{n} M_k(x_k - x_{k-1}) \leqslant na_n \leqslant -\frac{b-a}{2}\sum_{k=1}^{n} m_k(x_k - x_{k-1}).$$

令 $n \to \infty$, 利用 $f'(x)$ 在 $[a,b]$ 上的达布上和、下和及夹逼原理得证.

小　结

原函数存在定理 (连续函数的变上限积分就是它的原函数) 架起了沟通微分学与积分学之间的一座桥梁.

1. 利用定积分的性质证明不等式, 求极限.
2. 利用积分中值定理求极限, 证明不等式或中值存在等命题.

3. 变限积分 $F(x)=\int_{u(x)}^{v(x)} f(t,x)\mathrm{d}t$ 确定了关于参变量 x 的一个函数, 是一种新函数的表示法. 故可对它进行有关函数的各种性质与运算的研究. 如讨论变限积分函数的定义域、奇偶性、有界性、连续性、可微性等函数性质以及极值、最值等性态的分析.

4. 利用定积分的定义求某些和式 (比如与自然数 n 有关) 的极限. 有时需要通过恒等变形或求对数的方式化为某可积函数在某区间上的黎曼和, 则此和式的极限就是相应可积函数的积分值, 结合牛顿–莱布尼茨公式, 就可求得此和式的极限.

5. 利用牛顿–莱布尼茨公式计算定积分, 一定注意使用牛顿–莱布尼茨公式的条件, 如果不满足, 就不能用.

6. 利用牛顿–莱布尼茨公式证明与积分有关的一些命题.

3.5　定积分的计算方法

知识要点

◇ 定积分的换元法

设函数 $f(x)$ 在包含 $[a,b]$ 的某个区间 I 上连续, 而函数 $x=\varphi(t)$ 满足条件:

(1) $\varphi(t)$ 在 $[\alpha,\beta]$ 上有连续导数;

(2) $\varphi(\alpha)=a$, $\varphi(\beta)=b$ 且 $\varphi(t)\in I,\alpha\leqslant t\leqslant\beta$,

则有定积分的换元公式

$$\int_a^b f(x)\mathrm{d}x=\int_\alpha^\beta f(\varphi(t))\varphi'(t)\mathrm{d}t.$$

注记　定积分的换元法与不定积分换元法有以下不同之处:

(1) 换元后, 积分变量变了, 故应注意积分上下限作相应的变化.

(2) 由于定积分只是一个数值, 因此对定积分用换元法, 最后不必回代原积分变量.

(3) 当 $\varphi(t)$ 是线性变换, 即 $\varphi(t)=ct+d\ (c\neq 0)$ 时, “$f(x)$ 连续”这个条件可减弱为“$f(x)$ 在 $[a,b]$ 上可积”.

◇ 定积分的分部积分法

设函数 $u(x)$ 与 $v(x)$ 在区间 $[a,b]$ 上具有连续的一阶导数 $u'(x)$ 与 $v'(x)$, 则有分部积分公式

$$\int_a^b u(x)v'(x)\mathrm{d}x = u(x)v(x)\Big|_a^b - \int_a^b v(x)u'(x)\mathrm{d}x,$$

或者

$$\int_a^b u(x)\mathrm{d}v(x) = u(x)v(x)\Big|_a^b - \int_a^b v(x)\mathrm{d}u(x).$$

利用分部积分, 可以得到

$$\int_0^{\frac{\pi}{2}} \sin^{2n} x\mathrm{d}x = \int_0^{\frac{\pi}{2}} \cos^{2n} x\mathrm{d}x = \frac{(2n-1)!!}{(2n)!!}\cdot\frac{\pi}{2},$$
$$\int_0^{\frac{\pi}{2}} \sin^{2n+1} x\mathrm{d}x = \int_0^{\frac{\pi}{2}} \cos^{2n+1} x\mathrm{d}x = \frac{(2n)!!}{(2n+1)!!},$$

或

$$\int_0^{\frac{\pi}{2}} \sin^m x\mathrm{d}x = \begin{cases} \dfrac{(m-1)!!}{m!!}\dfrac{\pi}{2} & (m\ \text{为偶数}), \\ \dfrac{(m-1)!!}{m!!} & (m\ \text{为奇数}). \end{cases}$$

◇ 奇偶函数的积分性质

对于对称区间上的定积分, 首先要观察被积函数的奇偶性.

结论 设函数 $f(x)$ 在区间 $[-l,l]$ 上连续.

1. 当 $f(x)$ 是奇函数时, 则 $\int_{-l}^{l} f(x)\mathrm{d}x = 0$.
2. 当 $f(x)$ 是偶函数时, 则 $\int_{-l}^{l} f(x)\mathrm{d}x = 2\int_0^l f(x)\mathrm{d}x$.

◇ 周期函数的积分性质

设 $f(x)$ 为具有周期 T 的连续函数, 则有 $\int_a^{a+T} f(x)\mathrm{d}x = \int_0^T f(x)\mathrm{d}x$, 即在任何长度为 T 的区间上的积分值相等.

精选例题

例 163　求下列积分:

(1) $\displaystyle\int_{-1}^{1}\frac{x\mathrm{d}x}{\sqrt{5-4x}}$;　　(2) $\displaystyle\int_{0}^{a}\frac{\mathrm{d}x}{x+\sqrt{a^2-x^2}}\,(a>0)$;

(3) $\displaystyle\int_{0}^{\ln 2}\sqrt{1-\mathrm{e}^{-2x}}\mathrm{d}x$;　　(4) $\displaystyle\int_{0}^{3}\arcsin\sqrt{\frac{x}{1+x}}\mathrm{d}x$.

解　(1) 解法 1

$$\begin{aligned}\int_{-1}^{1}\frac{x\mathrm{d}x}{\sqrt{5-4x}}=\frac{1}{4}\int_{-1}^{1}\frac{4x-5+5}{\sqrt{5-4x}}\mathrm{d}x&=-\frac{1}{4}\int_{-1}^{1}\sqrt{5-4x}\mathrm{d}x+\frac{5}{4}\int_{-1}^{1}\frac{\mathrm{d}x}{\sqrt{5-4x}}\\&=\frac{1}{24}(5-4x)^{\frac{3}{2}}\Big|_{-1}^{1}-\frac{5}{8}\sqrt{5-4x}\Big|_{-1}^{1}=\frac{1}{6}.\end{aligned}$$

解法 2　令 $t=\sqrt{5-4x}$, 则 $x=\dfrac{1}{4}(5-t^2)$, $\mathrm{d}x=-\dfrac{1}{2}t\mathrm{d}t$, 所以有

$$\begin{aligned}\int_{-1}^{1}\frac{x\mathrm{d}x}{\sqrt{5-4x}}=-\frac{1}{8}\int_{3}^{1}(5-t^2)\mathrm{d}t&=\frac{1}{8}\int_{1}^{3}(5-t^2)\mathrm{d}t\\&=\frac{1}{8}\left(5t-\frac{t^3}{3}\right)\Big|_{1}^{3}=\frac{1}{6}.\end{aligned}$$

解法 3　用分部积分计算得

$$\begin{aligned}\int_{-1}^{1}\frac{x\mathrm{d}x}{\sqrt{5-4x}}&=\int_{-1}^{1}x\mathrm{d}\left(-\frac{1}{2}\sqrt{5-4x}\right)\\&=-\frac{1}{2}x\sqrt{5-4x}\Big|_{-1}^{1}+\frac{1}{2}\int_{-1}^{1}\sqrt{5-4x}\mathrm{d}x\\&=-2+\frac{1}{2}\cdot\left(-\frac{1}{4}\right)\cdot\frac{2}{3}(5-4x)^{\frac{3}{2}}\Big|_{-1}^{1}=\frac{1}{6}.\end{aligned}$$

(2) 令 $x=a\sin t$, 则有

$$\begin{aligned}\int_{0}^{a}\frac{\mathrm{d}x}{x+\sqrt{a^2-x^2}}&=\int_{0}^{\frac{\pi}{2}}\frac{\cos t}{\sin t+\cos t}\mathrm{d}t\qquad\left(\text{令}\,t=\frac{\pi}{2}-u\right)\\&=\int_{0}^{\frac{\pi}{2}}\frac{\sin u}{\sin u+\cos u}\mathrm{d}u\\&=\frac{1}{2}\int_{0}^{\frac{\pi}{2}}\left(\frac{\cos t}{\sin t+\cos t}+\frac{\sin t}{\sin t+\cos t}\right)\mathrm{d}t=\frac{\pi}{4}.\end{aligned}$$

(3) 解法 1 令 $\mathrm{e}^{-x}=\sin t$, 则 $x=-\ln\sin t$, $\mathrm{d}x=-\dfrac{\cos t}{\sin t}\mathrm{d}t$, 从而有

$$\int_0^{\ln 2}\sqrt{1-\mathrm{e}^{-2x}}\mathrm{d}x=\int_{\frac{\pi}{2}}^{\frac{\pi}{6}}\sqrt{1-\sin^2 t}\left(-\frac{\cos t}{\sin t}\right)\mathrm{d}t=-\int_{\frac{\pi}{2}}^{\frac{\pi}{6}}\frac{\cos^2 t}{\sin t}\mathrm{d}t$$
$$=\left(\frac{1}{2}\ln\frac{1+\cos t}{1-\cos t}-\cos t\right)\bigg|_{\frac{\pi}{2}}^{\frac{\pi}{6}}=\ln(2+\sqrt{3})-\frac{\sqrt{3}}{2}.$$

解法 2 令 $\sqrt{1-\mathrm{e}^{-2x}}=t$, 则 $x=-\dfrac{1}{2}\ln(1-t^2)$, $\mathrm{d}x=\dfrac{t}{1-t^2}\mathrm{d}t$, 则有

$$\int_0^{\ln 2}\sqrt{1-\mathrm{e}^{-2x}}\mathrm{d}x=\int_0^{\frac{\sqrt{3}}{2}}\frac{t^2}{1-t^2}\mathrm{d}t=\left(-t+\frac{1}{2}\ln\left|\frac{1+t}{1-t}\right|\right)\bigg|_0^{\frac{\sqrt{3}}{2}}$$
$$=\ln(2+\sqrt{3})-\frac{\sqrt{3}}{2}.$$

(4) 解法 1 令 $t=\arcsin\sqrt{\dfrac{x}{1+x}}$, 则 $x=\tan^2 t$, 所以有

$$\int_0^3\arcsin\sqrt{\frac{x}{1+x}}\mathrm{d}x=\int_0^{\frac{\pi}{3}}t\mathrm{d}(\tan^2 t)=t\tan^2 t\Big|_0^{\frac{\pi}{3}}-\int_0^{\frac{\pi}{3}}\tan^2 t\mathrm{d}t$$
$$=\pi-\int_0^{\frac{\pi}{3}}(\sec^2 t-1)\mathrm{d}t$$
$$=\pi-(\tan t-t)\Big|_0^{\frac{\pi}{3}}=\frac{4\pi}{3}-\sqrt{3}.$$

解法 2 令 $t=\sqrt{\dfrac{x}{1+x}}$, 则 $x=\dfrac{t^2}{1-t^2}$, 所以有

$$\int_0^3\arcsin\sqrt{\frac{x}{1+x}}\mathrm{d}x=\int_0^{\frac{\sqrt{3}}{2}}\arcsin t\mathrm{d}\left(\frac{t^2}{1-t^2}\right)$$
$$=\frac{t^2}{1-t^2}\arcsin t\bigg|_0^{\frac{\sqrt{3}}{2}}-\int_0^{\frac{\sqrt{3}}{2}}\frac{t^2}{(1-t^2)^{\frac{3}{2}}}\mathrm{d}t$$
$$=\pi-\int_0^{\frac{\pi}{3}}\frac{\sin^2 u}{\cos^2 u}\mathrm{d}u\quad(令 t=\sin u)$$
$$=\pi-\int_0^{\frac{\pi}{3}}(\sec^2 u-1)\mathrm{d}u=\frac{4\pi}{3}-\sqrt{3}.$$

例 164 设 $f(x)=\begin{cases}x, & 0\leqslant x\leqslant 1,\\ 2-x, & 1<x\leqslant 2,\end{cases}$ 计算 $\displaystyle\int_{2n}^{2n+2}f(x-2n)\mathrm{e}^{-x}\mathrm{d}x$, $n=2,3,\cdots$.

解　令 $t=x-2n$, 则由定积分的区间可加性及分部积分得

$$\int_{2n}^{2n+2} f(x-2n)\mathrm{e}^{-x}\mathrm{d}x=\int_0^2 f(t)\mathrm{e}^{-t-2n}\mathrm{d}t$$
$$=\mathrm{e}^{-2n}\left(\int_0^1 t\mathrm{e}^{-t}\mathrm{d}t+\int_1^2(2-t)\mathrm{e}^{-t}\mathrm{d}t\right)=\frac{(\mathrm{e}-1)^2}{\mathrm{e}^{2n+2}}.$$

注记　分段函数的定积分一般是利用定积分的积分区间的可加性分段进行积分. 如果被积函数是复合函数, 则要进行变量代换, 再分段进行计算; 如果被积函数中带绝对值, 应去掉绝对值把它表示为分段函数, 再分段进行计算.

思考题　计算下列函数的定积分:

1. 设 $f(x)=\begin{cases} x\mathrm{e}^{-x^2} & (x\geqslant 0), \\ \dfrac{1}{1+\cos x} & (-1<x<0), \end{cases}$ 求 $\int_1^4 f(x-2)\mathrm{d}x$.

$\left(\text{答案:}\tan\dfrac{1}{2}-\dfrac{1}{2\mathrm{e}^4}+\dfrac{1}{2}.\right)$

2. $\int_{-1}^2 [x]\max\{1,\mathrm{e}^{-x}\}\mathrm{d}x$, 其中 $[x]$ 表示不超过 x 的最大整数.

(答案:$2-\mathrm{e}$.)

3. $\int_{-2}^3 \left|x^2+2|x|-3\right|\mathrm{d}x$.

$\left(\text{答案:}\dfrac{49}{3}.\right)$

例 165　求下列极限:

(1) 设 $f(x)$ 连续, $f(0)\neq 0$, 求 $\lim\limits_{x\to 0}\dfrac{\int_0^x (x-t)f(t)\mathrm{d}t}{x\int_0^x f(x-t)\mathrm{d}t}$;

(2) 设 $f(x)$ 连续且 $f'(0)$ 存在, 求 $\lim\limits_{h\to 0}\dfrac{1}{h^2}\int_0^h (f(x+h)-f(x-h))\mathrm{d}x$.

分析　这两道题都是被积函数依赖于参变量, 解这类问题的典型方法是通过定积分的变量代换或分部积分等, 使参变量从被积式中独立出来.

解　(1) 令 $u=x-t$, 则 $\int_0^x f(x-t)\mathrm{d}t=\int_0^x f(u)\mathrm{d}u$. 极限式为 "$\dfrac{0}{0}$" 型未定式, 所以由洛必达法则及函数的连续性得

$$\lim_{x\to 0}\frac{\int_0^x (x-t)f(t)\mathrm{d}t}{x\int_0^x f(x-t)\mathrm{d}t}=\lim_{x\to 0}\frac{x\int_0^x f(t)\mathrm{d}t-\int_0^x tf(t)\mathrm{d}t}{x\int_0^x f(u)\mathrm{d}u}$$

$$= \lim_{x\to 0} \frac{\int_0^x f(t)\mathrm{d}t}{xf(x)+\int_0^x f(u)\mathrm{d}u}$$

$$= \lim_{x\to 0} \frac{xf(\xi)}{xf(x)+xf(\xi)} \quad (积分中值定理)$$

$$= \frac{f(0)}{2f(0)} = \frac{1}{2}.$$

注记 因为 $f(x)$ 只是连续, 所以只能用一次洛必达法则, 再用积分中值定理及函数的连续性就可求解.

另外, 由于 $\lim\limits_{x\to 0} \dfrac{\int_0^x f(t)\mathrm{d}t}{x} = \lim\limits_{x\to 0} f(x) = f(0)$, 利用此式及函数的连续性也可求解:

$$\lim_{x\to 0} \frac{\int_0^x f(t)\mathrm{d}t}{xf(x)+\int_0^x f(u)\mathrm{d}u} = \lim_{x\to 0} \frac{\frac{1}{x}\int_0^x f(t)\mathrm{d}t}{f(x)+\frac{1}{x}\int_0^x f(u)\mathrm{d}u} = \frac{f(0)}{2f(0)} = \frac{1}{2}.$$

(2) 解法 1 令 $x+h=u, x-h=t$, 则

$$\int_0^h f(x+h)\mathrm{d}x = \int_h^{2h} f(u)\mathrm{d}u, \quad \int_0^h f(x-h)\mathrm{d}x = \int_{-h}^0 f(t)\mathrm{d}t.$$

所求极限式为 "$\dfrac{0}{0}$" 型未定式, 所以由洛必达法则及函数在 0 处的一阶局部泰勒公式得

$$\lim_{h\to 0} \frac{1}{h^2}\int_0^h (f(x+h)-f(x-h))\mathrm{d}x$$

$$= \lim_{h\to 0} \frac{\int_h^{2h} f(u)\mathrm{d}u - \int_{-h}^0 f(t)\mathrm{d}t}{h^2}$$

$$= \lim_{h\to 0} \frac{2f(2h)-f(h)-f(-h)}{2h}$$

$$= \lim_{h\to 0} \frac{2(f(0)+2hf'(0))-f(0)-f'(0)h-f(0)+f'(0)h+o(h)}{2h}$$

$$= \lim_{h\to 0} \frac{4hf'(0)+o(h)}{2h} = 2f'(0).$$

解法 2 原函数法

因为 $f(x)$ 连续, 则 $f(x)$ 有原函数 $F(x)$, 于是有

$$\int_0^h (f(x+h)-f(x-h))\mathrm{d}x = F(x+h)\Big|_0^h - F(x-h)\Big|_0^h$$

$$= F(2h) - F(h) - F(0) + F(-h).$$

$$\begin{aligned}
&\lim_{h\to 0}\frac{1}{h^2}\int_0^h (f(x+h)-f(x-h))\mathrm{d}x \\
&= \lim_{h\to 0}\frac{F(2h)-F(h)-F(0)+F(-h)}{h^2} \\
&= \lim_{h\to 0}\frac{2f(2h)-f(h)-f(-h)}{2h} \quad (\text{洛必达法则}) \\
&= \lim_{h\to 0}\left(2\frac{f(2h)-f(0)}{2h}-\frac{1}{2}\frac{f(h)-f(0)}{h}+\frac{1}{2}\frac{f(-h)-f(0)}{-h}\right) \\
&= 2f'(0)-\frac{1}{2}f'(0)+\frac{1}{2}f'(0)=2f'(0).
\end{aligned}$$

注记　若 $f'(x)$ 连续, 则可两次应用洛必达法则求得结果.

例 166　设 $f(x)$ 连续且 $\int_0^x tf(2x-t)\mathrm{d}t=\frac{1}{2}\arctan x^2$, $f(1)=1$, 求 $\int_1^2 f(x)\mathrm{d}x$.

分析　由所求问题可知, 要先求出 $f(x)$, 而 $f(x)$ 满足的是一个积分方程, 且含在变限积分的被积函数中, 需要对方程两边关于 x 求导才能解出来, 变量 x 耦合在被积函数中, 所以首先用变量代换, 把积分方程变形, 对方程求导, 再向结论靠近.

解　令 $u=2x-t$, 则 $\mathrm{d}t=-\mathrm{d}u$, 所以有

$$\int_0^x tf(2x-t)\mathrm{d}t=-\int_{2x}^x (2x-u)f(u)\mathrm{d}u=2x\int_x^{2x} f(u)\mathrm{d}u-\int_x^{2x} uf(u)\mathrm{d}u.$$

则已知关系式化为

$$2x\int_x^{2x} f(u)\mathrm{d}u-\int_x^{2x} uf(u)\mathrm{d}u=\frac{1}{2}\arctan x^2,$$

两边求导并化简得

$$2\int_x^{2x} f(u)\mathrm{d}u+2x(2f(2x)-f(x))-(4xf(2x)-xf(x))=\frac{x}{1+x^4},$$

$$2\int_x^{2x} f(u)\mathrm{d}u=\frac{x}{1+x^4}+xf(x).$$

令 $x=1$, 再由 $f(1)=1$, 得 $2\int_1^2 f(u)\mathrm{d}u=\frac{1}{2}+1$, 即 $\int_1^2 f(x)\mathrm{d}x=\frac{3}{4}$.

例 167　证明: $\lim\limits_{n\to+\infty}\int_0^1 \mathrm{e}^{x^2}\cos nx\mathrm{d}x=0$.

分析　对于此类型的题, 通常是利用定积分的性质, 对积分进行放缩, 或者利用积分中值定理, 但在这里这两种方法都无法实施. 这就需要对被积函数变形, 比如换元或分部积分等, 由此题的特点, 可应用分部积分.

证明 利用分部积分,

$$\int_0^1 \mathrm{e}^{x^2}\cos nx\mathrm{d}x=\frac{1}{n}\int_0^1 \mathrm{e}^{x^2}\mathrm{d}(\sin nx)=\frac{1}{n}\mathrm{e}^{x^2}\sin nx\Big|_0^1-\frac{1}{n}\int_0^1 2x\mathrm{e}^{x^2}\sin nx\mathrm{d}x$$
$$=\frac{\mathrm{e}}{n}\sin n-\frac{1}{n}\int_0^1 2x\mathrm{e}^{x^2}\sin nx\mathrm{d}x,$$

则

$$\left|\int_0^1 \mathrm{e}^{x^2}\cos nx\mathrm{d}x\right|\leqslant\frac{\mathrm{e}}{n}+\frac{1}{n}\int_0^1|2x\mathrm{e}^{x^2}\sin nx|\mathrm{d}x\leqslant\frac{\mathrm{e}}{n}+\frac{1}{n}\int_0^1 2\mathrm{e}\mathrm{d}x$$
$$=\frac{\mathrm{e}}{n}+\frac{2\mathrm{e}}{n}=\frac{3\mathrm{e}}{n}.$$

由夹逼定理得, $\lim\limits_{n\to+\infty}\int_0^1 \mathrm{e}^{x^2}\cos nx\mathrm{d}x=0$.

例 168 设 $f(x)=\int_0^x\cos\frac{1}{t}\mathrm{d}t$, 求 $f'(0)$.

分析 由于 $x=0$ 是被积函数的间断点, 不能用变限积分函数的求导方法来求 $f'(0)$. 只能按照导数的定义计算导数, 显然 $f(0)=0$, 但直接用定义求极限时, 虽然是 "$\frac{0}{0}$" 型未定式, 却不能用洛必达法则, 所以需要对 $f(x)$ 作变形, 用分部积分.

解 由分部积分得

$$f(x)=\int_0^x\cos\frac{1}{t}\mathrm{d}t=\int_0^x(-t^2)\mathrm{d}\left(\sin\frac{1}{t}\right)=-t^2\sin\frac{1}{t}\Big|_0^x+\int_0^x 2t\sin\frac{1}{t}\mathrm{d}t$$
$$=-x^2\sin\frac{1}{x}+\int_0^x 2t\sin\frac{1}{t}\mathrm{d}t.$$

所以

$$f'(0)=\lim_{x\to0}\frac{f(x)-f(0)}{x}=\lim_{x\to0}\frac{\int_0^x 2t\sin\frac{1}{t}\mathrm{d}t}{x}-\lim_{x\to0}x\sin\frac{1}{x}=0.$$

例 169 计算下列定积分:

(1) $I=\int_0^1\left(\int_x^1\arctan(t^2)\mathrm{d}t\right)\mathrm{d}x$.

(2) 设 $f(x)=\int_1^x\mathrm{e}^{-y^2}\mathrm{d}y$, 求 $\int_0^1 x^2f(x)\mathrm{d}x$.

解 (1) **分析** 此题看起来, 应该先进行里面的积分, 再进行外面的积分, 但里面的计算非常烦琐. 注意, 变限积分函数是可微函数, 如果令 $F(x)=\int_x^1\arctan(t^2)\mathrm{d}t$, 用分部积分, 而且把里面的变限函数作为求导函数, 就容易多了.

两次分部积分

$$I=x\int_x^1\arctan(t^2)\mathrm{d}t\Big|_0^1+\int_0^1 x\arctan(x^2)\mathrm{d}x$$

$$=\frac{x^2\arctan(x^2)}{2}\bigg|_0^1-\int_0^1\frac{x^3}{1+x^4}\mathrm{d}x$$
$$=\frac{\pi}{8}-\frac{\ln 2}{4}.$$

(2) 类似于第 (1) 题, 分部积分得

$$\int_0^1 x^2 f(x)\mathrm{d}x=\frac{1}{3}\int_0^1 f(x)\mathrm{d}(x^3)=\frac{1}{3}x^3f(x)\bigg|_0^1-\frac{1}{3}\int_0^1 x^3\mathrm{d}f(x)=-\frac{1}{3}\int_0^1 x^3\mathrm{e}^{-x^2}\mathrm{d}x$$
$$=\frac{1}{6}\int_0^1 x^2\mathrm{d}\mathrm{e}^{-x^2}=\frac{1}{6}x^2\mathrm{e}^{-x^2}\bigg|_0^1-\frac{1}{6}\int_0^1\mathrm{e}^{-x^2}\mathrm{d}(x^2)$$
$$=\frac{1}{6\mathrm{e}}+\frac{1}{6}\mathrm{e}^{-x^2}\bigg|_0^1=\frac{1}{6}\left(\frac{2}{\mathrm{e}}-1\right).$$

注记　此例的两个例题都是求形如 $\int_a^b\left(f(x)\int_c^x g(y)\mathrm{d}y\right)\mathrm{d}x$ 的积分.

(1) 作为定积分, 若 $f(x)$ 的原函数易求得, 如 $F'(x)=f(x)$, 则可通过分部积分得

$$\int_a^b\left(f(x)\int_c^x g(y)\mathrm{d}y\right)\mathrm{d}x=\int_a^b\left(\int_c^x g(y)\mathrm{d}y\right)\mathrm{d}(F(x))$$
$$=F(x)\int_c^x g(y)\mathrm{d}y\bigg|_a^b-\int_a^b F(x)g(x)\mathrm{d}x.$$

(2) 可看作区域 $D=\{(x,y)|a\leqslant x\leqslant b,c\leqslant y\leqslant x\}$ 上的一个二重积分的累次积分, 通过交换积分次序而求得积分值.

思考题　已知 $f(x)=\int_1^x\frac{\ln(1+t)}{t}\mathrm{d}t$, 求 $\int_0^1\frac{f(x)}{\sqrt{x}}\mathrm{d}x$.

例 170　设 $f(x)$ 连续且 $\lim\limits_{x\to 0}\frac{f(x)}{x}=2$, $\varphi(x)=\int_0^1 f(xt)\mathrm{d}t$, 求 $\varphi'(x)$, 并讨论 $\varphi'(x)$ 的连续性.

分析　从 $\varphi(x)$ 的形式看, 它的自变量 x 被耦合于被积函数中, 要求其导数, 必须把自变量独立出来, 所以就须作变量代换, 这样就把自变量 x 转移到积分限和作为独立形式存在于被积函数中.

解　因为 $f(x)$ 连续且 $\lim\limits_{x\to 0}\frac{f(x)}{x}=2$, 所以 $\lim\limits_{x\to 0}f(x)=0=f(0)$, 从而故

$\varphi(0)=\int_0^1 f(0)\mathrm{d}t=0$, $\lim\limits_{x\to 0}\frac{f(x)}{x}=\lim\limits_{x\to 0}\frac{f(x)-f(0)}{x}=2=f'(0)$. 令 $xt=u$, 则当 $x\neq 0$ 时

$$\varphi(x)=\frac{1}{x}\int_0^x f(u)\mathrm{d}u,\quad \varphi'(x)=\frac{f(x)}{x}-\frac{1}{x^2}\int_0^x f(u)\mathrm{d}u,$$

$$\varphi'(0)=\lim_{x\to 0}\frac{\varphi(x)-\varphi(0)}{x-0}=\lim_{x\to 0}\frac{\int_0^x f(u)\mathrm{d}u}{x^2}=\lim_{x\to 0}\frac{f(x)}{2x}=1.$$

所以

$$\varphi'(x)=\begin{cases}\dfrac{f(x)}{x}-\dfrac{1}{x^2}\displaystyle\int_0^x f(u)\mathrm{d}u & (x\neq 0),\\ 1 & (x=0).\end{cases}$$

显然, 当 $x\neq 0$ 时, $\varphi'(x)$ 连续; 当 $x=0$ 时

$$\begin{aligned}\lim_{x\to 0}\varphi'(x)&=\lim_{x\to 0}\left(\frac{f(x)}{x}-\frac{1}{x^2}\int_0^x f(u)\mathrm{d}u\right)=\lim_{x\to 0}\frac{f(x)}{x}-\lim_{x\to 0}\frac{\int_0^x f(u)\mathrm{d}u}{x^2}\\&=2-\lim_{x\to 0}\frac{f(x)}{2x}=2-1=1=\varphi'(0).\end{aligned}$$

因此 $\varphi'(x)$ 在 $x=0$ 处也连续.

例 171 计算下列定积分:

(1) $\int_{-1}^{1}(x+\sqrt{1-x^2})^2\mathrm{d}x$; (2) $\int_{-\frac{\pi}{2}}^{\frac{\pi}{2}}\frac{(1-x)^2\cos^3 x}{1+x^2}\mathrm{d}x$;

(3) $\int_{-2}^{2}\ln(x+\sqrt{1+x^2})\ln(1+x^2)\mathrm{d}x$; (4) $\int_{-\frac{\pi}{2}}^{\frac{\pi}{2}}(x+1)\min\left\{\frac{1}{2},\cos x\right\}\mathrm{d}x$.

解 (1) 观察到区间关于原点对称, 被积函数

$$(x+\sqrt{1-x^2})^2=x^2+1-x^2+2x\sqrt{1-x^2}=1+2x\sqrt{1-x^2},$$

而 $2x\sqrt{1-x^2}$ 为奇函数, 所以其积分为 0, 从而

$$\int_{-1}^{1}(x+\sqrt{1-x^2})^2\mathrm{d}x=\int_{-1}^{1}(1+2x\sqrt{1-x^2})\mathrm{d}x=\int_{-1}^{1}1\mathrm{d}x=2.$$

(2) **分析** 积分区间关于原点对称, 观察被积函数是否具有奇偶性, 从而简化积分.

$$\begin{aligned}\int_{-\frac{\pi}{2}}^{\frac{\pi}{2}}\frac{(1-x)^2\cos^3 x}{1+x^2}\mathrm{d}x&=\int_{-\frac{\pi}{2}}^{\frac{\pi}{2}}\frac{(1+x^2-2x)\cos^3 x}{1+x^2}\mathrm{d}x\\&=\int_{-\frac{\pi}{2}}^{\frac{\pi}{2}}\cos^3 x\mathrm{d}x=2\int_0^{\frac{\pi}{2}}\cos^3 x\mathrm{d}x=\frac{4}{3}.\end{aligned}$$

(3) **分析** 被积函数比较复杂, 直接积分行不通, 积分区间关于原点对称, 函数 $\ln(1+x^2)$ 为偶函数, 而 $f(x)=\ln(x+\sqrt{1+x^2})$ 满足

$$f(-x)=\ln(-x+\sqrt{1+x^2})=\ln\frac{1}{x+\sqrt{1+x^2}}=-\ln(x+\sqrt{1+x^2})=-f(x),$$

即为奇函数, 那么整个被积函数为奇函数, 所以其积分为 0.

因为函数 $\ln(1+x^2)$ 为偶函数, $\ln(x+\sqrt{1+x^2})$ 为奇函数, 所以

$$\int_{-2}^{2}\ln(x+\sqrt{1+x^2})\ln(1+x^2)\mathrm{d}x=0.$$

(4) **分析**　$\min\left\{\frac{1}{2},\cos x\right\}$ 是偶函数, x 是奇函数, 所以积分可简化.

$$\begin{aligned}\int_{-\frac{\pi}{2}}^{\frac{\pi}{2}}(x+1)\min\left\{\frac{1}{2},\cos x\right\}\mathrm{d}x&=\int_{-\frac{\pi}{2}}^{\frac{\pi}{2}}\min\left\{\frac{1}{2},\cos x\right\}\mathrm{d}x\\&=2\left(\int_0^{\frac{\pi}{3}}\frac{1}{2}\mathrm{d}x+\int_{\frac{\pi}{3}}^{\frac{\pi}{2}}\cos x\mathrm{d}x\right)\\&=\frac{\pi}{3}+2-\sqrt{3}.\end{aligned}$$

例 172　求下列积分:

(1) 设 $f(x)$ 在区间 $[0,1]$ 上连续, 且 $\int_0^{\frac{\pi}{2}}f(|\cos x|)\mathrm{d}x=2$, 求 $\int_0^{2\pi}f(|\cos x|)\mathrm{d}x$.

(2) 设 $f(x)=\int_x^{x+2\pi}(1+\mathrm{e}^{\sin t}-\mathrm{e}^{-\sin t})\mathrm{d}t+\frac{1}{1+x}\int_0^1 f(t)\mathrm{d}t$, 求 $\int_0^1 f(x)\mathrm{d}x$.

解　(1) 因为 $f(|\cos x|)$ 在区间 $(-\infty,+\infty)$ 上连续, 且以 π 为周期的偶函数, 故

$$\begin{aligned}\int_0^{2\pi}f(|\cos x|)\mathrm{d}x=2\int_0^{\pi}f(|\cos x|)\mathrm{d}x&=2\int_{-\frac{\pi}{2}}^{\frac{\pi}{2}}f(|\cos x|)\mathrm{d}x\\&=4\int_0^{\frac{\pi}{2}}f(|\cos x|)\mathrm{d}x=8.\end{aligned}$$

(2) **分析**　此题的关键是第一个积分, 显然直接积是行不通的. 观察被积函数 $\mathrm{e}^{\sin t}-\mathrm{e}^{-\sin t}$ 是以 2π 为周期的函数, 变限积分化为区间长为 2π 的定积分, 而且此函数为奇函数, 则在 $[-\pi,\pi]$ 上的积分为 0, 下面的就易解决了.

因为函数 $\mathrm{e}^{\sin t}-\mathrm{e}^{-\sin t}$ 是以 2π 为周期的连续函数, 且是奇函数, 则

$$\int_x^{x+2\pi}(\mathrm{e}^{\sin t}-\mathrm{e}^{-\sin t})\mathrm{d}t=\int_{-\pi}^{\pi}(\mathrm{e}^{\sin t}-\mathrm{e}^{-\sin t})\mathrm{d}t=0.$$

所以

$$f(x)=2\pi+\frac{1}{1+x}\int_0^1 f(t)\mathrm{d}t.$$

两边在 $[0,1]$ 上积分, 得

$$\int_0^1 f(x)\mathrm{d}x=2\pi+\int_0^1 f(x)\mathrm{d}x\cdot\int_0^1\frac{1}{1+x}\mathrm{d}x=2\pi+\ln 2\int_0^1 f(x)\mathrm{d}x,$$

所以 $\int_0^1 f(x)\mathrm{d}x = \dfrac{2\pi}{1-\ln 2}$.

例 173 (1) 设 $f(x)$ 是以 T 为周期的函数, 并在 $[0,T]$ 中可积, 证明:

$$\lim_{x\to\infty}\frac{1}{x}\int_0^x f(t)\mathrm{d}t = \frac{1}{T}\int_0^T f(t)\mathrm{d}t.$$

(2) 由 (1) 中的结论计算 $\lim\limits_{x\to\infty}\dfrac{1}{x}\displaystyle\int_0^x |\sin t|\mathrm{d}t$.

证明 (1) 证法 1 对 $\forall x > T$, $\exists n\in N$, 使得 $x = nT + x', 0 \leqslant x' < T$. 于是

$$\frac{1}{x}\int_0^x f(t)\mathrm{d}t = \frac{1}{nT+x'}\int_0^{nT+x'} f(t)\mathrm{d}t = \frac{1}{nT+x'}\left[\int_0^{nT} f(t)\mathrm{d}t + \int_0^{x'} f(t)\mathrm{d}t\right].$$

由于 $f(x)$ 是以 T 为周期的函数, 故

$$\int_0^T f(t)\mathrm{d}t = \int_T^{2T} f(t)\mathrm{d}t = \cdots = \int_{(n-1)T}^{nT} f(t)\mathrm{d}t.$$

则

$$\frac{1}{x}\int_0^x f(t)\mathrm{d}t = \frac{n}{nT+x'}\int_0^T f(t)\mathrm{d}t + \frac{1}{nT+x'}\int_0^{x'} f(t)\mathrm{d}t. \tag{1}$$

而

$$\left|\int_0^{x'} f(t)\mathrm{d}t\right| \leqslant \int_0^{x'} |f(t)|\mathrm{d}t \leqslant \int_0^T |f(t)|\mathrm{d}t,$$

所以在式 (1) 中, 令 $x\to+\infty$, 则 $n\to+\infty$, 即得

$$\lim_{x\to+\infty}\frac{1}{x}\int_0^x f(t)\mathrm{d}t = \frac{1}{T}\int_0^T f(t)\mathrm{d}t.$$

同理, 证明

$$\lim_{x\to-\infty}\frac{1}{x}\int_0^x f(t)\mathrm{d}t = \frac{1}{T}\int_0^T f(t)\mathrm{d}t,$$

故

$$\lim_{x\to\infty}\frac{1}{x}\int_0^x f(t)\mathrm{d}t = \frac{1}{T}\int_0^T f(t)\mathrm{d}t.$$

证法 2 即证

$$\lim_{x\to\infty}\frac{1}{x}\left(\int_0^x f(t)\mathrm{d}t - \frac{x}{T}\int_0^T f(t)\mathrm{d}t\right) = 0.$$

若能证得 $\displaystyle\int_0^x f(t)\mathrm{d}t - \frac{x}{T}\int_0^T f(t)\mathrm{d}t$ 有界即可. 下证之.

令 $F(x)=\int_0^x f(t)\mathrm{d}t-\frac{x}{T}\int_0^T f(t)\mathrm{d}t$, 显然 $F(x)$ 在 $(-\infty,+\infty)$ 上连续, 且

$$\begin{aligned}F(x+T)&=\int_0^{x+T} f(t)\mathrm{d}t-\frac{x+T}{T}\int_0^T f(t)\mathrm{d}t\\&=\int_0^x f(t)\mathrm{d}t+\int_x^{x+T} f(t)\mathrm{d}t-\frac{x}{T}\int_0^T f(t)\mathrm{d}t-\int_0^T f(t)\mathrm{d}t\\&=\int_0^x f(t)\mathrm{d}t-\frac{x}{T}\int_0^T f(t)\mathrm{d}t=F(x),\quad \text{(可积函数的周期性)}\end{aligned}$$

故 $F(x)$ 是以 T 为周期的连续函数, $F(x)$ 在 $(-\infty,+\infty)$ 上有界, 从而

$$\lim_{x\to\infty}\frac{1}{x}\left(\int_0^x f(t)\mathrm{d}t-\frac{x}{T}\int_0^T f(t)\mathrm{d}t\right)=0.$$

得证.

解　(2) 因为 $|\sin x|$ 是以 π 为周期的连续函数, 由第 (1) 题立得

$$\lim_{x\to\infty}\frac{1}{x}\int_0^x|\sin t|\mathrm{d}t=\frac{1}{\pi}\int_0^{\pi}\sin t\mathrm{d}t=\frac{2}{\pi}.$$

思考题　在例 173(1) 结论的基础上, 读者还可证明:

$$\lim_{\lambda\to\infty}\int_a^b f(\lambda x)\mathrm{d}x=\frac{b-a}{T}\int_0^T f(t)\mathrm{d}t.$$

(提示: 用变量代换, 并先证明 $a=0$ 的情形.)

例 174　证明以下命题:

(1) 设 $f(x)$ 在 $[a,b]$ 上连续, 若对 $\forall x\in[a,b], f(a+b-x)=-f(x)$, 即关于 $x=\frac{a+b}{2}$ 奇对称, 则有

$$\int_a^b f(x)\mathrm{d}x=0;$$

若对 $\forall x\in[a,b], f(a+b-x)=f(x)$, 即关于 $x=\frac{a+b}{2}$ 偶对称, 则有

$$\int_a^b f(x)\mathrm{d}x=2\int_{\frac{a+b}{2}}^b f(x)\mathrm{d}x=2\int_a^{\frac{a+b}{2}} f(x)\mathrm{d}x.$$

(2) 设 $f(x)$ 和 $g(x)$ 都在 $[a,b]$ 上连续, 且对 $\forall x\in[a,b], f(a+b-x)=f(x)$, 即关于 $x=\frac{a+b}{2}$ 偶对称, $g(a+b-x)+g(x)=A$, A 为常数, 则有

$$\int_a^b f(x)g(x)\mathrm{d}x=\frac{A}{2}\int_a^b f(x)\mathrm{d}x=A\int_{\frac{a+b}{2}}^b f(x)\mathrm{d}x=A\int_a^{\frac{a+b}{2}} f(x)\mathrm{d}x.$$

(3) 设 $a>1$, $f(x)$ 和 $g(x)$ 都在 $\left[\frac{1}{a},a\right]$ 上连续, 且对 $\forall x\in\left[\frac{1}{a},a\right]$, $f(x)=f\left(\frac{1}{x}\right)$, $g(x)+g\left(\frac{1}{x}\right)=A$, A 为常数, 则有

$$\int_{\frac{1}{a}}^{a}\frac{f(x)g(x)}{x}\mathrm{d}x=\frac{A}{2}\int_{\frac{1}{a}}^{a}\frac{f(x)}{x}\mathrm{d}x=A\int_{1}^{a}\frac{f(x)}{x}\mathrm{d}x=A\int_{\frac{1}{a}}^{1}\frac{f(x)}{x}\mathrm{d}x.$$

证明 (1) 若对 $\forall x\in[a,b]$, $f(a+b-x)=-f(x)$, 令 $x=a+b-t$, 则有

$$\int_a^b f(x)\mathrm{d}x=-\int_b^a f(a+b-t)\mathrm{d}t=-\int_a^b f(t)\mathrm{d}t=-\int_a^b f(x)\mathrm{d}x,$$

所以

$$\int_a^b f(x)\mathrm{d}x=0.$$

若对 $\forall x\in[a,b]$, $f(a+b-x)=f(x)$, 令 $x=a+b-t$, 则有

$$\int_a^{\frac{a+b}{2}} f(x)\mathrm{d}x=-\int_b^{\frac{a+b}{2}} f(a+b-t)\mathrm{d}t=\int_{\frac{a+b}{2}}^b f(t)\mathrm{d}t=\int_{\frac{a+b}{2}}^b f(x)\mathrm{d}x,$$

所以

$$\int_a^b f(x)\mathrm{d}x=2\int_{\frac{a+b}{2}}^b f(x)\mathrm{d}x=2\int_a^{\frac{a+b}{2}} f(x)\mathrm{d}x.$$

(2) 若对 $\forall x\in[a,b]$, $f(a+b-x)=f(x)$, 令 $x=a+b-t$, 则有

$$\begin{aligned}\int_a^b f(x)g(x)\mathrm{d}x&=-\int_b^a f(a+b-t)g(a+b-t)\mathrm{d}t\\&=\int_a^b f(t)g(a+b-t)\mathrm{d}t\\&=\int_a^b f(x)g(a+b-x)\mathrm{d}x.\end{aligned}$$

又因为 $g(a+b-x)+g(x)=A$, 故由第 (1) 题关于偶对称的结论, 有

$$\begin{aligned}\int_a^b f(x)g(x)\mathrm{d}x&=\frac{1}{2}\int_a^b f(x)(g(x)+g(a+b-x))\mathrm{d}x\\&=\frac{A}{2}\int_a^b f(x)\mathrm{d}x=A\int_{\frac{a+b}{2}}^b f(x)\mathrm{d}x.\end{aligned}$$

(3) 令 $x=\frac{1}{t}$, 并用已知条件, 得

$$\int_{\frac{1}{a}}^{a}\frac{f(x)g(x)}{x}\mathrm{d}x=\int_a^{\frac{1}{a}}f\left(\frac{1}{t}\right)g\left(\frac{1}{t}\right)t\cdot\left(-\frac{1}{t^2}\right)\mathrm{d}t$$

$$=\int_{\frac{1}{a}}^{a}\frac{f(t)g\left(\frac{1}{t}\right)}{t}\mathrm{d}t=\int_{\frac{1}{a}}^{a}\frac{f(x)g\left(\frac{1}{x}\right)}{x}\mathrm{d}x.$$

由此得

$$\int_{\frac{1}{a}}^{a}\frac{f(x)g(x)}{x}\mathrm{d}x=\frac{1}{2}\int_{\frac{1}{a}}^{a}\left(\frac{f(x)g(x)}{x}+\frac{f(x)g\left(\frac{1}{x}\right)}{x}\right)\mathrm{d}x=\frac{A}{2}\int_{\frac{1}{a}}^{a}\frac{f(x)}{x}\mathrm{d}x.$$

又

$$\int_{\frac{1}{a}}^{a}\frac{f(x)}{x}\mathrm{d}x=\int_{\frac{1}{a}}^{1}\frac{f(x)}{x}\mathrm{d}x+\int_{1}^{a}\frac{f(x)}{x}\mathrm{d}x,$$

$$\int_{\frac{1}{a}}^{1}\frac{f(x)}{x}\mathrm{d}x=\int_{a}^{1}f\left(\frac{1}{t}\right)t\cdot\left(-\frac{1}{t^2}\right)\mathrm{d}t=\int_{1}^{a}\frac{f(t)}{t}\mathrm{d}t=\int_{1}^{a}\frac{f(x)}{x}\mathrm{d}x,$$

所以

$$\int_{\frac{1}{a}}^{a}\frac{f(x)g(x)}{x}\mathrm{d}x=\frac{A}{2}\int_{\frac{1}{a}}^{a}\frac{f(x)}{x}\mathrm{d}x=A\int_{1}^{a}\frac{f(x)}{x}\mathrm{d}x=A\int_{\frac{1}{a}}^{1}\frac{f(x)}{x}\mathrm{d}x.$$

例 175　计算下列定积分:

(1) $\int_0^{\frac{\pi}{4}}\ln(1+\tan x)\mathrm{d}x$;　　(2) $\int_0^1\frac{\ln(1+x)}{1+x^2}\mathrm{d}x$;

(3) $\int_0^{\frac{\pi}{4}}\frac{x}{\cos^2 x+\sin x\cos x}\mathrm{d}x$;　　(4) $\int_0^1\frac{\arctan x}{1+x}\mathrm{d}x$.

解　(1) 解法 1　令 $g(x)=\ln(1+\tan x)$, 而

$$g\left(\frac{\pi}{4}-x\right)=\ln\left(1+\tan\left(\frac{\pi}{4}-x\right)\right)=\ln\left(1+\frac{1-\tan x}{1+\tan x}\right)$$
$$=\ln 2-\ln(1+\tan x)=\ln 2-g(x),$$

则有 $g\left(\frac{\pi}{4}-x\right)+g(x)=\ln 2$, 则由例 174(2) 的结论得

$$\int_0^{\frac{\pi}{4}}\ln(1+\tan x)\mathrm{d}x=\frac{\ln 2}{2}\int_0^{\frac{\pi}{4}}1\mathrm{d}x=\frac{\pi}{8}\ln 2.$$

解法 2　令 $x=\frac{\pi}{4}-t$, 则

$$\int_0^{\frac{\pi}{4}}\ln(1+\tan x)\mathrm{d}x=\int_0^{\frac{\pi}{4}}\ln\left(1+\frac{1-\tan t}{1+\tan t}\right)\mathrm{d}t=\frac{\pi}{4}\ln 2-\int_0^{\frac{\pi}{4}}\ln(1+\tan t)\mathrm{d}t.$$

由此得

$$\int_0^{\frac{\pi}{4}}\ln(1+\tan x)\mathrm{d}x=\frac{\pi}{8}\ln 2.$$

(2) 令 $x=\tan t$, 则 $\mathrm{d}x=\sec^2 t\mathrm{d}t$, 故有

$$\int_0^1 \frac{\ln(1+x)}{1+x^2}\mathrm{d}x=\int_0^{\frac{\pi}{4}}\frac{\ln(1+\tan t)}{1+\tan^2 t}\sec^2 t\mathrm{d}t=\int_0^{\frac{\pi}{4}}\ln(1+\tan t)\mathrm{d}t=\frac{\pi}{8}\ln 2.$$

另解: 此题也可令 $x=\dfrac{1-t}{1+t}$, 换元后与第 (1) 题解法 2 类似求解.

(3) 令 $f(x)=\dfrac{1}{\cos^2 x+\sin x\cos x}$, 而

$$\begin{aligned}
&f\left(\frac{\pi}{4}-x\right)\\
&=\frac{1}{\left(\frac{1}{\sqrt{2}}\cos x+\frac{1}{\sqrt{2}}\sin x\right)^2+\left(\frac{1}{\sqrt{2}}\cos x-\frac{1}{\sqrt{2}}\sin x\right)\left(\frac{1}{\sqrt{2}}\cos x+\frac{1}{\sqrt{2}}\sin x\right)}\\
&=\frac{1}{\cos^2 x+\sin x\cos x}=f(x),
\end{aligned}$$

即有 $f\left(\dfrac{\pi}{4}-x\right)=f(x)$, 这里 $g(x)=x$, 则 $g\left(\dfrac{\pi}{4}-x\right)+g(x)=\dfrac{\pi}{4}$, 于是由例 174(2) 的结论得

$$\begin{aligned}
\int_0^{\frac{\pi}{4}}\frac{x}{\cos^2 x+\sin x\cos x}\mathrm{d}x&=\frac{\pi}{8}\int_0^{\frac{\pi}{4}}\frac{1}{\cos^2 x+\sin x\cos x}\mathrm{d}x\\
&=\frac{\pi}{8}\int_0^{\frac{\pi}{4}}\frac{\sec^2 x}{1+\tan x}\mathrm{d}x\\
&=\frac{\pi}{8}\ln(1+\tan x)\Big|_0^{\frac{\pi}{4}}=\frac{\pi}{8}\ln 2.
\end{aligned}$$

另解: 此题也可令 $x=\dfrac{\pi}{4}-t$, 做法与第 (1) 题的解法 2 类似.

(4) 令 $t=\arctan x$, 则 $\mathrm{d}x=\sec^2 t\mathrm{d}t$, 故有

$$\int_0^1\frac{\arctan x}{1+x}\mathrm{d}x=\int_0^{\frac{\pi}{4}}\frac{t}{1+\tan t}\sec^2 t\mathrm{d}t=\int_0^{\frac{\pi}{4}}\frac{t}{\cos^2 t+\sin t\cos t}\mathrm{d}t=\frac{\pi}{8}\ln 2.$$

注记 (1) 以上定积分的计算是利用对称性的典型例题. 由于被积函数的原函数不是初等函数, 因此不能用牛顿–莱布尼茨公式直接计算. 虽然这四个题也可以通过恰当的变量代换求出, 但不容易想到. 利用对称性就可以很巧妙地计算出来. 有时还可以通过巧妙的换元手段创造对称性, 从而求出某些较难计算的定积分.

(2) 在定积分的计算中, 观察并利用被积函数所满足的某些关系式或对称性, 可以帮我们选取合适的变量代换以化简积分.

思考题 计算下列定积分:

1. $\int_0^{\pi}\frac{x\sin x}{|\cos x|+\sin x}\mathrm{d}x$;　　2. $\int_0^{\pi}\frac{x|\cos^n x|}{|\cos^n x|+|\sin^n x|}\mathrm{d}x$, n 为自然数;

3. $\int_{-\frac{\pi}{2}}^{\frac{\pi}{2}}\frac{\cos^3 x}{1+\mathrm{e}^x}\mathrm{d}x$;　　4. $\int_0^{\pi}\frac{x\sin x}{1+\cos^2 x}\mathrm{d}x$;

5. $\int_0^{\frac{\pi}{4}}\ln\frac{\sin\left(\frac{\pi}{4}+x\right)}{\cos x}\mathrm{d}x$;　　6. $\int_{-\frac{1}{2}}^{\frac{1}{2}}\cos x\left(\ln\frac{1+x}{1-x}+1\right)\mathrm{d}x$;

7. $\int_{-\frac{\pi}{2}}^{\frac{\pi}{2}}|\sin x|\arctan\mathrm{e}^x\mathrm{d}x$ $\left(利用\ \arctan\mathrm{e}^x+\arctan\mathrm{e}^{-x}=\frac{\pi}{2}\right)$;

8. $\int_0^{\frac{\pi}{2}}\frac{f(\sin x)}{f(\sin x)+f(\cos x)}\mathrm{d}x$, $f(x)$ 是正值连续函数.

例 176　记积分 $I_{m,n}=\int_0^{\frac{\pi}{2}}\sin^m x\cos^n x\mathrm{d}x, m,n=0,1,2,\cdots$, 试证:

(1) $I_{m,n}=I_{n,m}$, $m,n=0,1,2,\cdots$;

(2) $I_{0,0}=\frac{\pi}{2}$; $I_{0,1}=I_{1,0}=1$, $I_{1,1}=\frac{1}{2}$;

(3) 当自然数 m, n 满足 $n\geqslant 2$ 时

$$I_{m,n}=\frac{n-1}{m+n}I_{m,n-2},\quad I_{n,m}=\frac{n-1}{m+n}I_{n-2,m};$$

(4) $I_{m,n}=\int_0^{\frac{\pi}{2}}\sin^m x\cos^n x\mathrm{d}x=\begin{cases}\dfrac{(m-1)!!(n-1)!!}{(m+n)!!}\dfrac{\pi}{2}, & m,n\ 全为正偶数,\\ \dfrac{(m-1)!!(n-1)!!}{(m+n)!!}, & m,n\ 不全为正偶数.\end{cases}$

证明　(1) 和 (2) 的证明很简单, 而 (4) 是反复使用逆推式 (3), 并结合使用 (2) 的情况下得到的, 故实际需主要证明 (3), 下面证明 (3).

(3) 当 $n\geqslant 2$, $m\geqslant 0$ 时, 用分部积分法推导其递推公式:

$$\begin{aligned}I_{m,n}&=\int_0^{\frac{\pi}{2}}\cos^{n-1}x\mathrm{d}\left(\frac{\sin^{m+1}x}{m+1}\right)\\&=\frac{\sin^{m+1}x}{m+1}\cos^{n-1}x\Big|_0^{\frac{\pi}{2}}+\frac{n-1}{m+1}\int_0^{\frac{\pi}{2}}\sin^{m+2}x\cos^{n-2}x\mathrm{d}x\\&=\frac{n-1}{m+1}\int_0^{\frac{\pi}{2}}\sin^m x(1-\cos^2 x)\cos^{n-2}x\mathrm{d}x\\&=\frac{n-1}{m+1}(I_{m,n-2}-I_{m,n}).\end{aligned}$$

则 $I_{m,n}=\frac{n-1}{m+n}I_{m,n-2}$.

(4) 因为

$$I_{m,0}=\int_0^{\frac{\pi}{2}}\sin^m x\mathrm{d}x=\begin{cases}\dfrac{(m-1)!!}{m!!}\dfrac{\pi}{2} & (m\text{ 为正偶数}),\\ \dfrac{(m-1)!!}{m!!} & (m\text{ 为正奇数}),\end{cases}$$

故当 m,n 全为正偶数且 $n\geqslant 2$ 时

$$\begin{aligned}I_{m,n}=\frac{n-1}{m+n}I_{m,n-2}=\cdots\\&=\frac{n-1}{m+n}\cdot\frac{n-3}{m+n-2}\cdots\frac{n-(n-1)}{m+n-(n-2)}I_{m,0}\\&=\frac{(n-1)(n-3)\cdots 1}{(m+n)(m+n-2)\cdots(m+2)}\cdot\frac{(m-1)!!}{m!!}\frac{\pi}{2}\\&=\frac{(m-1)!!(n-1)!!}{(m+n)!!}\frac{\pi}{2};\end{aligned}$$

当 m 为奇数, n 为偶数时

$$\begin{aligned}I_{m,n}&=\frac{n-1}{m+n}\cdot\frac{n-3}{m+n-2}\cdots\frac{n-(n-1)}{m+n-(n-2)}I_{m,0}\\&=\frac{(n-1)(n-3)\cdots 1}{(m+n)(m+n-2)\cdots(m+2)}\cdot\frac{(m-1)!!}{m!!}\\&=\frac{(m-1)!!(n-1)!!}{(m+n)!!};\end{aligned}$$

当 n 为奇数且 $n\geqslant 2$ 时

$$\begin{aligned}I_{m,n}=\frac{n-1}{m+n}I_{m,n-2}=\cdots\\&=\frac{n-1}{m+n}\cdot\frac{n-3}{m+n-2}\cdots\frac{n-(n-2)}{m+n-(n-3)}I_{m,1}\\&=\frac{(n-1)(n-3)\cdots 2}{(m+n)(m+n-2)\cdots(m+3)}\cdot\frac{1}{m+1}\\&=\frac{(m-1)!!(n-1)!!}{(m+n)!!}.\end{aligned}$$

综上, 可得到如下公式:

$$I_{m,n}=\int_0^{\frac{\pi}{2}}\sin^m x\cos^n x\mathrm{d}x=\begin{cases}\dfrac{(m-1)!!(n-1)!!}{(m+n)!!}\dfrac{\pi}{2} & (m,n\text{ 全为正偶数}),\\ \dfrac{(m-1)!!(n-1)!!}{(m+n)!!} & (m,n\text{ 不全为正偶数}).\end{cases}$$

例 177　计算 $J_n=\int_0^{\pi}\frac{\sin\left(n+\frac{1}{2}\right)x}{\sin\frac{x}{2}}\mathrm{d}x$　(n 为正整数).

解　若熟悉三角公式

$$\cos x+\cos 2x+\cdots+\cos nx=\frac{\sin\left(n+\frac{1}{2}\right)x-\sin\frac{x}{2}}{2\sin\frac{x}{2}},$$

则利用分项积分直接得到本题结论. 今用递推法证明. 因为

$$\begin{aligned}J_n-J_{n-1}&=\int_0^{\pi}\frac{\sin\left(n+\frac{1}{2}\right)x-\sin\left(n-\frac{1}{2}\right)x}{\sin\frac{x}{2}}\mathrm{d}x\\&=\int_0^{\pi}\frac{2\sin\frac{x}{2}\cos nx}{\sin\frac{x}{2}}\mathrm{d}x=\frac{2}{n}\sin nx\Big|_0^{\pi}=0\quad(n=1,2,\cdots).\end{aligned}$$

故有

$$J_n=J_{n-1}=\cdots=J_0=\int_0^{\pi}\frac{\sin\left(0+\frac{1}{2}\right)x}{\sin\frac{x}{2}}\mathrm{d}x=\pi.$$

例 178　设 $I_n=\int_0^{\frac{\pi}{4}}\tan^n x\mathrm{d}x$　(n 为正实数), 证明: $\frac{1}{2(n+1)}<I_n<\frac{1}{2n}$.

分析　对积分作变量代换 $t=\tan x$, 将被积函数化为有理函数形式, 再作适当放缩得到所证不等式.

证明　令 $t=\tan x$, 则

$$I_n=\int_0^{\frac{\pi}{4}}\tan^n x\mathrm{d}x=\int_0^1\frac{t^n}{1+t^2}\mathrm{d}t>\int_0^1\frac{t^n}{1+1}\mathrm{d}t=\frac{1}{2(n+1)}$$

当 $0<t<1$ 时, $\left(\frac{t}{1+t^2}\right)'=\frac{1-t^2}{(1+t^2)^2}>0$, 则 $\frac{t}{1+t^2}<\frac{1}{1+1^2}=\frac{1}{2}$. 所以有

$$I_n=\int_0^1\frac{t^n}{1+t^2}\mathrm{d}t<\frac{1}{2}\int_0^1 t^{n-1}\mathrm{d}t=\frac{1}{2n}.$$

例 179　证明方程根的存在性:

(1) 设函数 $f(x)$ 在 $[0,2]$ 上连续, 且 $\int_0^2 f(x)\mathrm{d}x=0$, 证明: 至少存在一点 $\xi\in(0,2)$, 使得 $f(2-\xi)+f(\xi)=0$;

(2) 设函数 $f(x)$ 在 $[0,1]$ 上连续, 且 $\int_0^1 f(x)\mathrm{d}x=\int_0^1 xf(x)\mathrm{d}x$, 证明: 至少存在一点 $\xi\in(0,1)$, 使得 $\int_0^\xi f(x)\mathrm{d}x=0$.

证明 (1) 由所证的等式构造辅助函数

$$F(x)=\int_0^x f(2-t)\mathrm{d}t+\int_0^x f(t)\mathrm{d}t=\int_{2-x}^2 f(u)\mathrm{d}u+\int_0^x f(t)\mathrm{d}t,$$

则由变限积分函数的性质知 $F(x)$ 在 $[0,2]$ 上连续, 在 $(0,2)$ 内可导, 且 $F(0)=F(2)=0$. 由罗尔中值定理知, 至少存在一点 $\xi\in(0,2)$, 使得 $F'(\xi)=f(2-\xi)+f(\xi)=0$.

(2) 由所证结论和已知条件构造辅助函数

$$G(x)=x\int_0^x f(t)\mathrm{d}t-\int_0^x tf(t)\mathrm{d}t,$$

则由变限积分函数的性质知 $G(x)$ 在 $[0,1]$ 上连续, 在 $(0,1)$ 内可导, 且 $G(0)=0$, 再由已知条件得

$$G(1)=\int_0^1 f(t)\mathrm{d}t-\int_0^1 tf(t)\mathrm{d}t=0.$$

由罗尔中值定理, 至少存在一点 $\xi\in(0,1)$, 使得

$$G'(\xi)=\left(\int_0^\xi f(t)\mathrm{d}t+\xi f(\xi)\right)-\xi f(\xi)=\int_0^\xi f(t)\mathrm{d}t=0.$$

注记 本例两题直接用变限积分函数构造辅助函数, 通过其连续、可微性, 结合微分中值定理证明中值的存在性或讨论方程根的存在性.

例 180 证明方程根的存在性:

(1) 设函数 $f(x)$ 在 $[0,\pi]$ 上连续, 且 $\int_0^\pi f(x)\mathrm{d}x=0$, $\int_0^\pi f(x)\cos x\mathrm{d}x=0$, 证明: 在 $(0,\pi)$ 内存在 $\xi_1\neq\xi_2$, 使得 $f(\xi_1)=f(\xi_2)=0$;

(2) 设函数 $f(x)$ 在 $[0,\pi]$ 上连续, 且 $\int_0^\pi f(x)\sin x\mathrm{d}x=0$, $\int_0^\pi f(x)\cos x\mathrm{d}x=0$, 证明: 在 $(0,\pi)$ 内存在 $\xi_1\neq\xi_2$, 使得 $f(\xi_1)=f(\xi_2)=0$.

证明 (1) 令

$$F(x)=\int_0^x f(t)\mathrm{d}t\quad(0\leqslant x\leqslant\pi),$$

则有 $F(0)=F(\pi)=0$. 又因为

$$\begin{aligned}0&=\int_0^\pi f(x)\cos x\mathrm{d}x=\int_0^\pi\cos x\mathrm{d}(F(x))\\&=F(x)\cos x\Big|_0^\pi+\int_0^\pi F(x)\sin x\mathrm{d}x=\int_0^\pi F(x)\sin x\mathrm{d}x,\end{aligned}$$

由积分中值定理, 必存在 $\xi\in(0,\pi)$, 使得 $F(\xi)\sin\xi=0$. 而 $\sin\xi\neq 0$, $\xi\in(0,\pi)$, 故有 $F(\xi)=0$. 由以上证得

$$F(0)=F(\xi)=F(\pi)=0\quad(0<\xi<\pi).$$

这样对 $F(x)$ 分别在 $[0,\xi]$ 及 $[\xi,\pi]$ 上用罗尔中值定理, 则至少存在 $\xi_1\in(0,\xi)$ 及 $\xi_2\in(\xi,\pi)$, 使得 $F'(\xi_1)=F'(\xi_2)=0$, 即得 $f(\xi_1)=f(\xi_2)=0$.

(2) 因为函数 $f(x)$ 在 $[0,\pi]$ 上连续, 且 $\int_0^\pi f(x)\sin x\mathrm{d}x=0$, 则由积分中值定理, 必存在 $\xi_1\in(0,\pi)$, 使得 $f(\xi_1)\sin\xi_1=0$. 而 $\sin\xi_1\neq 0$, $\xi_1\in(0,\pi)$, 故有 $f(\xi_1)=0$. 若在 $(0,\pi)$ 内 $f(x)=0$ 仅有一个实根 $x=\xi_1$, 则由 $\int_0^\pi f(x)\sin x\mathrm{d}x=0$ 推知, $f(x)\sin x$ 及 $f(x)$ 在 $(0,\xi_1)$ 及 (ξ_1,π) 内异号, 不妨设 $f(x)$ 在 $(0,\xi_1)$ 内恒正, 在 (ξ_1,π) 内恒负, 由于

$$\begin{aligned}0&=\cos\xi_1\int_0^\pi f(x)\sin x\mathrm{d}x-\sin\xi_1\int_0^\pi f(x)\cos x\mathrm{d}x\\&=\int_0^\pi f(x)\sin(x-\xi_1)\mathrm{d}x\\&=\int_0^{\xi_1} f(x)\sin(x-\xi_1)\mathrm{d}x+\int_{\xi_1}^\pi f(x)\sin(x-\xi_1)\mathrm{d}x<0,\end{aligned}$$

矛盾! 则在 $(0,\pi)$ 内除 ξ_1 外, $f(x)=0$ 至少还有一个实根 ξ_2, 故在 $(0,\pi)$ 内存在 $\xi_1\neq\xi_2$, 使得 $f(\xi_1)=f(\xi_2)=0$.

注记　第 (1) 题也可用第 (2) 题的方法证明.

例 181　设函数 $f(x)$ 在 $[0,1]$ 上有二阶连续导数, $f'(0)=f'(1)=0$, 证明: 存在 $\xi\in[0,1]$, 使得

$$\int_0^1 f(x)\mathrm{d}x=\frac{1}{2}(f(0)+f(1))+\frac{1}{24}f''(\xi).$$

证明　因为函数 $f(x)$ 在 $[0,1]$ 有二阶连续导数, 则有 $f(x)$ 在 $x=0$ 和 $x=1$ 处的泰勒展开

$$\begin{aligned}f(x)&=f(0)+f'(0)x+\frac{f''(\xi_1)}{2!}x^2=f(0)+\frac{1}{2}f''(\xi_1)x^2\quad(0<\xi_1<x),\\f(x)&=f(1)+f'(1)(x-1)+\frac{f''(\xi_2)}{2!}(x-1)^2\\&=f(1)+\frac{1}{2}f''(\xi_2)(1-x)^2\quad(x<\xi_2<1),\end{aligned}$$

所以有

$$\begin{aligned}\int_0^1 f(x)\mathrm{d}x&=\int_0^{\frac{1}{2}} f(x)\mathrm{d}x+\int_{\frac{1}{2}}^1 f(x)\mathrm{d}x\\&=\int_0^{\frac{1}{2}}\left(f(0)+\frac{1}{2}f''(\xi_1)x^2\right)\mathrm{d}x+\int_{\frac{1}{2}}^1\left(f(1)+\frac{1}{2}f''(\xi_2)(1-x)^2\right)\mathrm{d}x\\&=\frac{1}{2}(f(0)+f(1))+\frac{1}{2}\left(\int_0^{\frac{1}{2}} f''(\xi_1)x^2\mathrm{d}x+\int_{\frac{1}{2}}^1 f''(\xi_2)(1-x)^2\mathrm{d}x\right).\end{aligned}$$

记 $f''(x)$ 在 $[0,1]$ 上的最大值与最小值分别为 M 和 m, 则

$$\begin{aligned}&\frac{1}{2}\left(\int_0^{\frac{1}{2}} f''(\xi_1)x^2\mathrm{d}x+\int_{\frac{1}{2}}^1 f''(\xi_2)(1-x)^2\mathrm{d}x\right)\\&\quad\leqslant\frac{M}{2}\left(\int_0^{\frac{1}{2}} x^2\mathrm{d}x+\int_{\frac{1}{2}}^1(1-x)^2\mathrm{d}x\right)=\frac{M}{24},\\&\frac{1}{2}\left(\int_0^{\frac{1}{2}} f''(\xi_1)x^2\mathrm{d}x+\int_{\frac{1}{2}}^1 f''(\xi_2)(1-x)^2\mathrm{d}x\right)\\&\quad\geqslant\frac{m}{2}\left(\int_0^{\frac{1}{2}} x^2\mathrm{d}x+\int_{\frac{1}{2}}^1(1-x)^2\mathrm{d}x\right)=\frac{m}{24},\end{aligned}$$

由连续函数的介值定理知, $\exists\xi\in[0,1]$, 使得

$$\frac{1}{2}\left(\int_0^{\frac{1}{2}} f''(\xi_1)x^2\mathrm{d}x+\int_{\frac{1}{2}}^1 f''(\xi_2)(1-x)^2\mathrm{d}x\right)=\frac{1}{24}f''(\xi).$$

综上, 得

$$\int_0^1 f(x)\mathrm{d}x=\frac{1}{2}(f(0)+f(1))+\frac{1}{24}f''(\xi).$$

例 182 设 $f(x)\in C[0,1]$, 且 $1\leqslant f(x)\leqslant 3$, 证明: $1\leqslant\int_0^1 f(x)\mathrm{d}x\cdot\int_0^1\frac{1}{f(x)}\mathrm{d}x\leqslant\frac{4}{3}$.

分析 由柯西–施瓦茨不等式易得左侧不等式, 右侧不等式可利用均值不等式作估计.

设 $f(x)$, $g(x)$ 都在 $[a,b]$ 上可积, 则有 Cauchy-Schwartz 不等式

$$\left(\int_a^b f(x)g(x)\mathrm{d}x\right)^2\leqslant\int_a^b f^2(x)\mathrm{d}x\int_a^b g^2(x)\mathrm{d}x.$$

证明 由 Cauchy-Schwartz 不等式有

$$\int_0^1 f(x)\mathrm{d}x\cdot\int_0^1\frac{1}{f(x)}\mathrm{d}x\geqslant\left(\int_0^1\sqrt{f(x)}\sqrt{\frac{1}{f(x)}}\mathrm{d}x\right)^2=1.$$

由已知 $(f(x)-1)(f(x)-3)\leqslant 0$, 则

$$\frac{(f(x)-1)(f(x)-3)}{f(x)}\leqslant 0 \Longrightarrow f(x)+\frac{3}{f(x)}\leqslant 4 \Longrightarrow \int_0^1\left(f(x)+\frac{3}{f(x)}\right)\mathrm{d}x\leqslant 4,$$

由均值不等式得

$$\int_0^1 f(x)\mathrm{d}x\cdot\int_0^1\frac{3}{f(x)}\mathrm{d}x\leqslant\frac{\left(\int_0^1 f(x)\mathrm{d}x+\int_0^1\frac{3}{f(x)}\mathrm{d}x\right)^2}{4}\leqslant 4.$$

从而得证.

注记　一般, 若 $f(x)\in C[a,b]$, 且 $0<m\leqslant f(x)\leqslant M$ 则

$$(b-a)^2\leqslant\int_a^b f(x)\mathrm{d}x\cdot\int_a^b\frac{1}{f(x)}\mathrm{d}x\leqslant\frac{(b-a)^2(m+M)^2}{4Mm}.$$

例 183　(1) 设函数 $f(x)$ 在 $[a,b]$ 上连续, 且 $f'(x)$ 在 (a,b) 内单调不减, 证明:

$$(b-a)f\left(\frac{a+b}{2}\right)\leqslant\int_a^b f(x)\mathrm{d}x\leqslant\frac{f(a)+f(b)}{2}(b-a).$$

(2) 设函数 $f(x)$ 在 $[a,b]$ 上连续, 且在 (a,b) 内 $f''(x)\geqslant 0$, 证明 (1) 中的结论.

分析　即证

$$\int_a^b\left(f(x)-f\left(\frac{a+b}{2}\right)\right)\mathrm{d}x\geqslant 0,$$

及

$$\int_a^b\left(\frac{f(a)+f(b)}{2}-f(x)\right)\mathrm{d}x\geqslant 0\quad 或\quad\int_a^b(f(a)+f(b)-2f(x))\mathrm{d}x\geqslant 0.$$

证明　(1) 由对称性知

$$\int_a^b f'\left(\frac{a+b}{2}\right)\left(x-\frac{a+b}{2}\right)\mathrm{d}x=0.$$

再由微分中值定理 (存在 ξ 介于 x 与 $\frac{a+b}{2}$ 之间) 得

$$\begin{aligned}\int_a^b\left(f(x)-f\left(\frac{a+b}{2}\right)\right)\mathrm{d}x&=\int_a^b f'(\xi)\left(x-\frac{a+b}{2}\right)\mathrm{d}x\\&=\int_a^b\left(f'(\xi)-f'\left(\frac{a+b}{2}\right)\right)\left(x-\frac{a+b}{2}\right)\mathrm{d}x\geqslant 0.\end{aligned}$$

这是因为 $f'(x)$ 在 (a,b) 内单调不减, 则 $f'(\xi)-f'\left(\frac{a+b}{2}\right)$ 与 $x-\frac{a+b}{2}$ 同号. 从而有

$$(b-a)f\left(\frac{a+b}{2}\right)\leqslant\int_a^b f(x)\mathrm{d}x.$$

因为

$$\begin{aligned}
&f(a)+f(b)-2f(x)\\
&=f(b)-f(x)-(f(x)-f(a))\\
&=f'(\xi)(b-x)-f'(\eta)(x-a)\quad(a<\eta<x<\xi<b)\\
&=f'(x)(b-x)-f'(x)(x-a)+(f'(\xi)-f'(x))(b-x)+(f'(x)-f'(\eta))(x-a)\\
&\geqslant f'(x)(b-x)-f'(x)(x-a)\\
&=f'(x)(a+b-2x),
\end{aligned}$$

上式在 $[a,b]$ 上积分得

$$\begin{aligned}
\int_a^b(f(a)+f(b)-2f(x))\mathrm{d}x&\geqslant\int_a^b f'(x)(a+b-2x)\mathrm{d}x\\
&=f(x)(a+b-2x)\Big|_a^b+2\int_a^b f(x)\mathrm{d}x\\
&=-(f(a)+f(b))(b-a)+2\int_a^b f(x)\mathrm{d}x\\
&=-\int_a^b(f(a)+f(b)-2f(x))\mathrm{d}x.
\end{aligned}$$

移项整理即得

$$\int_a^b(f(a)+f(b)-2f(x))\mathrm{d}x\geqslant 0,$$

即

$$\int_a^b f(x)\mathrm{d}x\leqslant\frac{f(a)+f(b)}{2}(b-a).$$

(2) 因为 $f''(x)\geqslant 0$ 知 $f'(x)$ 单调不减, 即 $f(x)$ 满足 (1) 的条件, 所以结论成立.

方法探讨 下面介绍证明右端不等式成立的 5 种不同证法.

证法 1(下凸法) 过 $(a,f(a))$ 与 $(b,f(b))$ 的割线方程为

$$y=f(a)+\frac{f(b)-f(a)}{b-a}(x-a).$$

令

$$g(x)=f(x)-f(a)-\frac{f(b)-f(a)}{b-a}(x-a),$$

则有

$$g'(x)=f'(x)-\frac{f(b)-f(a)}{b-a}=f'(x)-f'(\xi)=f''(\eta)(x-\xi).$$

因 $f''(x)\geqslant 0$, 故当 $a\leqslant x<\xi$ 时, $g'(x)\leqslant 0$, 即 $g(x)$ 不增; 当 $\xi<x\leqslant b$ 时, $g'(x)\geqslant 0$, 即 $g(x)$ 不减. 而又 $g(a)=g(b)=0$, 从而可知, 在 $[a,b]$ 上恒有 $g(x)\leqslant 0$. 因而有

$$\begin{aligned}0&\geqslant\int_a^b g(x)\mathrm{d}x=\int_a^b\left(f(x)-f(a)-\frac{f(b)-f(a)}{b-a}(x-a)\right)\mathrm{d}x\\&=\int_a^b f(x)\mathrm{d}x-f(a)(b-a)-\frac{f(b)-f(a)}{b-a}\frac{(b-a)^2}{2}\\&=\int_a^b f(x)\mathrm{d}x-\frac{f(b)+f(a)}{2}(b-a).\end{aligned}$$

证法 2(泰勒展开法)　因为

$$f(a)=f(x)+f'(x)(a-x)+\frac{f''(\xi)}{2}(x-a)^2\geqslant f(x)+f'(x)(a-x),$$

$$f(b)=f(x)+f'(x)(b-x)+\frac{f''(\eta)}{2}(b-x)^2\geqslant f(x)+f'(x)(b-x),$$

所以

$$f(a)+f(b)\geqslant 2f(x)+f'(x)(a+b-2x),$$

两边在 $[a,b]$ 上积分得

$$\begin{aligned}(b-a)&\geqslant 2\int_a^b f(x)\mathrm{d}x+\int_a^b f'(x)(a+b-2x)\mathrm{d}x\\&=2\int_a^b f(x)\mathrm{d}x+f(x)(a+b-2x)\Big|_a^b+2\int_a^b f(x)\mathrm{d}x\\&=4\int_a^b f(x)\mathrm{d}x-(f(a)+f(b))(b-a).\end{aligned}$$

由此得出结论.

证法 3(常数变量化方法)　令

$$g(x)=(f(x)+f(a))(x-a)-2\int_a^x f(t)\mathrm{d}t.$$

显然 $g(a)=0$, 当 $x\in(a,b]$ 时

$$\begin{aligned}g'(x)&=f(x)+f(a)+(x-a)f'(x)-2f(x)\\&=(x-a)f'(x)-(f(x)-f(a))\\&=(x-a)f'(x)-(x-a)f'(\xi)\quad(a<\xi<x)\\&=(x-a)(x-\xi)f''(\eta)\geqslant 0.\end{aligned}$$

因而可知 $g(x)$ 在 $[a,b]$ 不减, 特别地, $g(b)\geqslant g(a)=0$, 即得结论.

证法 4(两次积分法) 当 $x,t\in[a,b]$, $x\neq t$ 时

$$f(x)=f(t)+f'(t)(x-t)+\frac{f''(\xi)}{2}(x-t)^2\geqslant f(t)+f'(t)(x-t).$$

对 t 在 $[a,b]$ 上积分得

$$\begin{aligned}(b-a)f(x)&\geqslant\int_a^b f(t)\mathrm{d}t+\int_a^b f'(t)(x-t)\mathrm{d}t\\&=\int_a^b f(t)\mathrm{d}t+f(t)(x-t)\Big|_a^b+\int_a^b f(t)\mathrm{d}t\\&=2\int_a^b f(t)\mathrm{d}t+f(b)(x-b)-f(a)(x-a);\end{aligned}$$

对 x 在 $[a,b]$ 上积分得

$$\begin{aligned}(b-a)\int_a^b f(x)\mathrm{d}x&\geqslant 2(b-a)\int_a^b f(t)\mathrm{d}t+f(b)\frac{(x-b)^2}{2}\Big|_a^b-f(a)\frac{(x-a)^2}{2}\Big|_a^b\\&=2(b-a)\int_a^b f(t)\mathrm{d}t-(f(b)+f(a))\frac{(b-a)^2}{2},\end{aligned}$$

整理即得

$$\frac{f(a)+f(b)}{2}(b-a)\geqslant\int_a^b f(x)\mathrm{d}x.$$

证法 5(分段, 并用变量代换) 因为

$$\frac{f(a)+f(b)}{2}(b-a)=\int_a^{\frac{a+b}{2}}f(a)\mathrm{d}x+\int_{\frac{a+b}{2}}^b f(b)\mathrm{d}x,$$

所以

$$\begin{aligned}&\int_a^b f(x)\mathrm{d}x-\frac{f(a)+f(b)}{2}(b-a)\\&=\int_a^{\frac{a+b}{2}}f(x)\mathrm{d}x+\int_{\frac{a+b}{2}}^b f(x)\mathrm{d}x-\int_a^{\frac{a+b}{2}}f(a)\mathrm{d}x-\int_{\frac{a+b}{2}}^b f(b)\mathrm{d}x\\&=\int_a^{\frac{a+b}{2}}(f(x)-f(a))\mathrm{d}x+\int_{\frac{a+b}{2}}^b(f(x)-f(b))\mathrm{d}x\\&=\int_a^{\frac{a+b}{2}}(f(x)-f(a))\mathrm{d}x+\int_a^{\frac{a+b}{2}}(f(a+b-t)-f(b))\mathrm{d}t\\&=\int_a^{\frac{a+b}{2}}f'(\xi)(x-a)\mathrm{d}x+\int_a^{\frac{a+b}{2}}f'(\eta)(a-t)\mathrm{d}t\quad\left(a<\xi<\frac{a+b}{2}<\eta<b\right)\\&=\int_a^{\frac{a+b}{2}}(f'(\xi)-f'(\eta))(x-a)\mathrm{d}x\leqslant 0,\end{aligned}$$

得证.

例 184　设函数 $f(x)$ 在 $[a,b]$ 有二阶连续导数, $M=\max\limits_{[a,b]}|f''(x)|$, 证明:

$$\left|\int_a^b f(x)\mathrm{d}x-f\left(\frac{a+b}{2}\right)(b-a)\right|\leqslant\frac{(b-a)^3}{24}M.$$

分析　(1) 题中有高阶导的信息, 所以很自然想到函数 $f(x)$ 的泰勒展开, 而且在点 $x_0=\dfrac{a+b}{2}$ 处展开到二阶, 代入积分, 利用已知条件放大即可.

(2) 由于

$$\begin{aligned}&\int_a^b f(x)\mathrm{d}x-f\left(\frac{a+b}{2}\right)(b-a)\\&=\int_a^b\left(f(x)-f\left(\frac{a+b}{2}\right)\right)\mathrm{d}x\\&=\int_a^{\frac{a+b}{2}}\left(f(x)-f\left(\frac{a+b}{2}\right)\right)\mathrm{d}(x-a)+\int_{\frac{a+b}{2}}^b\left(f(x)-f\left(\frac{a+b}{2}\right)\right)\mathrm{d}(x-b),\end{aligned}$$

用分部积分导出与 $f''(x)$ 有关积分之间的关系.

证明　证法 1　$f(x)$ 在点 $x_0=\dfrac{a+b}{2}$ 的一阶泰勒展式为

$$f(x)=f(x_0)+f'(x_0)(x-x_0)+\frac{1}{2}f''(\xi)(x-x_0)^2,$$

ξ 位于 x 与 x_0 之间. 将上式在 $[a,b]$ 上积分得

$$\int_a^b f(x)\mathrm{d}x=f\left(\frac{a+b}{2}\right)(b-a)+f'(x_0)\int_a^b(x-x_0)\mathrm{d}x+\frac{1}{2}\int_a^b f''(\xi)(x-x_0)^2\mathrm{d}x.$$

因为 $x-x_0$ 关于积分区间中点 $x_0=\dfrac{a+b}{2}$ 奇对称, 所以其积分为 0. 从而有

$$\begin{aligned}\left|\int_a^b f(x)\mathrm{d}x-f\left(\frac{a+b}{2}\right)(b-a)\right|&=\frac{1}{2}\left|\int_a^b f''(\xi)(x-x_0)^2\mathrm{d}x\right|\\&\leqslant\frac{1}{2}M\int_a^b(x-x_0)^2\mathrm{d}x=\frac{(b-a)^3}{24}M.\end{aligned}$$

证法 2　两次分部积分得

$$\begin{aligned}&\int_a^{\frac{a+b}{2}}\left(f(x)-f\left(\frac{a+b}{2}\right)\right)\mathrm{d}(x-a)+\int_{\frac{a+b}{2}}^b\left(f(x)-f\left(\frac{a+b}{2}\right)\right)\mathrm{d}(x-b)\\&=-\int_a^{\frac{a+b}{2}}f'(x)(x-a)\mathrm{d}x-\int_{\frac{a+b}{2}}^b f'(x)(x-b)\mathrm{d}x\end{aligned}$$

$$
\begin{aligned}
&= -\frac{1}{2}\int_a^{\frac{a+b}{2}} f'(x)\mathrm{d}(x-a)^2 - \frac{1}{2}\int_{\frac{a+b}{2}}^b f'(x)\mathrm{d}(x-b)^2 \\
&= -\frac{1}{2}f'\left(\frac{a+b}{2}\right)\left(\frac{a+b}{2}-a\right)^2 + \frac{1}{2}\int_a^{\frac{a+b}{2}} f''(x)(x-a)^2\mathrm{d}x \\
&\quad + \frac{1}{2}f'\left(\frac{a+b}{2}\right)\left(\frac{a+b}{2}-b\right)^2 + \frac{1}{2}\int_{\frac{a+b}{2}}^b f''(x)(x-b)^2\mathrm{d}x \\
&= \frac{1}{2}\int_a^{\frac{a+b}{2}} f''(x)(x-a)^2\mathrm{d}x + \frac{1}{2}\int_{\frac{a+b}{2}}^b f''(x)(x-b)^2\mathrm{d}x,
\end{aligned}
$$

于是有

$$
\begin{aligned}
&\left|\int_a^b f(x)\mathrm{d}x - f\left(\frac{a+b}{2}\right)(b-a)\right| \\
&\quad \leqslant \frac{M}{2}\left(\int_a^{\frac{a+b}{2}}(x-a)^2\mathrm{d}x + \int_{\frac{a+b}{2}}^b (x-b)^2\mathrm{d}x\right) \\
&\quad = \frac{(b-a)^3}{24}M.
\end{aligned}
$$

小　结

1. 利用定积分的换元法和分部积分法计算定积分.
2. 计算分段函数的定积分.
3. 利用定积分的换元法和分部积分法求极限.
4. 利用定积分的换元法和分部积分法研究变限积分函数的性质.
5. 利用函数的奇偶性及周期性计算定积分.
6. 利用对称性求解一些难计算的定积分.
7. 用变限积分函数构造辅助函数, 通过其连续、可微性, 结合微分中值定理证明中值的存在性或讨论方程的根.
8. 利用定积分的换元法和分部积分法结合微积分学的基本定理, 证明与积分有关的一些命题.

3.6　定积分的应用

知识要点

◇ **平面曲线的弧长**

1. 平面曲线 L 表示为直角坐标方程: $y=f(x)\in C^{(1)}[a,b]$, $a\leqslant x\leqslant b$, 则其弧长

$$l=\int_a^b\sqrt{1+f'^2(x)}\mathrm{d}x.$$

2. 平面曲线 L 表示为参数方程: $\begin{cases}x=\varphi(t),\\ y=\psi(t),\end{cases}$ $a\leqslant t\leqslant\beta$, 函数 $\varphi(t),\psi(t)\in C^{(1)}[\alpha,\beta]$ 且 $\varphi'^2(t)+\psi'^2(t)\neq 0$, 则其弧长

$$l=\int_\alpha^\beta\sqrt{\varphi'^2(t)+\psi'^2(t)}\mathrm{d}t.$$

3. 平面曲线 L 表示为极坐标方程: $r=r(\theta)\in C^{(1)}[\alpha,\beta]$, $\alpha\leqslant\theta\leqslant\beta$, 则其弧长

$$l=\int_\alpha^\beta\sqrt{r^2(\theta)+r'^2(\theta)}\mathrm{d}\theta.$$

◇ **平面图形的面积**

1. 直角坐标系中的平面图形

(1) 若图形由连续曲线 $y=f_1(x)$ 与 $y=f_2(x)$, $a\leqslant x\leqslant b$, 以及直线 $x=a$, $x=b$ 所围成, 则它的面积

$$S=\int_a^b|f_1(x)-f_2(x)|\mathrm{d}x.$$

特别地, 若 $f_1(x)=f(x),f_2(x)=0$, 则面积

$$S=\int_a^b|f(x)|\mathrm{d}x.$$

(2) 若图形由连续曲线 $x=\varphi_1(y)$ 与 $x=\varphi_2(y)$ 及直线 $y=c$, $y=d$ 围成, 则它的面积

$$S=\int_c^d|\varphi_1(y)-\varphi_2(y)|\mathrm{d}y\quad(c\leqslant y\leqslant d).$$

2. 极坐标系中的平面图形

若图形由极坐标系中连续曲线 $r=r_1(\theta)$ 与 $r=r_2(\theta)$ 及直线 $\theta=\alpha$, $\theta=\beta$ 所围成, $r_1(\theta)\leqslant r_2(\theta)\,(\alpha\leqslant\theta\leqslant\beta)$, 则它的面积

$$S=\frac{1}{2}\int_{\alpha}^{\beta}(r_2^2(\theta)-r_1^2(\theta))\mathrm{d}\theta.$$

特别地, 若 $r_2(\theta)=r(\theta), r_1(\theta)=0$, 则面积

$$S=\frac{1}{2}\int_{\alpha}^{\beta}r^2(\theta)\mathrm{d}\theta.$$

3. 边界曲线方程由参数方程给出的情形

(1) 设曲线 L: $\begin{cases} x=\varphi(t) \\ y=\psi(t) \end{cases}$ $(\alpha\leqslant t\leqslant\beta)$. 若 $\varphi'(t)\neq 0$, 则 L 为曲边、与其投影到 x 轴上的直线段所围成曲边梯形的面积

$$S=\int_{\alpha}^{\beta}|\varphi'(t)\psi(t)|\mathrm{d}t.$$

若 $\psi'(t)\neq 0$, 则 L 为曲边、与其投影到 y 轴上直线段所围成的曲边梯形的面积

$$S=\int_{\alpha}^{\beta}|\varphi(t)\psi'(t)|\mathrm{d}t.$$

(2) 设平面图形由简单封闭曲线 $\begin{cases} x=\varphi(t) \\ y=\psi(t) \end{cases}$ $(\alpha\leqslant t\leqslant\beta, \varphi(t),\psi(t)\in C^{(1)}[\alpha,\beta])$ 围成, 其中 $\varphi(\alpha)=\varphi(\beta), \psi(\alpha)=\psi(\beta)$, 则封闭图形的面积为

$$S=\frac{\varepsilon}{2}\int_{\alpha}^{\beta}(\psi'(t)\varphi(t)-\varphi'(t)\psi(t))\mathrm{d}t,$$

其中 $\varepsilon=\pm 1$, 逆时针方向时 $\varepsilon=1$, 顺时针方向时 $\varepsilon=-1$ (当曲线不封闭而 $\psi'\varphi-\varphi'\psi$ 不变号时, 上式表示向径所扫过的曲边扇形的面积; 向径是以原点为始点而终点在曲线上的向量).

◇ 用立体横截面积计算立体体积

介于平面 $x=a$ 与 $x=b$ 之间的立体, 被垂直于 x 轴的平面截下的截面面积 $S(x)\,(a\leqslant x\leqslant b)$ 为连续函数, 则立体的体积为

$$V=\int_a^b S(x)\mathrm{d}x.$$

◇ **旋转体的体积**

1. 由连续曲线 L: $y=f(x)\,(a\leqslant x\leqslant b)$, 直线 $x=a$, $x=b$ 及 x 轴所围成的曲边梯形绕 x 轴旋转所得的旋转体的体积为

$$V=\pi\int_a^b y^2\mathrm{d}x=\pi\int_a^b f^2(x)\mathrm{d}x.$$

2. 曲线 L 为参数方程: $\begin{cases} x=\varphi(t) \\ y=\psi(t) \end{cases}$ $(\alpha\leqslant t\leqslant\beta)$, 函数 $\varphi(t),\psi(t)\in C^{(1)}[\alpha,\beta]$ 且 $\varphi'(t)\neq 0$, 则 L 为曲边、与其投影到 x 轴上的直线段所围成曲边梯形, 绕 x 轴旋转所得的旋转体的体积为

$$V=\pi\int_\alpha^\beta |\varphi'(t)|\psi^2(t)\mathrm{d}t.$$

3. 由连续曲线 L: $y=f(x)\,(a\leqslant x\leqslant b)$ (其中 $0\leqslant a<b$ 或 $a<b\leqslant 0$), 直线 $x=a$, $x=b$ 及 x 轴所围成的图形绕 y 轴旋转所得的旋转体的体积为

$$V=2\pi\int_a^b |xf(x)|\mathrm{d}x.$$

◇ **旋转体的侧面积**

1. 由连续曲线 L: $y=f(x)\,(a\leqslant x\leqslant b)$, 直线 $x=a$, $x=b$ 及 x 轴所围成的曲边梯形绕 x 轴旋转所得的旋转体的侧面积为

$$S=2\pi\int_a^b |y|\mathrm{d}l=2\pi\int_a^b |f(x)|\sqrt{1+(f'(x))^2}\mathrm{d}x.$$

2. 曲线 L 为参数方程: $\begin{cases} x=\varphi(t) \\ y=\psi(t) \end{cases}$ $(a\leqslant t\leqslant\beta)$, 函数 $\varphi(t),\psi(t)\in C^{(1)}[\alpha,\beta]$ 且 $\varphi'(t)\neq 0$, 则 L 为曲边、与其投影到 x 轴上的直线段所围成曲边梯形, 绕 x 轴旋转所得的旋转体的侧面积为

$$S=2\pi\int_\alpha^\beta |\psi(t)|\sqrt{[\varphi'(t)]^2+[\psi'(t)]^2}\mathrm{d}t.$$

精 选 例 题

例 185　求下列平面曲线的弧长:

(1) 曲线 $y=\int_0^x\sqrt{\sin t}\mathrm{d}t\ (0\leqslant x\leqslant \pi)$;

(2) 曲线 $9y^2=x(x-3)^2\ (y\geqslant 0)$ 位于 $x=0$, 到 $x=3$ 之间的一段;

(3) 曲线 $\left(\dfrac{x}{a}\right)^{\frac{2}{3}}+\left(\dfrac{y}{b}\right)^{\frac{2}{3}}=1\ (a>0,\ b>0)$.

解 (1) 记方程为 $y=f(x)$, 由弧长计算公式得

$$l=\int_0^{\pi}\sqrt{1+f'^2(x)}\mathrm{d}x=\int_0^{\pi}\sqrt{1+\sin x}\mathrm{d}x=\int_0^{\pi}\left(\sin\frac{x}{2}+\cos\frac{x}{2}\right)\mathrm{d}x$$
$$=2\int_0^{\frac{\pi}{2}}(\sin t+\cos t)\mathrm{d}t=4.$$

(2) 先求 y' 与 $\sqrt{1+y'^2}$, 将方程两边对 x 求导得

$$6yy'=(x-3)(x-1),$$

则

$$y'=\frac{1}{6y}(x-3)(x-1),\quad \sqrt{1+y'^2}=\frac{1+x}{2\sqrt{x}}.$$

因此此段曲线的弧长为

$$l=\int_0^3\sqrt{1+y'^2}\mathrm{d}x=\int_0^3\frac{1+x}{2\sqrt{x}}\mathrm{d}x$$
$$=\frac{1}{2}\int_0^3\left(\sqrt{x}+\frac{1}{\sqrt{x}}\right)\mathrm{d}x=2\sqrt{3}.$$

(3) 曲线的参数方程为 $\begin{cases}x=a\cos^3 t\\ y=b\sin^3 t\end{cases}$ $(t\in[0,2\pi])$, 由对称性, 可知此曲线的弧长为

$$l=4\int_0^{\frac{\pi}{2}}\sqrt{x'^2(t)+y'^2(t)}\mathrm{d}t=4\int_0^{\frac{\pi}{2}}3\sin t\cos t\sqrt{a^2\cos^2 t+b^2\sin^2 t}\mathrm{d}t$$
$$=6\int_0^{\frac{\pi}{2}}\sqrt{a^2+(b^2-a^2)\sin^2 t}\mathrm{d}(\sin^2 t)$$
$$=\frac{4}{b^2-a^2}(a^2+(b^2-a^2)\sin^2 t)^{\frac{3}{2}}\Big|_0^{\frac{\pi}{2}}$$
$$=\frac{4(b^3-a^3)}{b^2-a^2}=\frac{4(b^2+ab+b^2)}{b+a}.$$

例 186 求由曲线 $|\ln x|+|\ln y|=1$ 所围成的平面图形的面积.

分析 此题的难点是曲线方程为隐式方程, 而且方程是带绝对值的, 所以直接的想法是去掉绝对值, 这样就要分段表达, 而且方程关于 x 和 y 轮换对称性, 对

x 和 y 的讨论是一样的, x 分为 $x \geqslant 1$ 和 $0<x<1$, 则 y 也一样, 这样就有四种情形, 从而对应四条曲线方程, 下面只需把图形分块代入公式即可.

解　此图形由下列四条曲线围成:

$$\begin{cases} xy=\mathrm{e} & (x \geqslant 1,\ y \geqslant 1), \\ y=\dfrac{x}{\mathrm{e}} & (x \geqslant 1,\ 0<y<1), \\ y=\mathrm{e}x & 0<x<1,\ (y \geqslant 1), \\ xy=\dfrac{1}{\mathrm{e}} & (0<x<1,\ 0<y<1), \end{cases}$$

所围的图形如图 3.1 所示. 所以, 面积为

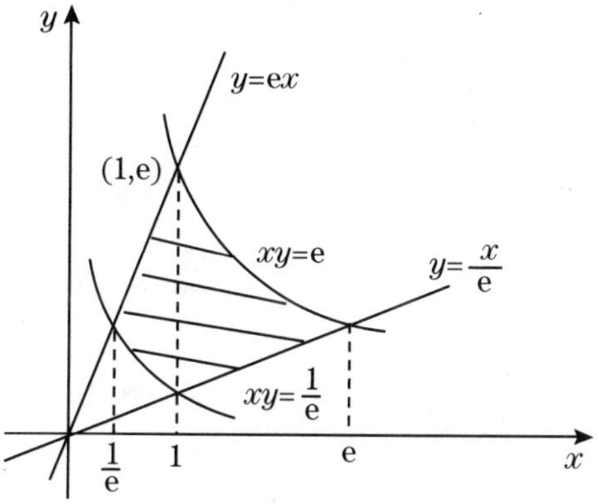

图 3.1

$$\int_{\frac{1}{\mathrm{e}}}^{1}\left(\mathrm{e}x-\frac{1}{\mathrm{e}x}\right)\mathrm{d}x+\int_{1}^{\mathrm{e}}\left(\frac{\mathrm{e}}{x}-\frac{x}{\mathrm{e}}\right)\mathrm{d}x=\mathrm{e}-\frac{1}{\mathrm{e}}.$$

例 187　求由曲线 $x^2+xy+y^2=1$ 所围成的图形的面积.

分析　此题与例 186 一样, 曲线方程为隐式方程，而且方程关于 x 和 y 轮换对称, 一般分段给出曲线的显式表达, 或用参数方程, 或化为极坐标方程, 下面给出四种计算方法.

解　解法 1(显式方程)　从方程解出

$$y_{1,2}(x)=-\frac{x}{2}\pm\sqrt{1-\frac{3}{4}x^2},\quad -\frac{2}{\sqrt{3}}\leqslant x\leqslant\frac{2}{\sqrt{3}},$$

所以

$$S=\int_{-\frac{2}{\sqrt{3}}}^{\frac{2}{\sqrt{3}}}(y_1(x)-y_2(x))\mathrm{d}x=2\int_{-\frac{2}{\sqrt{3}}}^{\frac{2}{\sqrt{3}}}\sqrt{1-\frac{3}{4}x^2}\mathrm{d}x\quad\left(\text{令}x=\frac{2}{\sqrt{3}}\sin t\right)$$

$$=\frac{4}{\sqrt{3}}\int_{-\frac{\pi}{2}}^{\frac{\pi}{2}}\cos^2 t\mathrm{d}t=\frac{2\pi}{\sqrt{3}}.$$

解法 2(极坐标方程) 把 $x=r\cos\theta, y=r\sin\theta$ 代入方程得

$$r^2=\frac{1}{1+\sin\theta\cos\theta}.$$

所以由公式得

$$S=\frac{1}{2}\int_0^{2\pi}r^2\mathrm{d}\theta=\frac{1}{2}\int_0^{2\pi}\frac{1}{1+\sin\theta\cos\theta}\mathrm{d}\theta=\int_0^{2\pi}\frac{\mathrm{d}t}{2+\sin t}=\frac{2\pi}{\sqrt{3}}.$$

解法 3(参数方程) 将方程配方得

$$x^2+xy+y^2=\frac{3}{4}x^2+\left(y+\frac{x}{2}\right)^2=1.$$

令 $x=\frac{2}{\sqrt{3}}\cos t, y=\sin t-\frac{1}{\sqrt{3}}\cos t, 0\leqslant t\leqslant 2\pi$. 所以此封闭曲线所围成的面积为

$$S=\frac{1}{2}\int_0^{2\pi}(xy'(t)-yx'(t))\mathrm{d}t=\frac{1}{2}\int_0^{2\pi}\frac{2}{\sqrt{3}}\mathrm{d}t=\frac{2\pi}{\sqrt{3}}.$$

解法 4 (利用下册的二重积分变量代换) 令 $u=\frac{\sqrt{3}}{2}x$, $v=\frac{x}{2}+y$, 将椭圆盘 D: $\frac{3}{4}x^2+\left(y+\frac{x}{2}\right)^2\leqslant 1$ 变换到圆盘 D': $u^2+v^2\leqslant 1$. 故 D 的面积为

$$S=\iint_D 1\mathrm{d}x\mathrm{d}y=\iint_{D'}\left|\frac{\partial(x,y)}{\partial(u,v)}\right|\mathrm{d}u\mathrm{d}v=\iint_{D'}\frac{2}{\sqrt{3}}\mathrm{d}u\mathrm{d}v=\frac{2\pi}{\sqrt{3}}.$$

例 188 在曲线 $y=x^2\ (x>0)$ 上某点 $A(a,a^2)$ 作一切线, 使之与曲线以及 x 轴所围图形的面积为 $\frac{1}{12}$, 试求:

(1) 切点 A 的坐标及过切点 A 的切线方程;

(2) 由上述平面图形绕 x 轴旋转一周所成旋转体的体积.

解 过点 A 的切线斜率为 $y'\Big|_{x=a}=2a$, 切线方程为 $y-a^2=2a(x-a)$, 即 $x=\frac{y+a^2}{2a}$, 因此曲线、x 轴及切线所围图形 (如图 3.2 所示) 的面积为

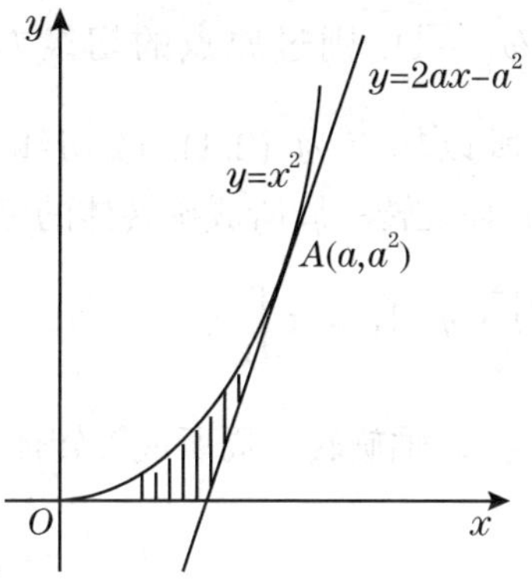

图 3.2

$$S=\int_0^{a^2}\left(\frac{y+a^2}{2a}-\sqrt{y}\right)\mathrm{d}y=\left(\frac{y^2}{4a}+\frac{a}{2}y-\frac{2}{3}y^{\frac{3}{2}}\right)\Bigg|_0^{a^2}=\frac{a^3}{12}.$$

由已知 $S=\dfrac{1}{12}$, 可得 $a=1$. 所以切点 A 的坐标为 $(1,1)$, 过切点 A 的切线方程为 $y=2x-1$, 切线与 x 轴的交点为 $\left(\dfrac{1}{2},0\right)$, 旋转体的体积为

$$V=\int_0^1\pi(x^2)^2\mathrm{d}x-\int_{\frac{1}{2}}^1\pi(2x-1)^2\mathrm{d}x=\frac{\pi}{30},$$

或

$$V=2\pi\int_0^1 y\left(\frac{y+1}{2}-\sqrt{y}\right)\mathrm{d}y=\frac{\pi}{30}.$$

例 189　设有曲线 $y=\sqrt{x-1}$, 过原点作其切线, 求此曲线、切线及 x 轴所围成的平面图形 (如图 3.3 所示) 绕 x 轴旋转一周所成旋转体的侧面积.

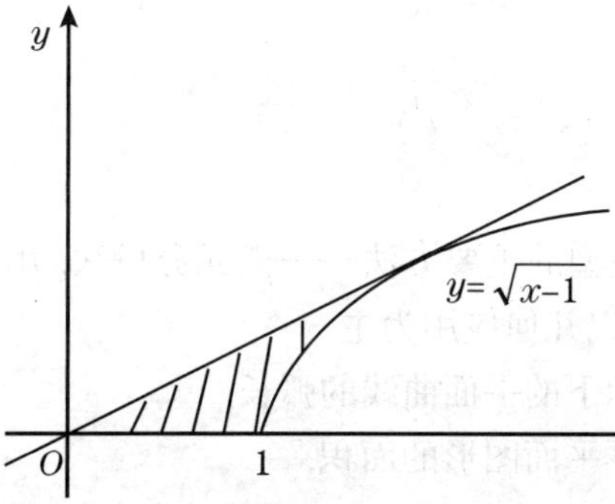

图 3.3

解 设切点为 $(x_0,\sqrt{x_0-1})$, 则过原点的切线方程为 $y=\dfrac{1}{2\sqrt{x_0-1}}x$, 再代入切点，解得 $x_0=2$, 所以切点为 (2,1), 故切线方程为 $y=\dfrac{1}{2}x$. 曲线段 $y=\sqrt{x-1}(1\leqslant x\leqslant 2)$ 绕 x 轴旋转一周所成旋转体的侧面积为

$$S_1=\int_1^2 2\pi y\sqrt{1+y'^2}\mathrm{d}x=\pi\int_1^2\sqrt{4x-3}\mathrm{d}x=\frac{\pi}{6}(5\sqrt{5}-1);$$

直线段 $y=\dfrac{1}{2}x\,(0\leqslant x\leqslant 2)$ 绕 x 轴旋转一周所成旋转体的侧面积为

$$S_2=\int_0^2 2\pi y\sqrt{1+y'^2}\mathrm{d}x=\pi\int_0^2 x\sqrt{1+\left(\frac{1}{2}\right)^2}\mathrm{d}x=\sqrt{5}\pi.$$

因此所求旋转体侧面积为

$$S=S_1+S_2=\frac{\pi}{6}(11\sqrt{5}-1).$$

例 190 求曲面 $\dfrac{x^2}{a^2}+\dfrac{y^2}{b^2}+\dfrac{z^2}{c^2}=1$ (椭球面) 所围成立体的体积.

解 用平行于 yOz 坐标面的平面 $X=x(x\in[-a,a])$ 与椭球体相截, 得到的是由椭圆曲线

$$\frac{y^2}{b^2}+\frac{z^2}{c^2}=1-\frac{x^2}{a^2}$$

所围的椭圆. 将上式两边除以 $1-\dfrac{x^2}{a^2}$, 即得到椭圆方程的标准形式, 从而截面面积为

$$S(x)=\pi bc\left(1-\frac{x^2}{a^2}\right),$$

所以此体的体积为

$$V=\pi bc\int_{-a}^{a}\left(1-\frac{x^2}{a^2}\right)\mathrm{d}x=\frac{4}{3}\pi abc.$$

小　结

用定积分建立数学模型的重要方法——微元分析法. 用此方法可解决一些几何和物理问题. 本节主要以几何应用为主.

1. 计算不同方程表示下的平面曲线的弧长.
2. 计算不同坐标系下平面图形的面积.
3. 计算旋转体体积及侧面积.

3.7 广义积分

知识要点

◇ 无穷区间上的积分

1. 无穷积分的概念

设函数 $f(x)$ 定义在 $[a,+\infty)$ 上, 对任意的 $b \geqslant a$, $f(x)$ 在 $[a,b]$ 上可积, 如果极限

$$\lim_{b\to+\infty}\int_a^b f(x)\mathrm{d}x$$

存在且有限, 就称该极限为 $f(x)$ 在无穷区间 $[a,+\infty)$ 上的**无穷积分**或**第一类广义积分**, 记

$$\int_a^{+\infty} f(x)\mathrm{d}x = \lim_{b\to+\infty}\int_a^b f(x)\mathrm{d}x,$$

此时, 称**无穷积分收敛**或称函数 $f(x)$ 在区间 $[a,+\infty)$ 上**广义可积**; 否则就称**无穷积分发散**.

若函数 $f(x)$ 在 $(-\infty,+\infty)$ 上有定义且在任何有界闭区间上都可积, 如果对任取的实数 c, 无穷积分

$$\int_{-\infty}^{c} f(x)\mathrm{d}x, \quad \int_c^{+\infty} f(x)\mathrm{d}x$$

都收敛, 就称无穷积分

$$\int_{-\infty}^{+\infty} f(x)\mathrm{d}x$$

收敛, 并且规定

$$\int_{-\infty}^{+\infty} f(x)\mathrm{d}x = \int_{-\infty}^{c} f(x)\mathrm{d}x + \int_c^{+\infty} f(x)\mathrm{d}x.$$

此时, 称 $f(x)$ 在 $(-\infty,+\infty)$ 上可积. 若上式右端的两个积分至少有一个发散, 则称左端的积分是发散的.

2. 无穷积分的计算

(1) 推广的牛顿-莱布尼茨公式

设函数 $f(x)$ 在 $[a,+\infty)$ 上可积，且有原函数 $F(x)$, 则

$$\int_a^{+\infty} f(x)\mathrm{d}x = F(+\infty) - F(a),$$

其中 $F(+\infty) = \lim\limits_{b\to+\infty} F(b)$.

类似地, 对其余两种形式的无穷积分, 如果被积函数的原函数 $F(x)$ 存在, 也有牛顿-莱布尼茨公式:

$$\int_{-\infty}^{b} f(x)\mathrm{d}x = F(b) - F(-\infty),$$
$$\int_{-\infty}^{+\infty} f(x)\mathrm{d}x = F(+\infty) - F(-\infty),$$

其中 $F(-\infty) = \lim\limits_{a\to-\infty} F(a)$.

(2) 设 $f(x)$ 在 $[a,+\infty)$ 连续, $\varphi(t) \in C^{(1)}[\alpha,\beta)$, $\varphi(t)$ 在 $[\alpha,\beta)$ 内的值域都在 $[a,+\infty)$ 内, 且 $\varphi(\alpha) = a$, $\lim\limits_{t\to\beta^-} \varphi(t) = +\infty$ 时, 则有变量代换公式

$$\int_a^{+\infty} f(x)\mathrm{d}x = \int_\alpha^\beta f(\varphi(t))\varphi'(t)\mathrm{d}t.$$

(3) 当 $f(x), g(x)$ 都在 $[a,+\infty)$ 有连续的导数时, 若 $\lim\limits_{x\to+\infty} f(x)g(x)$ 存在, $\int_a^{+\infty} f'(x)g(x)\mathrm{d}x$ 收敛, 则有以下分部积分公式

$$\int_a^{+\infty} f(x)g'(x)\mathrm{d}x = f(x)g(x)\Big|_a^{+\infty} - \int_a^{+\infty} f'(x)g(x)\mathrm{d}x.$$

3. 第一类 p 积分

无穷积分

$$\int_a^{+\infty} \frac{1}{x^p}\,\mathrm{d}x, \quad a > 0, p\text{为常数}.$$

当 $p > 1$ 时, 它收敛; 当 $p \leqslant 1$ 时, 它发散. 此积分通常称为**第一类 p 积分**.

4. 无穷积分的柯西主值

设对 $\forall b > 0$, $f(x)$ 在 $[-b,b]$ 上常义可积. 如果 $\lim\limits_{b\to+\infty} \int_{-b}^{b} f(x)\mathrm{d}x$ 存在且有限, 则称此极限为广义积分 $\int_{-\infty}^{+\infty} f(x)\mathrm{d}x$ 的**柯西主值**, 记为

$$\text{V.P.}\int_{-\infty}^{+\infty} f(x)\mathrm{d}x = \lim_{b\to+\infty} \int_{-b}^{b} f(x)\mathrm{d}x.$$

此时, 称无穷积分 $\int_{-\infty}^{+\infty} f(x)\mathrm{d}x$ 在柯西主值的意义下收敛, 简称**柯西主值积分收敛**; 如果上式右端的极限不存在, 就说广义积分 $\int_{-\infty}^{+\infty} f(x)\mathrm{d}x$ 在柯西主值的意义下发散, 简称**柯西主值积分发散**.

注记　从无穷积分的柯西主值的定义, 可以得到如下结论:

(1) 若 $f(x)$ 为奇函数, 则其柯西主值为 0.

(2) 若 $f(x)$ 为偶函数, 则

$$\text{V.P.}\int_{-\infty}^{+\infty} f(x)\mathrm{d}x = \lim_{b\to+\infty} 2\int_0^b f(x)\mathrm{d}x.$$

此时 $f(x)$ 的柯西主值与无穷积分 $\int_0^{+\infty} f(x)\mathrm{d}x$ 同敛散.

◇ **无界函数的积分**

1. 瑕积分的概念

设函数 $f(x)$ 在区间 $(a,b]$ 上有定义且 $f(x)$ 在 a 的右邻域内无界, 但对任何 $\varepsilon\in(0,b-a)$, 函数 $f(x)$ 在区间 $[a+\varepsilon,b]$ 上可积，如果极限

$$\lim_{\varepsilon\to0^+}\int_{a+\varepsilon}^b f(x)\mathrm{d}x$$

存在且有限, 则称此极限值为无界函数的广义积分, 又称**瑕积分**

$$\int_a^b f(x)\mathrm{d}x$$

收敛, 并记

$$\int_a^b f(x)\mathrm{d}x = \lim_{\varepsilon\to0^+}\int_{a+\varepsilon}^b f(x)\mathrm{d}x.$$

否则称该瑕积分发散, 点 a 叫做**积分的瑕点**.

若点 b 是瑕点, 则类似地定义

$$\int_a^b f(x)\mathrm{d}x = \lim_{\varepsilon\to0^+}\int_a^{b-\varepsilon} f(x)\mathrm{d}x.$$

若区间 $[a,b]$ 的两个端点 a 与 b 都是瑕点, 而 $f(x)$ 在 (a,b) 内可积, 则定义瑕积分

$$\int_a^b f(x)\mathrm{d}x = \int_a^c f(x)\mathrm{d}x + \int_c^b f(x)\mathrm{d}x,$$

其中 c 为 a 与 b 之间的任意数. 当上式右端两个瑕积分都收敛时, 就称瑕积分 $\int_a^b f(x)\mathrm{d}x$ 收敛; 当其中有一个发散时, 就称瑕积分 $\int_a^b f(x)\mathrm{d}x$ 发散.

若函数 $f(x)$ 在区间 $[a,b]$ 内有瑕点 c, 而在不含点 c 的任何闭子区间上是可积的, 则定义

$$\int_a^b f(x)\mathrm{d}x = \int_a^c f(x)\mathrm{d}x + \int_c^b f(x)\mathrm{d}x.$$

当上式右端的两个瑕积分都收敛时, 就称瑕积分 $\int_a^b f(x)\mathrm{d}x$ 收敛; 当其中有一个发散时, 就称瑕积分 $\int_a^b f(x)\mathrm{d}x$ 发散.

2. 瑕积分的计算

(1) 推广的牛顿-莱布尼茨公式:

点 a 和点 b 都是瑕积分 $\int_a^b f(x)\mathrm{d}x$ 的瑕点, 被积函数 $f(x)$ 在积分区间 (a,b) 上有原函数 $F(x)$, 则

$$\int_a^b f(x)\mathrm{d}x = F(b-0) - F(a+0),$$

其中

$$F(a+0) = \lim_{\varepsilon\to 0^+} F(a+\varepsilon), \quad F(b-0) = \lim_{\varepsilon\to 0^+} F(b-\varepsilon).$$

(2) 设 $f(x)$ 在 (a,b) 连续, $\varphi(t)\in C^{(1)}(\alpha,\beta)$, $\varphi(t)$ 在 (α,β) 内的值域都在 (a,b) 内, 且 $\lim\limits_{t\to\alpha^+}\varphi(t)=a$, $\lim\limits_{t\to\beta^-}\varphi(t)=b$ 时, 则有变量代换公式

$$\int_a^b f(x)\mathrm{d}x = \int_\alpha^\beta f(\varphi(t))\varphi'(t)\mathrm{d}t.$$

(3) 当 $f(x),g(x)$ 都在 (a,b) 有连续的导数时, 若 $\lim\limits_{x\to a^+} f(x)g(x)$, $\lim\limits_{x\to b^-} f(x)g(x)$ 都存在, 且 $\int_a^b f'(x)g(x)\mathrm{d}x$ 收敛, 则有以下分部积分公式

$$\int_a^b f(x)g'(x)\mathrm{d}x = f(x)g(x)\Big|_{a^+}^{b^-} - \int_a^b f'(x)g(x)\mathrm{d}x.$$

3. 第二类 p 积分

设有瑕积分

$$\int_a^b \frac{1}{(x-a)^p}\mathrm{d}x \quad 或 \quad \int_a^b \frac{1}{(b-x)^p}\mathrm{d}x \quad (a<b).$$

当 $p<1$ 时, 瑕积分收敛; 当 $p\geqslant 1$ 时, 瑕积分发散. 称这个积分为**第二类 p 积分**.

4. 瑕积分的柯西主值

设函数 $f(x)$ 在 $[a,b]$ 的内点 c $(a<c<b)$ 附近无界, 而在不含点 c 的任何闭子区间上是可积的. 如果极限

$$\lim_{\varepsilon\to 0^+}\left(\int_a^{c-\varepsilon} f(x)\mathrm{d}x+\int_{c+\varepsilon}^b f(x)\mathrm{d}x\right)$$

存在, 就称该极限是瑕积分 $\int_a^b f(x)\mathrm{d}x$ 的柯西主值, 记为

$$\text{V.P.}\int_a^b f(x)=\lim_{\varepsilon\to 0^+}\left(\int_a^{c-\varepsilon} f(x)\mathrm{d}x+\int_{c+\varepsilon}^b f(x)\mathrm{d}x\right).$$

此时称柯西主值积分 $\int_a^b f(x)\mathrm{d}x$ 收敛, 否则称它发散.

注记　广义积分是变限积分函数的极限, 计算定积分的公式、方法与技巧几乎都可运用于计算广义积分.

精选例题

例 191　计算下列广义积分:

(1) $\displaystyle\int_1^{+\infty}\frac{\arctan x}{x^2}\mathrm{d}x$;　　(2) $\displaystyle\int_2^{+\infty}\frac{\mathrm{d}x}{(x+7)\sqrt{x-2}}$;

(3) $\displaystyle\int_0^{+\infty}\frac{x\mathrm{e}^x}{(1+\mathrm{e}^x)^2}\mathrm{d}x$;　　(4) $\displaystyle\int_{\frac{1}{2}}^{\frac{3}{2}}\frac{\mathrm{d}x}{\sqrt{|x-x^2|}}$.

解　(1)

$$\begin{aligned}\int_1^{+\infty}\frac{\arctan x}{x^2}\mathrm{d}x&=-\frac{1}{x}\arctan x\Big|_1^{+\infty}+\int_1^{+\infty}\frac{\mathrm{d}x}{x(1+x^2)}\mathrm{d}x\\&=\frac{\pi}{4}+\ln\frac{x}{\sqrt{1+x^2}}\Big|_1^{+\infty}=\frac{\pi}{4}+\ln\sqrt{2}.\end{aligned}$$

(2) 令 $\sqrt{x-2}=t$, 则有

$$\int_2^{+\infty}\frac{\mathrm{d}x}{(x+7)\sqrt{x-2}}=\int_0^{+\infty}\frac{2t\mathrm{d}t}{(t^2+9)t}=\frac{2}{3}\arctan\frac{t}{3}\Big|_0^{+\infty}=\frac{\pi}{3}.$$

(3) 用分部积分得

$$\begin{aligned}\int_0^{+\infty}\frac{x\mathrm{e}^x}{(1+\mathrm{e}^x)^2}\mathrm{d}x=-\int_0^{+\infty}x\mathrm{d}\left(\frac{1}{1+\mathrm{e}^x}\right)&=-\frac{x}{1+\mathrm{e}^x}\Big|_0^{+\infty}+\int_0^{+\infty}\frac{1}{1+\mathrm{e}^x}\mathrm{d}x\\&=-\ln(1+\mathrm{e}^{-x})\Big|_0^{+\infty}=\ln 2.\end{aligned}$$

(4) 由于 $x=1$ 是瑕点, 所以积分区间在 $x=1$ 处分开, 而且这时绝对值号也就自然去掉:

$$\begin{aligned}\int_{\frac{1}{2}}^{\frac{3}{2}}\frac{\mathrm{d}x}{\sqrt{|x-x^2|}}&=\int_{\frac{1}{2}}^{1}\frac{\mathrm{d}x}{\sqrt{x-x^2}}+\int_{1}^{\frac{3}{2}}\frac{\mathrm{d}x}{\sqrt{x^2-x}}\\&=\int_0^{\frac{1}{2}}\frac{\mathrm{d}t}{\sqrt{\frac{1}{4}-t^2}}+\int_{\frac{1}{2}}^{1}\frac{\mathrm{d}t}{\sqrt{t^2-\frac{1}{4}}}\quad\left(x-\frac{1}{2}=t\right)\\&=\arcsin 2t\Big|_0^{\frac{1}{2}}+\ln\left(t+\sqrt{t^2-\frac{1}{4}}\right)\Big|_{\frac{1}{2}}^{1}\\&=\frac{\pi}{2}+\ln(2+\sqrt{3}).\end{aligned}$$

例 192 设 α 是常数, 求 $\displaystyle\int_0^{+\infty}\frac{\mathrm{d}x}{(1+x^2)(1+x^\alpha)}$.

解 令 $\dfrac{1}{x}=t$, 则有

$$\begin{aligned}\int_0^{+\infty}\frac{\mathrm{d}x}{(1+x^2)(1+x^\alpha)}&=\int_{+\infty}^{0}\frac{1}{\left(1+\frac{1}{t^2}\right)\left(1+\frac{1}{t^\alpha}\right)}\frac{-1}{t^2}\mathrm{d}t\\&=\int_0^{+\infty}\frac{t^\alpha}{(1+t^2)(1+t^\alpha)}\mathrm{d}t\\&=\int_0^{+\infty}\frac{x^\alpha}{(1+x^2)(1+x^\alpha)}\mathrm{d}x,\end{aligned}$$

所以

$$\begin{aligned}\int_0^{+\infty}\frac{\mathrm{d}x}{(1+x^2)(1+x^\alpha)}&=\frac{1}{2}\int_0^{+\infty}\left(\frac{1}{(1+x^2)(1+x^\alpha)}+\frac{x^\alpha}{(1+x^2)(1+x^\alpha)}\right)\mathrm{d}x\\&=\frac{1}{2}\int_0^{+\infty}\frac{\mathrm{d}x}{1+x^2}=\frac{1}{2}\arctan x\Big|_0^{+\infty}=\frac{\pi}{4}.\end{aligned}$$

例 193 计算下列广义积分:

(1) $\displaystyle\int_0^{+\infty}\frac{\ln x}{1+x^2}\mathrm{d}x$; (2) $\displaystyle\int_0^{+\infty}\frac{x\ln x}{(1+x^2)^2}\mathrm{d}x$.

解 (1) 注意 $x=0$ 是瑕点, 又是无穷积分, 故须将积分拆开成两个积分:

$$\int_0^{+\infty}\frac{\ln x}{1+x^2}\mathrm{d}x=\int_0^1\frac{\ln x}{1+x^2}\mathrm{d}x+\int_1^{+\infty}\frac{\ln x}{1+x^2}\mathrm{d}x.$$

第一个积分是收敛的, 对第二个积分作倒代换, 就得到

$$\int_1^{+\infty}\frac{\ln x}{1+x^2}\mathrm{d}x=-\int_0^1\frac{\ln x}{1+x^2}\mathrm{d}x,$$

所以原广义积分收敛且等于 0.

注记　对此题作代换 $x=\tan t$, 就得到

$$\int_0^{+\infty}\frac{\ln x}{1+x^2}\mathrm{d}x=\int_0^{\frac{\pi}{2}}\ln\tan t\mathrm{d}t.$$

由于

$$\ln\tan\left(\frac{\pi}{2}-t\right)=\ln\cot t=-\ln\tan t,$$

因此被积函数 $\ln\tan t$ 在区间 $\left(0,\dfrac{\pi}{2}\right)$ 上关于区间中点奇对称，则积分为 0.

(2) 注意 $x=0$ 不是瑕点, 因为 $\lim\limits_{x\to0^+}\dfrac{x\ln x}{(1+x^2)^2}=0$, 但可以用第 (1) 题一样的做法, 结果为 0. 下面我们试用分部积分得到:

$$\begin{aligned}\int_0^{+\infty}\frac{x\ln x}{(1+x^2)^2}\mathrm{d}x&=\int_0^{+\infty}\ln x\mathrm{d}\left(-\frac{1}{2(1+x^2)}\right)\\&=-\frac{\ln x}{2(1+x^2)}\bigg|_0^{+\infty}+\int_0^{+\infty}\frac{1}{2x(1+x^2)}\mathrm{d}x\\&=-\frac{\ln x}{2(1+x^2)}\bigg|_0^{+\infty}+\frac{1}{2}\ln\frac{x}{\sqrt{1+x^2}}\bigg|_0^{+\infty}.\end{aligned}$$

这时第一项与第二项在 $x\to0^+$ 时都趋于 ∞, 出现了 “$\infty-\infty$” 型的未定式. 这是由于运用分部积分的条件不满足. 那可以先求出不定积分，再用推广的牛顿–莱布尼茨公式, 即

$$\int\frac{x\ln x}{(1+x^2)^2}\mathrm{d}x=-\frac{\ln x}{2(1+x^2)}+\frac{1}{2}\ln\frac{x}{\sqrt{1+x^2}}+C,$$

$$\int_0^{+\infty}\frac{x\ln x}{(1+x^2)^2}\mathrm{d}x=\left(-\frac{\ln x}{2(1+x^2)}+\frac{1}{2}\ln\frac{x}{\sqrt{1+x^2}}\right)\bigg|_0^{+\infty}=0.$$

例 194　计算下列广义积分:

(1) 设 $\alpha>0$, 求 $\displaystyle\int_1^{+\infty}\frac{\mathrm{d}x}{x\sqrt{1+x^\alpha+x^{2\alpha}}}$;

(2) 设 $\alpha>0$, n 为自然数, 求 $\displaystyle\int_0^{+\infty}\frac{\mathrm{d}x}{(\alpha^2+x^2)^n}$.

分析　这两个小题中的广义积分, 经适当的变量代换后, 都可化为常义积分.

解 (1) 令 $\dfrac{1}{x^\alpha}=t$, 因 $\alpha>0$, 故有 $\dfrac{\mathrm{d}x}{x^{1+\alpha}}=-\dfrac{1}{\alpha}\mathrm{d}\left(\dfrac{1}{x^\alpha}\right)$, 所以有

$$\begin{aligned}\int_1^{+\infty}\frac{\mathrm{d}x}{x\sqrt{1+x^\alpha+x^{2\alpha}}}&=\int_1^{+\infty}\frac{1}{\sqrt{1+x^{-\alpha}+x^{-2\alpha}}}\frac{\mathrm{d}x}{x^{1+\alpha}}\\&=\frac{1}{\alpha}\int_0^1\frac{\mathrm{d}t}{\sqrt{1+t+t^2}}\\&=\frac{1}{\alpha}\ln\left(t+\frac{1}{2}+\sqrt{1+t+t^2}\right)\Big|_0^1=\frac{1}{\alpha}\ln\left(1+\frac{2}{\sqrt{3}}\right).\end{aligned}$$

(2) 令 $x=a\tan t$, 当 $n>1$ 时

$$\begin{aligned}\int_0^{+\infty}\frac{\mathrm{d}x}{(\alpha^2+x^2)^n}&=\int_0^{\frac{\pi}{2}}\frac{1}{(\alpha^2\sec^2 t)^n}\alpha\sec^2 t\mathrm{d}t\\&=\frac{1}{\alpha^{2n-1}}\int_0^{\frac{\pi}{2}}\cos^{2(n-1)}t\mathrm{d}t=\frac{(2n-3)!!}{\alpha^{2n-1}(2n-2)!!}\frac{\pi}{2};\end{aligned}$$

当 $n=1$ 时

$$\int_0^{+\infty}\frac{\mathrm{d}x}{\alpha^2+x^2}=\frac{\pi}{2\alpha}.$$

小　结

1. 利用定义或 p 积分判断广义积分的收敛性.
2. 利用定义或推广的牛顿-莱布尼茨公式计算广义积分.
3. 利用广义积分的变量代换和分部积分法计算广义积分.

第 4 章 微 分 方 程

4.1 微分方程的基本概念

知 识 要 点

◇ 基本概念

1. 微分方程

联系自变量 x、未知函数 y 和未知函数的导数或微分的恒等式.

2. 微分方程的阶

微分方程中未知函数的导数或微分的最高阶数.

3. n 阶微分方程的一般形式为

$$F(x,y,y',\cdots,y^n)=0,$$

标准形式为

$$y^n=f(x,y,y',\cdots,y^{n-1}).$$

4. n 阶线性微分方程

$$y^{(n)}(x)+a_{n-1}(x)y^{(n-1)}(x)+\cdots+a_1(x)y'(x)+a_0(x)y(x)=f(x).$$

当 $f(x)\neq 0$ 时, 称为非齐次方程; 当 $f(x)\equiv 0$ 时, 称为齐次方程.

5. 微分方程的解

设函数 $y=\varphi(x)$ 具有方程中出现的各阶连续导数或微分, 将它代入方程后使之成为恒等式, 则称 $y=\varphi(x)$ 是方程的解.

6. 微分方程的通解

也可称为一般解, 含有独立常数的解, 且独立常数的个数与微分方程的阶数相同.

7. 微分方程的特解

指不含任意常数的解.

8. 微分方程的初始条件

能确定通解中任意常数的条件称为定解条件, 初始条件是定解条件中最常见的类型. 初始条件的形式与方程有关, 一般来说, n 阶微分方程的初始条件为

$$y\Big|_{x=x_0}=y_0,\quad y'\Big|_{x=x_0}=y_1,\quad \cdots,\quad y^{(n-1)}\Big|_{x=x_0}=y_{n-1},$$

其中 $y_0,y_1,\cdots,y_{n-1}$ 为给定的常数.

◇ 基本定理

线性方程解的叠加原理 设函数 $y=\varphi_i(x)(i=1,2,\cdots,m)$ 是线性方程

$$y^{(n)}(x)+a_{n-1}(x)y^{(n-1)}(x)+\cdots+a_1(x)y'(x)+a_0(x)y(x)=f_i(x)\quad (i=1,2,\cdots,m)$$

的解, 则其线性组合 $y=c_1\varphi_1(x)+\cdots+c_m\varphi_m(x)$ 是线性方程

$$y^{(n)}(x)+a_{n-1}(x)y^{(n-1)}(x)+\cdots+a_1(x)y'(x)+a_0(x)y(x)=c_1f_1(x)+\cdots+c_mf_m(x)$$

的解, 其中 $c_1,\ \cdots,\ c_m$ 是常数.

精选例题

例 195　指出下列方程的阶、线性还是非线性:

(1) $\dfrac{\mathrm{d}x}{\mathrm{d}t}+P(t)x=Q(t)x^n\,(n\neq 1)$;　　(2) $\dfrac{\mathrm{d}^2y}{\mathrm{d}x^2}+a(x)\dfrac{\mathrm{d}y}{\mathrm{d}x}+b(x)y=f(x)$;

(3) $\left(\dfrac{\mathrm{d}y}{\mathrm{d}t}\right)^2-4y=0$;　　(4) $(x^2+1)y''=2xy'$.

解　(1) 当 $n\neq 1$ 时, 一阶非线性微分方程;　(2) 二阶线性微分方程;

(3) 一阶非线性微分方程;　(4) 二阶线性齐次微分方程:

例 196　由通解形式, 求微分方程:

(1) $y=C\mathrm{e}^{\int P(x)\mathrm{d}x}$, 其中 C 为任意常数;

(2) $(x-C_1)^2+(y-C_2)^2=1$, 其中 C_1,C_2 为任意常数.

解　(1) 对等式两边关于 x 求导得

$$y'=C\mathrm{e}^{\int P(x)\mathrm{d}x}P(x)=P(x)y,$$

则所求的微分方程为 $y'=P(x)y$.

(2) 对等式两边关于 x 求导得

$$2(x-C_1)+2(y-C_2)y'=0,\quad 即\quad (x-C_1)+(y-C_2)y'=0.$$

对它关于 x 再求导得

$$1+y'^2+(y-C_2)y''=0,\quad 即\quad y-C_2=-\frac{1+y'^2}{y''},$$

代入上式, 得 $x-C_1=\dfrac{y'(1+y'^2)}{y''}$, 把它们代入通解表达式, 消去任意常数 C_1,C_2, 得微分方程

$$(y'')^2=(1+y'^2)^3.$$

注记　本题是已知通解, 求其所满足的微分方程, 是求给定微分方程的通解的逆问题. 只要对所给的通解求数次导, 一般有几个任意常数就求几次导, 然后消去所有的任意常数即可.

例 197 设物体 A 从点 (0, 1) 出发, 以速度大小为常数 v 沿 Y 轴正向运动, 物体 B 从点 (−1, 0) 与 A 同时出发, 其速度大小为 $2v$, 方向始终指向 A. 试建立物体 B 的运动轨迹所满足的微分方程, 并写出初始条件.

解 设 B 的运动曲线上任一点为 $M(x,y)$, 这时 A 位于 $(0,z)$(如图 4.1 所示), 则

$$
\begin{aligned}
&z=1+vt,\\
&\int_{-1}^{x}\sqrt{1+y'^2}\mathrm{d}x=2vt, \quad 即 \quad vt=\frac{1}{2}\int_{-1}^{x}\sqrt{1+y'^2}\mathrm{d}x,\\
&y'(x)=\frac{z-y}{0-x}, \quad 即 \quad z=y-xy',
\end{aligned}
$$

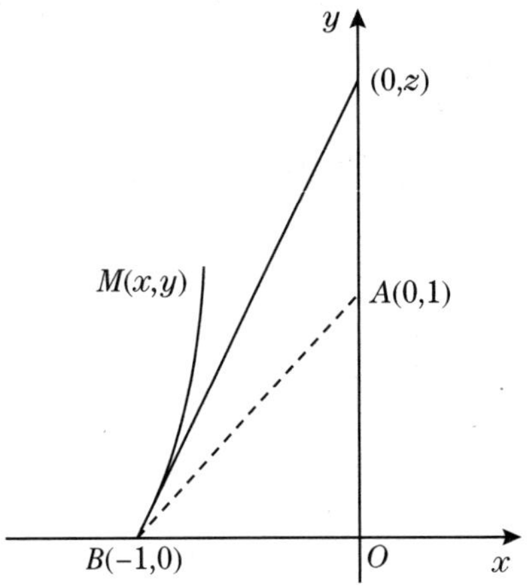

图 4.1

所以

$$y-xy'=1+vt=1+\frac{1}{2}\int_{-1}^{x}\sqrt{1+y'^2}\mathrm{d}x,$$

即

$$y-xy'=1+\frac{1}{2}\int_{-1}^{x}\sqrt{1+y'^2}\mathrm{d}x,$$

两边关于 x 求导得

$$x\frac{\mathrm{d}^2y}{\mathrm{d}x^2}+\frac{1}{2}\sqrt{1+\left(\frac{\mathrm{d}y}{\mathrm{d}x}\right)^2}=0,$$

初始条件为

$$y\Big|_{x=-1}=0,\quad \frac{\mathrm{d}y}{\mathrm{d}x}\Big|_{x=-1}=1.$$

小　结

1. 微分方程的基本概念: 微分方程及其解、微分方程的阶、定解条件、线性方程的叠加原理、一阶及二阶线性定解问题解的存在唯一性.

2. 已知通解, 求其所满足的微分方程.

3. 从简单的实际问题导出变量所满足的微分方程.

4.2　一阶微分方程

知识要点

一阶线性方程形式为

$$y'(x)+p(x)y(x)=f(x),$$

其中 $p(x)$ 和 $f(x)$ 是给定的连续函数.

1. 变量分离型方程

$$y'(x)=g(x)h(y),$$

当 $h(y)\neq 0$ 时, 把变量分离后, 积分得

$$\int\frac{1}{h(y)}\mathrm{d}y=\int g(x)\mathrm{d}x+C.$$

2. 齐次方程

$$y' = \varphi\left(\frac{y}{x}\right),$$

这里“齐次”指 φ 是零次齐次函数. 令 $y = xu(x)$, 可得

$$\frac{\mathrm{d}u}{\varphi(u) - u} = \frac{\mathrm{d}x}{x} \quad (\varphi(u) - u \neq 0).$$

这是变量分离型方程, 两边积分即可.

3. 形如

$$\frac{\mathrm{d}y}{\mathrm{d}x} = f\left(\frac{a_1x + b_1y + c_1}{a_2x + b_2y + c_2}\right),$$

其中 a_1, b_1, c_1, a_2, b_2, c_2 是常数, a_1, b_1, a_2, b_2 不全为零.

情形 1　当 $c_1 = c_2 = 0$ 时, 方程为

$$\frac{\mathrm{d}y}{\mathrm{d}x} = f\left(\frac{a_1x + b_1y}{a_2x + b_2y}\right),$$

这是一个齐次方程.

情形 2　当 c_1 和 c_2 不全为零, 并且 $a_1b_2 - a_2b_1 \neq 0$, 代数方程组

$$\begin{cases} a_1h + b_1k = c_1, \\ a_2h + b_2k = c_2. \end{cases}$$

有唯一解 (h,k), 作平移代换

$$u = x + h, \quad v = y + k,$$

原方程就化为齐次方程

$$\frac{\mathrm{d}v}{\mathrm{d}u} = f\left(\frac{a_1u + b_1v}{a_2u + b_2v}\right).$$

情形 3　当 $a_1b_2 - a_2b_1 = 0$ 时, 原方程可视为形如

$$\frac{\mathrm{d}y}{\mathrm{d}x} = g(ax + by + c)$$

的方程, 变换 $z = ax + by + c$ 将上述方程化为变量分离型方程

$$\frac{\mathrm{d}z}{\mathrm{d}x} = a + bg(z).$$

4. 一阶非齐次线性方程

$$y'(x)+p(x)y(x)=f(x).$$

通解求法:

(1) 积分因子法: 在方程两端同时乘以因子 $e^{\int p(x)dx}$, 可得

$$\left(y(x)e^{\int p(x)dx}\right)'=\left(y'(x)+p(x)y(x)\right)e^{\int p(x)dx}=f(x)e^{\int p(x)dx},$$

积分可得

$$y(x)e^{\int p(x)dx}=\int f(x)e^{\int p(x)dx}dx+C,$$

化简得一阶线性非齐次方程的通解

$$y(x)=e^{-\int p(x)dx}\left(\int f(x)e^{\int p(x)dx}dx+C\right).$$

(2) 公式法: 一阶线性非齐次方程的通解为

$$y(x)=e^{-\int p(x)dx}\left(\int f(x)e^{\int p(x)dx}dx+C\right).$$

相应的齐次方程的通解为

$$y(x)=Ce^{-\int p(x)dx}.$$

(3) 常数变易法: 先用分离变量法求相应的齐次方程的通解 $y(x)=Ce^{-\int p(x)dx}$, 将常数 C 变为待定函数 $C(x)$, 然后令 $y(x)=C(x)e^{-\int p(x)dx}$, 代入原非齐次方程得

$$C'(x)e^{-\int p(x)dx}=f(x),$$

积分求出 $C(x)$ 即可.

5. 伯努利方程

$$\frac{dy}{dx}+P(x)y=Q(x)y^n \quad (n\neq 0,1).$$

令 $u=y^{1-n}$, 就得到一个关于 u 的一阶线性方程

$$\frac{du}{dx}+(1-n)P(x)u=(1-n)Q(x).$$

注记 (1) 在微分方程求解中, 不定积分 $\int p(x)\mathrm{d}x$, $\int \frac{1}{h(y)}\mathrm{d}y$, $\int g(x)\mathrm{d}x$ 等只表示一个固定的原函数, 积分常数总是另外标出.

(2) 在解变量分离型方程与齐次方程中, $h(y)\neq 0$, $\varphi(u)-u\neq 0$ 是方程变形过程中要求的限制条件, 最后要检验使 $h(y)=0$, 或 $\varphi(u)-u=0$ 的 y 或 u 是否是原方程的解. 如果是, 要补上.

精选例题

例 198 求下列方程的解:

(1) $(1+y^2)\mathrm{d}x = x\mathrm{d}y$;　　(2) $y-xy'=2(y+x^2y)$;

(3) $\tan x\sin^2 y\mathrm{d}x+\cos^2 x\cot y\mathrm{d}y=0$;　　(4) $y'=\frac{1}{xy}\frac{1}{\sin^2(xy^2)}-\frac{y}{2x}$.

解 (1) 方程变形为

$$\frac{\mathrm{d}x}{x}=\frac{\mathrm{d}y}{1+y^2}\quad (x\neq 0),$$

两边积分得

$$\ln|x|=\arctan y+C_1,$$

则有通解

$$x=C_2\mathrm{e}^{\arctan y}\quad (C_2=\pm\mathrm{e}^{C_1}\neq 0).$$

又 $x=0$ 也是原方程的解, 且常数取 0 时, 可以从通解中得到, 故方程的全部解为

$$x=C\mathrm{e}^{\arctan y},\quad C\text{为任意常数}.$$

(2) 方程变形为

$$\frac{\mathrm{d}y}{y}=\left(-\frac{1}{x}-2x\right)\mathrm{d}x\quad (y\neq 0),$$

两边积分得

$$\ln|y|=-\ln|x|-x^2+C_1,$$

则有通解

$$y=\frac{C_2\mathrm{e}^{-x^2}}{|x|}\quad (C_2=\pm\mathrm{e}^{C_1}\neq 0).$$

又 $y=0$ 也是原方程的解, 且常数取 0 时, 可以从通解中得到, 故方程的全部解为

$$y=\frac{Ce^{-x^2}}{x}\quad (C为任意常数).$$

注记 (1) 变形后的方程的解与原方程的解不一定等价. 方程变形可能会增加限制条件, 从而原方程可能会丢失特解, 所以解得变形方程的通解后, 需要检验原方程是否丢解, 如果是, 应该补上.

(2) 解方程时要注意常数的变化.

(3) 方程变形为

$$\frac{\tan x}{\cos^2 x}\mathrm{d}x=-\frac{\cot y}{\sin^2 y}\mathrm{d}y,\quad 即\quad \tan x\mathrm{d}(\tan x)=\cot y\mathrm{d}(\cot y),$$

积分得解

$$\tan^2 x-\cot^2 y=C\quad (C为任意常数).$$

(4) 令 $u=xy^2$, 则

$$\frac{\mathrm{d}u}{\mathrm{d}x}=y^2+2xy\frac{\mathrm{d}y}{\mathrm{d}x},$$

从而方程变形为

$$\frac{\mathrm{d}u}{\mathrm{d}x}=\frac{2}{\sin^2 u},\quad 即\quad (1-\cos 2u)\mathrm{d}u=4\mathrm{d}x,$$

两边积分得

$$u-\frac{1}{2}\sin 2u-4x=C,$$

则原方程的通解为

$$xy^2-\frac{1}{2}\sin(2xy^2)-4x=C\quad (C为任意常数).$$

注记 方程中出现 $f(xy),f(x\pm y),f(x^2\pm y^2),f\left(\frac{x}{y}\right)$ 等形式的项时, 通常作相应的变量代换 $u=xy,u=x\pm y,u=x^2\pm y^2,u=\frac{x}{y},\cdots$.

思考题 求微分方程 $xy'+y(\ln x-\ln y)=0$, 满足 $y(1)=\mathrm{e}^3$ 的解.

例 199 求解下列方程:

(1) $(y+\sqrt{x^2+y^2})\mathrm{d}x-x\mathrm{d}y=0$; (2) $y'=\dfrac{1-3x-3y}{1+x+y}$;

(3) $y'=\dfrac{2y-x-5}{2x-y+4}$;

(4) $(y^2-6x)y'+2y=0$;

(5) $(y^4-3x^2)\mathrm{d}y+xy\mathrm{d}x=0$;

(6) $xy'\ln x\sin y+(1-x\cos y)\cos y=0$.

解 (1) 方程变形为

$$\frac{\mathrm{d}y}{\mathrm{d}x}=\frac{y}{x}\pm\sqrt{1+\left(\frac{y}{x}\right)^2}\quad(x\neq 0)\tag{1}$$

这是齐次方程. 令 $y=ux$, 则

$$\frac{\mathrm{d}u}{\sqrt{1+u^2}}=\pm\frac{\mathrm{d}x}{x},\quad \ln(u+\sqrt{1+u^2})=\pm\ln|x|+C_1,$$

所以

$$y+\sqrt{x^2+y^2}=C_2x^2\quad(x>0,C_2>0),$$
$$\sqrt{x^2+y^2}-y=C_3\quad(x<0,C_3>0).$$

由此得到变形后的方程 (1) 的通解为

$$y+\sqrt{x^2+y^2}=Cx^2\quad(C>0).$$

另外 $x=0$ 也是原方程的解, 所以原方程的解为

$$y+\sqrt{x^2+y^2}=Cx^2,\quad x=0\quad(C>0).$$

(2) 令 $z=x+y$, 则

$$z'-1=\frac{1-3z}{1+z},$$

解得

$$2\ln|z-1|+z+2x=C\quad(z\neq 1).$$

另外 $z=1$ 即 $x+y=1$ 也是原方程的解. 所以原方程的解为

$$x+y=1\quad 及\quad \ln(x+y-1)^2+3x+y=C,\ C为任意常数.$$

(3) 因为 $y'=\dfrac{2y-x-5}{2x-y+4}=\dfrac{2(y-2)-(x+1)}{2(x+1)-(y-2)}$, 故令 $u=x+1,v=y-2$, 则

$$\frac{\mathrm{d}v}{\mathrm{d}u}=\frac{2v-u}{2u-v}.$$

再令 $v=tu$, 则有

$$\frac{2-t}{t^2-1}\mathrm{d}t=\frac{\mathrm{d}u}{u},$$

解得

$$t-1=C_1(t+1)^3u^2\quad (C_1\neq 0),$$

即

$$y-x-3=C_1(x+y-1)^3.$$

又 $x+y-1=0$, $y-x-3=0$ 也是原方程的解, 所以原方程的全部解为

$$x+y-1=0\quad 及\quad y-x-3=C(x+y-1)^3,\ C为任意常数.$$

(4) 方程变形为

$$\frac{\mathrm{d}x}{\mathrm{d}y}-\frac{3x}{y}=-\frac{y}{2}\quad (y\neq 0)$$

这是关于 x 的线性方程, 所以得此方程的通解

$$x=\mathrm{e}^{\int\frac{3}{y}\mathrm{d}y}\left(-\int\frac{y}{2}\mathrm{e}^{-\int\frac{3}{y}\mathrm{d}y}\mathrm{d}y+C\right)=\frac{y^2}{2}+Cy^3,$$

故原方程的解为

$$y=0\quad 及\quad x=\frac{y^2}{2}+Cy^3,\ C为任意常数.$$

(5) 方程变形为

$$\frac{1}{2}\frac{\mathrm{d}(x^2)}{\mathrm{d}y}=\frac{3}{y}x^2-y^3\quad (y\neq 0).$$

所以令 $u=x^2$, 得到线性方程

$$\frac{\mathrm{d}u}{\mathrm{d}y}-\frac{6}{y}u=-2y^3,$$

此方程的通解为

$$u=\mathrm{e}^{\int\frac{6}{y}\mathrm{d}y}\left(-2\int y^3\mathrm{e}^{-\int\frac{6}{y}\mathrm{d}y}\mathrm{d}y+C\right)=Cy^6+y^4,$$

故原方程的解为 $x^2=Cy^6+y^4$. 另外, $y=0$ 也是原方程的解.

(6) 方程变形为

$$-x\ln x\mathrm{d}(\cos y)+(1-x\cos y)\cos y\mathrm{d}x=0,$$

令 $u=\cos y$, 方程变为

$$x\ln x\frac{\mathrm{d}u}{\mathrm{d}x}+xu^2-u=0,$$

$$\frac{\mathrm{d}u}{\mathrm{d}x}-\frac{1}{x\ln x}u=-\frac{1}{\ln x}u^2 \quad (x\neq 1)$$

这是 $n=2$ 时的伯努利方程, 令 $z=\dfrac{1}{u}$, 上面的方程变为

$$\frac{\mathrm{d}z}{\mathrm{d}x}+\frac{1}{x\ln x}z=\frac{1}{\ln x},$$

此方程的通解为

$$z=\mathrm{e}^{-\int\frac{1}{x\ln x}\mathrm{d}x}\left(\int\frac{1}{\ln x}\mathrm{e}^{\int\frac{1}{x\ln x}\mathrm{d}x}\mathrm{d}x+C\right)=\frac{1}{\ln x}(C+x),$$

所以原方程的通解为

$$\ln x=(C+x)\cos y.$$

例 200 求微分方程 $(3x^2+2xy-y^2)\mathrm{d}x+(x^2-2xy)\mathrm{d}y=0$ 的通解.

分析 虽然是一阶方程, 但用我们所讲的方法都无法求解. 这是一个微分等式, 即是一个方程的微分所得的等式, 所以利用微分的性质还原原方程, 即微分方程的通解 (称为全微分法).

解 把微分方程变形为

$$3x^2\mathrm{d}x+(2xy\mathrm{d}x+x^2\mathrm{d}y)-(y^2\mathrm{d}x+2xy\mathrm{d}y)=0,$$

则有

$$\mathrm{d}(x^3)+\mathrm{d}(x^2y)-\mathrm{d}(xy^2)=0, \quad 即 \quad \mathrm{d}(x^3+x^2y-xy^2)=0,$$

故微分方程的通解为

$$x^3+x^2y-xy^2=C, \quad C为任意常数.$$

例 201 由已知关系式, 求未知函数:

(1) 设函数 $f(x)$ 在 $[0,+\infty)$ 上可导, $g(x)$ 为其反函数, $f(0)=0$, 已知

$$\int_0^x tf(t)\mathrm{d}t+\int_0^{f(x)}g(t)\mathrm{d}t=x^2\mathrm{e}^x,$$

求 $f(x)$;

(2) 设函数 $f(x)$ 有连续导数, 且满足 $\int_0^1 f(xt)\mathrm{d}t=\frac{1}{2}f(x)+1$, 求 $f(x)$;

(3) 设函数 $f(x)$ 有连续导数, 且满足 $f(x)=-1+x+2\int_0^x tf(x-t)f'(x-t)\mathrm{d}t$, 求 $f(x)$.

解 (1) 对所给的关系式两边关于 x 求导, 得

$$xf(x)+g(f(x))f'(x)=2x\mathrm{e}^x+x^2\mathrm{e}^x, \quad 即 \quad xf(x)+xf'(x)=2x\mathrm{e}^x+x^2\mathrm{e}^x,$$

所以

$$f(x)+f'(x)=2\mathrm{e}^x+x\mathrm{e}^x \quad (x>0),$$

这是一阶线性常系数非齐次方程, 两边乘积分因子 e^x,

$$(f(x)\mathrm{e}^x)'=(2+x)\mathrm{e}^{2x}.$$

两边积分得

$$f(x)\mathrm{e}^x=\left(\frac{1}{2}x+\frac{3}{4}\right)\mathrm{e}^{2x}+C, \quad 即 \quad f(x)=\left(\frac{1}{2}x+\frac{3}{4}\right)\mathrm{e}^x+C\mathrm{e}^{-x}.$$

因 $f(x)$ 在 $[0,+\infty)$ 上可导, 故在 $x=0$ 处连续, 从而

$$0=f(0)=\lim_{x\to0^+}f(x)=\lim_{x\to0^+}\left(\left(\frac{1}{2}x+\frac{3}{4}\right)\mathrm{e}^x+C\mathrm{e}^{-x}\right)=\frac{3}{4}+C,$$

解得 $C=-\frac{3}{4}$, 故

$$f(x)=\frac{3}{4}(\mathrm{e}^x-\mathrm{e}^{-x})+\frac{x}{2}\mathrm{e}^x.$$

(2) 令 $u=xt$, 则等式化为

$$\int_0^x f(u)\mathrm{d}u=x\frac{1}{2}f(x)+x,$$

两边关于 x 求导,

$$xf'(x)-f(x)+2=0,$$

这是变量分离型方程, 解其通解, 则所求函数 $f(x)=2+Cx$, C 是任意常数.

(3) 令 $u=x-t$, 则等式化为

$$f(x)=-1+x+2x\int_0^x f(u)f'(u)\mathrm{d}u-2\int_0^x uf(u)f'(u)\mathrm{d}u,$$

两边关于 x 求导,

$$f'(x)=1+2\int_0^x f(u)f'(u)\mathrm{d}u=1+2\int_0^x f(u)\mathrm{d}(f(u))=1+f^2(x)-f^2(0).$$

由已知关系式知 $f(0)=-1$, 方程变为 $f'(x)=f^2(x)$, 解得通解为

$$-\frac{1}{f(x)}=x+C.$$

代入 $f(0)=-1$, 得 $C=1$, 则所求的函数 $f(x)=-\dfrac{1}{x+1}$.

注记 如果未知函数是连续的, 且出现在变限积分的被积式中, 则可对方程两边求导, 把其化为微分方程.

例 202 设 $\dfrac{\mathrm{d}y}{\mathrm{d}x}-2y=f(x)$, 其中 $f(x)=\begin{cases}2 & (x<1)\\ 0 & (x>1)\end{cases}$. 试求在 $(-\infty,+\infty)$ 内的连续函数 $y=y(x)$, 使其在 $(-\infty,1)$ 与 $(1,+\infty)$ 内满足所给的微分方程, 且 $y(0)=0$.

解 当 $x<1$ 时, 微分方程为 $\dfrac{\mathrm{d}y}{\mathrm{d}x}-2y=2$, 分离变量, 积分求得其通解为

$$y=C\mathrm{e}^{2x}-1.$$

由 $y(0)=0$, 得 $C=1$. 所以当 $x<1$ 时, $y(x)=\mathrm{e}^{2x}-1$.

当 $x>1$ 时, 微分方程为 $\dfrac{\mathrm{d}y}{\mathrm{d}x}-2y=0$, 分离变量并积分, 求得其通解为

$$y=C_1\mathrm{e}^{2x}.$$

由已知 $y(x)$ 在 $(-\infty,+\infty)$ 内连续, 有

$$\lim_{x\to1^+}y(x)=\lim_{x\to1^+}C_1\mathrm{e}^{2x}=C_1\mathrm{e}^2=\lim_{x\to1^-}(\mathrm{e}^{2x}-1)=\mathrm{e}^2-1,$$

从而得 $C_1=1-\mathrm{e}^{-2}$. 所以当 $x>1$ 时, $y(x)=(1-\mathrm{e}^{-2})\mathrm{e}^{2x}$. 由此补充 $y(1)=\lim\limits_{x\to1}y(x)=\mathrm{e}^2-1$. 求得在 $(-\infty,+\infty)$ 内的连续函数 $y(x)=\begin{cases}\mathrm{e}^{2x}-1 & (x\leqslant1)\\ (1-\mathrm{e}^{-2})\mathrm{e}^{2x} & (x>1)\end{cases}$.

注记 如果在微分方程中含有分段函数时, 应逐段求解相应的微分方程.

例 203 设函数 $f(x)$ 在区间 $(-\infty,+\infty)$ 内有连续导数, 且满足

$$f(x+y)=\frac{f(x)+f(y)}{1+f(x)f(y)},\quad f'(0)=1,$$

试求函数 $f(x)$.

分析　函数 $f(x)$ 在 $x=0$ 处可导, 从关系式可得到 $f(0)$, 函数 $f(x)$ 在区间 $(-\infty,+\infty)$ 内有连续导数, 如果能从关系式得到关于 $f(x)$ 的微分方程, 问题就化为解微分方程初值问题. 由关系式结合导数的定义及在 $x=0$ 处的信息, 求出相应的微分方程.

解　在已知关系式中, 令 $x=y=0$, 则得

$$f(0)=\frac{f(0)+f(0)}{1+f^2(0)},$$

从而 $f(0)=0$, 或 $f^2(0)=1$, 即 $f(0)=\pm1$.

因为 $f(x)$ 在区间 $(-\infty,+\infty)$ 内可导, 所以有

$$\begin{aligned} f'(x)=\lim_{\Delta x\to 0}\frac{f(x+\Delta x)-f(x)}{\Delta x}&=\lim_{\Delta x\to 0}\frac{\dfrac{f(x)+f(\Delta x)}{1+f(x)f(\Delta x)}-f(x)}{\Delta x}\\ &=\lim_{\Delta x\to 0}\frac{f(\Delta x)(1-f^2(x))}{\Delta x(1+f(x)f(\Delta x))}, \end{aligned}$$

此极限为“$\frac{0}{0}$”型, 故 $\lim\limits_{\Delta x\to 0}f(\Delta x)=0$. 由已知 $f(x)$ 在 $x=0$ 处可导, 则 $f(x)$ 在 $x=0$ 处连续, 即 $\lim\limits_{\Delta x\to 0}f(\Delta x)=f(0)$. 从而 $f(0)=0$. 故有

$$\begin{aligned} f'(x)&=\lim_{\Delta x\to 0}\frac{f(\Delta x)-f(0)}{\Delta x}\frac{1-f^2(x)}{1+f(x)f(\Delta x)}\\ &=f'(0)\frac{1-f^2(x)}{1+f(x)f(0)}=1-f^2(x). \end{aligned}$$

因此 $f(x)$ 满足方程

$$f'(x)=1-f^2(x),\quad f(0)=0,$$

解得

$$\frac{1+f(x)}{1-f(x)}=\mathrm{e}^{2x},$$

即

$$f(x)=\frac{\mathrm{e}^{2x}-1}{\mathrm{e}^{2x}+1}.$$

思考题　求下面各题的可微函数 $f(x)$:

1. 设 $f(x)$ 在区间 $(-\infty,\ +\infty)$ 内满足 $f(x+y)=\mathrm{e}^x f(y)+\mathrm{e}^y f(x)$, $f'(0)=\mathrm{e}$.

2. 设对任意 $x>0,y>0$, 都有 $f(xy)=xf(y)+yf(x)$, 且 $f'(1)=2$.

小　结

一阶微分方程及其定解问题:

1. 分离变量型方程以及可以化为分离变量型方程的方程求解.

2. 齐次方程以及可化为齐次方程的方程求解.

3. 一阶线性方程以及可以化为线性方程的方程 (如伯努利方程) 求解.

4. 从已知关系式导出变量所满足的 (一阶) 微分方程或定解问题, 并求解该问题.

4.3　可降阶的二阶微分方程

知识要点

1. 不显含未知函数的二阶方程

$$f(x,y',y'')=0.$$

令 $p=y'$, 则 $p'=y''$, 方程降阶为 p 的一阶方程

$$f\left(x,p,\frac{\mathrm{d}p}{\mathrm{d}x}\right)=0.$$

在其通解中将 p 换为 y', 从而得到 y 的一阶方程, 解之可得原方程的通解.

2. 不显含自变量的二阶方程

$$f(y,y',y'')=0.$$

令 $p=y'$, 方程降阶为 p 的一阶方程

$$f\left(y,p,p\frac{\mathrm{d}p}{\mathrm{d}y}\right)=0.$$

精选例题

例 204 求下列二阶微分方程或初值问题的解:

(1) $1+(y')^2=2yy''$, $y(0)=2,\ y'(0)=1$;

(2) $(1+x^2)y''+(y')^2+1=0$;

(3) $y''+2x(y')^2=0$, $y(0)=1,\ y'(0)=-\dfrac{1}{2}$.

解 (1) 方程不显含自变量, 令 $p=y'$, 则 $y''=p\dfrac{\mathrm{d}p}{\mathrm{d}y}$, 方程化为

$$1+p^2=2yp\frac{\mathrm{d}p}{\mathrm{d}y}\quad(\text{可分离变量型方程}),$$

解得 $y=C(1+p^2)$. 由已知 $y(0)=2,y'(0)=1=p(0)$, 得 $C=1$, 所以 $p=\pm\sqrt{y-1}$. 又 $y'(0)=1=p(0)$, 故

$$p=y'=\sqrt{y-1},$$

解得

$$2\sqrt{y-1}=x+C_1.$$

再由初值条件得 $C_1=2$, 所以所求初值问题的解为

$$y=\frac{(x+2)^2}{4}+1.$$

(2) 方程不显含未知函数, 令 $p=y'$, 则方程化为

$$(1+x^2)\frac{\mathrm{d}p}{\mathrm{d}x}=-(1+p^2)\quad(\text{可分离变量型方程}),$$

解得

$$\arctan p=-\arctan x+C,\quad \text{即}\quad p=\tan(C-\arctan x),$$

则

$$\frac{\mathrm{d}y}{\mathrm{d}x}=\frac{C_1-x}{1+C_1x}\quad(C_1=\tan C),$$

两边积分得方程的通解为

$$y=-\frac{x}{C_1}+\left(1+\frac{1}{C_1^2}\right)\ln|1+C_1x|+C_2\quad(C_1\neq 0).$$

$C_1=0$ 时, $\dfrac{\mathrm{d}y}{\mathrm{d}x}=-x$, 则 $y=-\dfrac{1}{2}x^2+C$, 也是原方程的解.

(3) 令 $p=y'$, 则方程化为 $p'+2xp^2=0$, 分离变量得

$$\frac{\mathrm{d}p}{p^2}=-2x\mathrm{d}x,$$

解得

$$\frac{1}{p}=x^2+C,\quad 即\quad p=\frac{1}{x^2+C}.$$

由已知条件 $y'(0)=-\dfrac{1}{2}$, 得 $C=-2$. 故

$$y'=p=\frac{1}{x^2-2},$$

积分得

$$y=\int\frac{1}{x^2-2}\mathrm{d}x=\frac{1}{2\sqrt{2}}\ln\left|\frac{x-\sqrt{2}}{x+\sqrt{2}}\right|+C_1.$$

由已知条件 $y(0)=1$, 得 $C_1=1$. 故所求初值问题的解为

$$y=\frac{1}{2\sqrt{2}}\ln\left(\frac{\sqrt{2}-x}{x+\sqrt{2}}\right)+1\quad(-\sqrt{2}<x<\sqrt{2}).$$

注记 此题的特解不是 $\dfrac{1}{2\sqrt{2}}\ln\left|\dfrac{x-\sqrt{2}}{x+\sqrt{2}}\right|+1$, 此函数有间断点 $\pm\sqrt{2}$, 而过 $(0,1)$ 点的可微函数, 只能在区间 $(-\sqrt{2},\sqrt{2})$, 即函数 $y=\dfrac{1}{2\sqrt{2}}\ln\left(\dfrac{\sqrt{2}-x}{x+\sqrt{2}}\right)+1$. 对于微分方程初值问题的解, 要注意利用初值条件定出所求的特解.

例 205 设函数 $f(x)$ 在区间 $[0,\ +\infty)$ 上可导, $f(0)=1$, 且满足等式

$$f'(x)+f(x)-\frac{1}{x+1}\int_0^x f(t)\mathrm{d}t=0.$$

(1) 求出导函数 $f'(x)$ 的表达式;

(2) 证明: 当 $x\geqslant 0$ 时, 成立不等式 $\mathrm{e}^{-x}\leqslant f(x)\leqslant 1$.

解 (1) 由已知关系式可知 $f(x)$ 二阶可导, 把关系式变形为

$$(x+1)f'(x)+(x+1)f(x)-\int_0^x f(t)\mathrm{d}t=0.$$

两边关于 x 求导得

$$(x+1)f''(x)=-(x+2)f'(x).$$

令 $p=f'(x)$, 则有

$$\frac{\mathrm{d}p}{\mathrm{d}x}=-\frac{x+2}{x+1}p\quad(x+1\neq 0),$$

解得

$$p=\frac{C\mathrm{e}^{-x}}{x+1},\quad \text{即}\quad f'(x)=\frac{C\mathrm{e}^{-x}}{x+1}.$$

由 $f(0)=1$, 从题中关系式得 $f'(0)=-1$, 从而 $C=-1$. 故

$$f'(x)=-\frac{\mathrm{e}^{-x}}{x+1}.$$

(2) 由第 (1) 题, 当 $x\geqslant 0$ 时, $f'(x)<0$, 即 $f(x)$ 单调减, 所以

$$f(x)\leqslant f(0)=1.$$

令 $g(x)=f(x)-\mathrm{e}^{-x}$, 则

$$g(0)=0,\quad g'(x)=f'(x)+\mathrm{e}^{-x}=\frac{x\mathrm{e}^{-x}}{x+1}.$$

故当 $x\geqslant 0$ 时, $g'(x)\geqslant 0$, $g(x)$ 单调增, 所以

$$g(x)\geqslant g(0)=0,\quad \text{即}\quad f(x)\geqslant \mathrm{e}^{-x}.$$

综上, 当 $x\geqslant 0$ 时, $\mathrm{e}^{-x}\leqslant f(x)\leqslant 1$.

小　结

可降阶的二阶微分方程及其定解问题:

1. 不显含未知函数的二阶方程求解.

2. 不显含自变量的二阶方程求解.

3. 从已知关系式导出未知函数所满足的降阶的微分方程或定解问题, 并求解该问题.

4.4 二阶线性微分方程解的结构

知识要点

◇ 基本方程

二阶线性方程的形式是

$$y''+p(x)y'+q(x)y=f(x), \tag{1}$$

其中系数 $p(x)$, $q(x)$ 和右端项 $f(x)(\neq 0)$ 在某区间上连续. 方程

$$y''+p(x)y'+q(x)y=0 \tag{2}$$

称为方程 (1) 对应的齐次方程.

◇ 基本定理与方法

1. 若 $y_1(x)$ 和 $y_2(x)$ 是齐次方程 (2) 的两个线性无关解, 则齐次方程 (2) 的通解为

$$y=C_1y_1(x)+C_2y_2(x),$$

其中 C_1, C_2 是任意常数.

2. 若 $y_1(x)$ 和 $y_2(x)$ 是齐次方程 (2) 的两个线性无关解, y_{p} 是方程 (1) 的一个特解, 则二阶非齐次线性方程 (1) 的通解为

$$y=C_1y_1(x)+C_2y_2(x)+y_{\mathrm{p}},$$

其中 C_1, C_2 是任意常数.

3. (常数变易法) 若 $y_1(x)$, $y_2(x)$ 是齐次方程 (2) 的两个线性无关解, 则非齐次方程 (1) 有形如

$$y_{\mathrm{p}}(x)=C_1(x)y_1(x)+C_2(x)y_2(x)$$

的特解, 其中待定函数 $C_1(x)$ 和 $C_2(x)$ 满足

$$\begin{cases} C_1'(x)y_1(x)+C_2'(x)y_2(x)=0, \\ C_1'(x)y_1'(x)+C_2'(x)y_2'(x)=f(x). \end{cases}$$

此方法可推广到高阶线性微分方程.

注记　二阶线性微分方程通解的结构可以推广到 n 阶线性微分方程.

如果 $y_1(x),y_2(x),\cdots,y_n(x)$ 是 n 阶线性齐次方程

$$y^{(n)}+a_{n-1}(x)y^{(n-1)}+\cdots+a_1(x)y'+a_0(x)y=0 \tag{3}$$

的 n 个线性无关的解, $y_{\mathrm{p}}(x)$ 是 n 阶线性非齐次方程

$$y^{(n)}+a_{n-1}(x)y^{(n-1)}+\cdots+a_1(x)y'+a_0(x)y=f(x) \tag{4}$$

的一个特解, 则方程 (3) 的通解为

$$y=C_1y_1(x)+C_2y_2(x)+\cdots+C_ny_n(x);$$

方程 (4) 的通解为

$$y=C_1y_1(x)+C_2y_2(x)+\cdots+C_ny_n(x)+y_p(x).$$

其中 $y_1(x),y_2(x),\cdots,y_n(x)$ 称为方程 (3) 的一个基本解组.

精选例题

例 206　函数 $\cos^2 x$, $\sin^2 x$ 在开区间 $\left(0,\dfrac{\pi}{2}\right)$ 内满足一个二阶线性齐次方程.

(1) 证明它们是一个基本解组;

(2) 写出这个方程;

(3) 证明: 1 和 $\cos 2x$ 是这个方程的另一个基本解组.

解　(1) $\cos^2 x$, $\sin^2 x$ 的朗斯基 (Wronsky) 行列式

$$W(x)=\begin{vmatrix} \cos^2 x & \sin^2 x \\ -2\cos x\sin x & 2\sin x\cos x \end{vmatrix}=\sin 2x,$$

在开区间 $\left(0,\dfrac{\pi}{2}\right)$ 内 $W(x)\neq 0$, 所以 $\cos^2 x$, $\sin^2 x$ 是一组基本解组.

(2) 此二阶线性齐次方程的通解为

$$y=C_1\cos^2 x+C_2\sin^2 x,$$

求导得

$$\begin{aligned}&y'=-2C_1\cos x\sin x+2C_2\sin x\cos x=(C_2-C_1)\sin 2x,\\&y''=2(C_2-C_1)\cos 2x.\end{aligned}$$

由这两式, 消去常数 C_1,C_2 得齐次微分方程

$$y''-2y'\cot 2x=0.$$

(3) 方程的通解可写为

$$\begin{aligned}y=C_1\cos^2 x+C_2\sin^2 x&=C_1\frac{1+\cos 2x}{2}+C_2\frac{1-\cos 2x}{2}\\&=\frac{1}{2}(C_1+C_2)+\frac{C_1-C_2}{2}\cos 2x\\&=C_3+C_4\cos 2x.\end{aligned}$$

故 1 和 $\cos 2x$ 是这个方程的另一个基本解组.

例 207 设有线性非齐次方程

$$(1+x^2)y''+2xy'-6x^2-2=0,$$

试求该方程满足初始条件 $y(-1)=0,\ \ y'(-1)=0$ 的特解.

分析 先用降阶法求出对应的齐次方程的一个基本解组, 再用常数变易法求出原非齐次方程的一个特解, 从而得到原方程的通解, 最后由初始条件确定通解中的待定常数, 得特解.

解 (1) 对应的齐次方程为

$$y''+\frac{2x}{1+x^2}y'=0,$$

这是可降阶的二阶方程, 不显含未知变量. 令 $p=y'$, 则 $y''=p'$, 齐次方程变为

$$\frac{\mathrm{d}p}{p}=-\frac{2x\mathrm{d}x}{1+x^2}=-\frac{\mathrm{d}(x^2)}{1+x^2},$$

解得

$$p = y' = \frac{C_1}{1+x^2},$$

齐次方程的通解为

$$y = C_1 \arctan x + C_2.$$

(2) 由常数变易法, 原非齐次方程有特解

$$y = C_1(x) \arctan x + C_2(x),$$

其中待定函数 $C_1(x)$ 和 $C_2(x)$ 满足

$$\begin{cases} C_1'(x) \arctan x + C_2'(x) = 0, \\ C_1'(x) \cdot \dfrac{1}{1+x^2} = \dfrac{6x^2+2}{1+x^2}. \end{cases}$$

求解并选取

$$C_1(x) = 2x^3 + 2x, \quad C_2(x) = -(2x^3+2x) \arctan x + x^2,$$

将它们代入 $y_{\mathrm{p}}(x)$ 中, 得到原方程的一个特解 x^2.

(3) 由此, 原方程的通解为

$$y = C_1 \arctan x + C_2 + x^2.$$

由初始条件 $y(-1) = 0$, $y'(-1) = 0$, 得 $C_1 = 4, C_2 = \pi - 1$. 故所求问题的特解为

$$y = \pi - 1 + 4 \arctan x + x^2.$$

小　结

二阶齐次线性方程解的结构、二阶非齐次线性方程解的结构、常数变易法求非齐次方程的一个特解与非齐次方程的通解.

二阶线性方程解的结构是重点.

4.5 二阶常系数线性微分方程

知识要点

1. 二阶常系数线性齐次微分方程

$$y''+py'+qy=0$$

对应的特征方程为 $\lambda^2+p\lambda+q=0$, 其根为 λ_1,λ_2 (可能是复数), 称为特征根.

(1) 当方程有两相异实特征根 λ_1,λ_2 时, 其通解为

$$y=C_1\mathrm{e}^{\lambda_1 x}+C_2\mathrm{e}^{\lambda_2 x};$$

(2) 当方程有两相等实特征根 $\lambda_1=\lambda_2=-\dfrac{p}{2}$ 时, 其通解为

$$y=(C_1+C_2x)\mathrm{e}^{-\frac{p}{2}x};$$

(3) 当 $\lambda_{1,2}=\alpha\pm\mathrm{i}\beta$ 时, 方程有一对共轭的复根, 其通解为

$$y=\mathrm{e}^{\alpha x}(C_1\cos\beta x+C_2\sin\beta x).$$

注记 类似于二阶方程, 可得到 n 阶常系数线性齐次微分方程通解的结论.

n 阶常系数线性齐次微分方程

$$y^{(n)}(x)+a_{n-1}y^{(n-1)}(x)+\cdots+a_1y'(x)+a_0y(x)=0,$$

其中 $a_i(i=0,1,\cdots,n-1)$ 为常数, 相应的特征方程为

$$\lambda^{(n)}+a_{n-1}\lambda^{(n-1)}+\cdots+a_1\lambda+a_0=0.$$

(1) 若 $\lambda_1,\lambda_2,\cdots,\lambda_n$ 是特征方程的 n 个相异实根, 则微分方程的通解为

$$y=C_1\mathrm{e}^{\lambda_1 x}+C_2\mathrm{e}^{\lambda_2 x}+\cdots+C_n\mathrm{e}^{\lambda_n x}.$$

(2) 若 $\lambda=\lambda_0$ 为特征方程的 $k(k\leqslant n)$ 重实根, 则微分方程的通解中含有

$$(C_1+C_2x+\cdots+C_kx^{k-1})e^{\lambda_0 x}.$$

(3) 若 $\alpha\pm i\beta$ 为特征方程的 $k(2k\leqslant n)$ 重共轭复根, 则微分方程的通解中含有

$$e^{\alpha x}((C_1+C_2x+\cdots+C_kx^{k-1})\cos\beta x+(D_1+D_2x+\cdots+D_kx^{k-1})\sin\beta x).$$

2. 二阶常系数线性非齐次微分方程

$$y''+py'+qy=f(x),$$

其中非齐次项 $f(x)$ 取特殊形式.

(1) $f(x)=P_n(x)$ 是 n 次多项式.

当 $\lambda=0$ 不是特征根时, 即 $q\neq 0$, 则令特解 y_p 是 n 次多项式，即

$$y_p=Q_n(x)=a_0+a_1x+\cdots+a_nx^n.$$

当 $\lambda=0$ 是单重特征根时, 即 $q=0$, $p\neq 0$, 则令特解 y_p 具有形式

$$y_p=xQ_n(x)=x(a_0+a_1x+\cdots+a_nx^n).$$

当 $\lambda=0$ 是双重特征根时, 即 $p=q=0$, 则方程可以直接积分两次, 求出其通解. 当然也可以令特解具有形式

$$y_p=x^2Q_n(x)=x^2(a_0+a_1x+\cdots+a_nx^n).$$

(2) $f(x)=P_n(x)e^{\alpha x}$.

作变换 $y=ze^{\alpha x}$, 代入非齐次方程, 可得

$$z''+(2\alpha+p)z'+(\alpha^2+p\alpha+q)z=P_n(x).$$

当 α 不是特征根, 即 $\alpha^2+p\alpha+q\neq 0$ 时, $y_p=Q_n(x)e^{\alpha x}$;

当 α 是单重特征根, 即 $\alpha^2+p\alpha+q=0$, $2\alpha+p\neq 0$ 时, $y_p=xQ_n(x)e^{\alpha x}$;

当 α 是二重特征根, 即 $\alpha^2+p\alpha+q=2\alpha+p=0$ 时, $y_p=x^2Q_n(x)e^{\alpha x}$.

(3) $f_1(x)=P_n(x)\mathrm{e}^{\alpha x}\cos\beta x$ 或者 $f_2(x)=P_n(x)\mathrm{e}^{\alpha x}\sin\beta x$ (α, β 为实常数, $\beta\neq 0$).

作辅助方程

$$y''+py'+qy=P_n(x)\mathrm{e}^{\alpha x+\mathrm{i}\beta x} \tag{1}$$

当 $\alpha+\mathrm{i}\beta$ 不是特征根时, $y_{\mathrm{p}}=Q_n(x)\mathrm{e}^{\alpha x+\mathrm{i}\beta x}$, $Q_n(x)$ 是复系数 n 次多项式, 然后再分离出 y_{p} 的实部与虚部, 分别是右端项为 $f_1(x)$ 和 $f_2(x)$ 的方程的解 (这个方法称为**实虚部分离法**);

当 $\alpha+\mathrm{i}\beta$ 是单重特征根时, $y_{\mathrm{p}}=xQ_n(x)\mathrm{e}^{\alpha x+\mathrm{i}\beta x}$. 然后再分离出 y_{p} 的实部与虚部, 分别是右端项为 $f_1(x)$ 和 $f_2(x)$ 的方程的解.

注记 其实上面 (1),(2) 及 (3) 中的辅助方程 (1), 三种情况可以合三为一, 情况 (3) 还可给出一般情形下待定系数法求解.

(1) $f(x)=\mathrm{e}^{\alpha x}P_n(x)$ (允许 $\alpha=0$)

当 α 不是特征根时, $y_{\mathrm{p}}=Q_n(x)\mathrm{e}^{\alpha x}$;

当 α 是单重特征根时, $y_{\mathrm{p}}=xQ_n(x)\mathrm{e}^{\alpha x}$;

当 α 是二重特征根时, $y_{\mathrm{p}}=x^2Q_n(x)\mathrm{e}^{\alpha x}$.

(2) $f(x)=\mathrm{e}^{\alpha x}(P_n(x)\cos\beta x+P_l(x)\sin\beta x)$ $(\beta\neq 0)$

当 $\alpha+\beta\mathrm{i}$ 不是特征根时, $y_{\mathrm{p}}=\mathrm{e}^{\alpha x}(Q_m(x)\cos\beta x+R_m(x)\sin\beta x)$;

当 $\alpha+\beta\mathrm{i}$ 是单重特征根时, $y_{\mathrm{p}}=x\mathrm{e}^{\alpha x}(Q_m(x)\cos\beta x+R_m(x)\sin\beta x)$.

其中 $m=\max\{n,l\}$, $Q_m(x),R_m(x)$ 为待定的 m 次多项式.

3. 欧拉方程

二阶变系数方程

$$x^2y''+pxy'+qy=f(x)$$

称为**二阶欧拉方程**, 其中 p 和 q 是常数.

作变量代换 $x=\mathrm{e}^t\,(x>0)$ 或 $x=-\mathrm{e}^t\,(x<0)$, 可化成常系数线性方程

$$\frac{\mathrm{d}^2y}{\mathrm{d}t^2}+(p-1)\frac{\mathrm{d}y}{\mathrm{d}t}+qy=f(\pm\mathrm{e}^t).$$

一般地, n 阶欧拉方程

$$x^ny^{(n)}+a_{n-1}x^{n-1}y^{(n-1)}+\cdots+a_1xy'+a_0y=0,$$

同样可用变量代换 $x=\pm e^t$, 化为常系数线性方程

$$\frac{d^n y}{dt^n}+q_{n-1}\frac{d^{n-1}y}{dt^{n-1}}+\cdots+q_1\frac{dy}{dt}+q_0 y=f(\pm e^t).$$

精选例题

例 208 已知 $y_1=xe^x+e^{2x}$, $y_2=xe^x+e^{-x}$, $y_3=xe^x+e^{2x}-e^{-x}$ 是某二阶线性非齐次微分方程的三个特解, 求此微分方程及其通解.

解 根据线性微分方程解的结构理论知, $y_1-y_3=e^{-x}$ 与 $y_1-y_2=e^{2x}-e^{-x}$ 是其所对应的齐次方程的两个解, 且线性无关, 则所求的线性非齐次微分方程的通解为

$$\begin{aligned}y=C_3(y_1-y_3)+C_4(y_1-y_2)+y_2&=C_3e^{-x}+C_4(e^{2x}-e^{-x})+xe^x+e^{-x}\\&=(C_3-C_4+1)e^{-x}+C_4e^{2x}+xe^x.\end{aligned}$$

即

$$y=C_1e^{-x}+C_2e^{2x}+xe^x.$$

从此通解结构可知 e^{-x} 与 e^{2x} 应该是其对应齐次方程的两个线性无关解, 其特征根为 -1 和 2, 则特征方程为

$$(\lambda+1)(\lambda-2)=\lambda^2-\lambda-2=0.$$

故所求的非齐次微分方程为

$$y''-y'-2y=f(x).$$

又 xe^x 是一个特解, 代入上面方程得 $f(x)=e^x-2xe^x$. 故所求的微分方程为

$$y''-y'-2y=e^x-2xe^x,$$

其通解为 $y=C_1e^{-x}+C_2e^{2x}+xe^x$.

注记 此题利用线性微分方程解的结构理论由它的三个解得到通解形式, 进而求得方程. 当然也可对通解求导, 消去两个常数, 得到微分方程.

例 209 求解 $y''-3y'+2y=4x+e^{2x}+10e^{-x}\cos x$.

解 特征方程为 $\lambda^2-3\lambda+2=0$, 特征根为 1 和 2, 则对应齐次方程的通解为 $C_1e^x+C_2e^{2x}$. 下面解非齐次方程的一个特解, 由非齐次项的形式及叠加原理, 分别求如下三个非齐次方程的特解:

$$y''-3y'+2y=4x, \tag{1}$$

$$y''-3y'+2y=e^{2x}, \tag{2}$$

$$y''-3y'+2y=10e^{-x}\cos x, \tag{3}$$

解方程 (1), 因为 0 不是特征根, 则方程 (1) 有特解 $y_1=ax+b$, 代入方程 (1), 得 $a=2,b=3$, 故其特解为 $y_1=2x+3$.

解方程 (2), 因为 2 是单特征根, 则方程 (2) 有特解 $y_2=axe^{2x}$, 代入方程 (2), 得 $a=1$, $y_2=xe^{2x}$.

解方程 (3), 作辅助方程 $y''-3y'+2y=10e^{(-1+i)x}$, 因为 $-1+i$ 不是特征根, 则辅助方程有特解 $\widetilde{y}=ae^{(-1+i)x}$, 代入辅助方程得 $a=1+i$, 取辅助方程特解的实部即得方程 (3) 的特解 $y_3=e^{-x}(\cos x-\sin x)$.

综上得原方程的通解

$$y=C_1e^x+C_2e^{2x}+2x+3+xe^{2x}+e^{-x}(\cos x-\sin x).$$

注记 求方程 (3) 的特解, 也可用待定系数法, 因 $-1+i$ 不是特征根, 则方程 (3) 有特解 $y_3=e^{-x}(a\cos x+b\sin x)$, 代入式 (3) 得 $a=1,b=-1$, 故其特解为 $y_3=e^{-x}(\cos x-\sin x)$.

例 210 设二阶常系数线性微分方程 $y''+\alpha y'+\beta y=\gamma e^x$ 的一个特解为 $y=e^{2x}+(1+x)e^x$, 试确定 α, β, γ, 并求该方程的通解.

解 解法 1 将特解 $y=e^{2x}+(1+x)e^x$ 代入方程, 比较两边系数得

$$\begin{cases}4+2\alpha+\beta=0,\\ 3+2\alpha+\beta=\gamma,\\ 1+\alpha+\beta=0,\end{cases}$$

解得 $\alpha=-3,\beta=2,\gamma=-1$. 故原方程为 $y''-3y'+2y=-e^x$, 其特征根为 1 和 2, 则对应的齐次方程的通解为

$$C_3e^x+C_4e^{2x},$$

所以原方程的通解为

$$y=C_3e^x+C_4e^{2x}+e^{2x}+(1+x)e^x=C_1e^x+C_2e^{2x}+xe^x.$$

解法 2 由方程和特解形式知, 所对应的齐次方程 $y''+\alpha y'+\beta y=0$ 的特征根为 1 和 2, 则特征方程为

$$(\lambda-1)(\lambda-2)=\lambda^2-3\lambda+2=0,$$

所以齐次方程为

$$y''-3y'+2y=0,$$

则 $\alpha=-3,\beta=2$, 齐次方程的两个线性无关解为 e^x 和 e^{2x}. 由于 $y=x\mathrm{e}^x$ 是原非齐次方程 $y''-3y'+2y=\gamma\mathrm{e}^x$ 的解, 代入方程得 $\gamma=-1$. 所以原方程为 $y''-3y'+2y=-\mathrm{e}^x$, 其通解为

$$y=C_1\mathrm{e}^x+C_2\mathrm{e}^{2x}+x\mathrm{e}^x.$$

注记 本题是通常求微分方程解的逆问题, 即由方程的特解去确定相应的微分方程. 解法 1 是由微分方程解的定义直接代入法, 确定微分方程, 从而求得通解. 解法 2 是由微分方程的形式和特解形式确定齐次方程的特征根、特征方程, 从而确定微分方程, 进而求得其通解.

例 211 求解初值问题 $y''+4y=3|\sin x|$, $y\left(\dfrac{\pi}{2}\right)=0$, $y'\left(\dfrac{\pi}{2}\right)=1$, $-\pi\leqslant x\leqslant\pi$.

解 齐次方程 $y''+4y=0$ 的特征根为 $\pm 2\mathrm{i}$, 故其通解为

$$C_1\cos 2x+C_2\sin 2x.$$

当 $0\leqslant x\leqslant\pi$ 时, 非齐次方程为

$$y''+4y=3\sin x.$$

设其特解为 $y_{\mathrm{p}}(x)=a\cos x+b\sin x$, 代入非齐次方程得 $a=0,b=1$, 则其通解为

$$y=C_1\cos 2x+C_2\sin 2x+\sin x.$$

由初值条件 $y\left(\dfrac{\pi}{2}\right)=0,y'\left(\dfrac{\pi}{2}\right)=1$, 可得 $C_1=1,C_2=-\dfrac{1}{2}$, 则当 $0\leqslant x\leqslant\pi$ 时, 此初值问题的特解为

$$y=\cos 2x-\frac{1}{2}\sin 2x+\sin x. \tag{1}$$

当 $-\pi\leqslant x\leqslant 0$ 时, 非齐次方程为

$$y''+4y=-3\sin x.$$

设其特解为 $y_{\mathrm{p}}(x)=a\cos x+b\sin x$, 代入非齐次方程得 $a=0,b=-1$, 则其通解为

$$y=C_3\cos 2x+C_4\sin 2x-\sin x.$$

由解的存在唯一性及式 (1), 可得 $y(0)=1, y'(0)=0$, 从而得 $C_3=1, C_4=\frac{1}{2}$, 则当 $-\pi\leqslant x\leqslant 0$ 时, 此初值问题的特解为

$$y=\cos 2x+\frac{1}{2}\sin 2x-\sin x.$$

综上, 所求问题的特解为

$$y=\begin{cases}\cos 2x+\frac{1}{2}\sin 2x-\sin x & (-\pi\leqslant x\leqslant 0),\\ \cos 2x-\frac{1}{2}\sin 2x+\sin x & (0<x\leqslant \pi).\end{cases}$$

例 212 设 $f(x)=\sin x-\int_0^x (x-t)f(t)\mathrm{d}t$, 其中 $f(x)$ 为连续函数, 试求 $f(x)$.

解 原方程可写为

$$f(x)=\sin x-x\int_0^x f(t)\mathrm{d}t+\int_0^x tf(t)\mathrm{d}t.$$

由于方程右边可导, 所以 $f(x)$ 可导, 两边求导得

$$f'(x)=\cos x-\int_0^x f(t)\mathrm{d}t.$$

同样, 方程右边可导, 所以 $f(x)$ 二阶可导, 两边求导得微分方程

$$f''(x)=-\sin x-f(x),\quad 即\quad f''(x)+f(x)=-\sin x.$$

由上可得到 $f(0)=0, f'(0)=1$. 下面求此二阶常系数线性非齐次方程的初值问题的解.

其特征根为 $\pm\mathrm{i}$, 则对应的齐次方程的通解为

$$C_1\cos x+C_2\sin x.$$

由于 i 为特征单根, 则非齐次方程有特解 $\widetilde{y}=x(a\cos x+b\sin x)$, 代入非齐次方程得

$$a=\frac{1}{2},\quad b=0,$$

故特解 $\widetilde{y}=\frac{1}{2}x\cos x$. 通解为

$$f(x)=C_1\cos x+C_2\sin x+\frac{1}{2}x\cos x.$$

由 $f(0)=0, f'(0)=1$, 得 $C_1=0, C_2=\frac{1}{2}$, 从而

$$f(x)=\frac{1}{2}(\sin x+x\cos x).$$

注记 本题是将积分方程通过求导化为微分方程. 虽然已知 $f(x)$ 为连续函数, 但从表达式可以得到 $f(x)$ 可导甚至二阶可导, 而且在求解过程中可以得到相应的初值条件, 这些条件都隐含在方程中, 从而把原积分方程转化为微分方程的初值问题.

例 213 设函数 $f(x)$ 二阶可导, 且以 2π 为周期, 满足 $f(x)+2f'(x+\pi)=\sin x$, 试求 $f(x)$.

解 由已知 $f(x+2\pi)=f(x)$, 有 $f'(x+2\pi)=f'(x)$. 由关系式得

$$f(x+\pi)+2f'(x+2\pi)=\sin(x+\pi), \quad \text{即} \quad f(x+\pi)+2f'(x)=-\sin x,$$

求导得

$$f'(x+\pi)+2f''(x)=-\cos x.$$

与已知关系式联立, 消去 $f'(x+\pi)$, 得微分方程

$$4f''(x)-f(x)=-\sin x-2\cos x, \tag{1}$$

其特征根为 $\pm\frac{1}{2}$, 故对应齐次方程的通解为

$$C_1\mathrm{e}^{\frac{x}{2}}+C_2\mathrm{e}^{-\frac{x}{2}}.$$

设非齐次方程 (1) 的特解为 $y_{\mathrm{p}}(x)=a\cos x+b\sin x$, 代入方程得 $a=\frac{2}{5}, b=\frac{1}{5}$, 故非齐次方程的通解为

$$f(x)=C_1\mathrm{e}^{\frac{x}{2}}+C_2\mathrm{e}^{-\frac{x}{2}}+\frac{2}{5}\cos x+\frac{1}{5}\sin x.$$

因为 $f(x+2\pi)=f(x)$, 所以有

$$C_1\mathrm{e}^{\frac{x}{2}}+C_2\mathrm{e}^{-\frac{x}{2}}=C_1\mathrm{e}^{\frac{x+2\pi}{2}}+C_2\mathrm{e}^{-\frac{x+2\pi}{2}} \quad (-\infty<x<+\infty),$$

从而得 $C_1=C_2=0$, 所以 $f(x)=\frac{2}{5}\cos x+\frac{1}{5}\sin x$.

注记 本题是利用函数的周期性得到微分方程, 而确定其通解的常数也是利用函数的周期性. 这是一类特殊的初值问题.

例 214 解下列欧拉方程 ($x \neq 0$):

(1) $x^2y''+3xy'+5y=0$; (2) $x^2y''-xy'+2y=x\ln x$.

解 (1) 当 $x>0$ 时, 令 $x=\mathrm{e}^t$, 则

$$y'=\frac{\mathrm{d}y}{\mathrm{d}t}\frac{\mathrm{d}t}{\mathrm{d}x}=\frac{1}{x}\frac{\mathrm{d}y}{\mathrm{d}t},\quad y''=\frac{1}{x^2}\left(\frac{\mathrm{d}^2y}{\mathrm{d}t^2}-\frac{\mathrm{d}y}{\mathrm{d}t}\right),$$

代入方程得

$$\frac{\mathrm{d}^2y}{\mathrm{d}t^2}+2\frac{\mathrm{d}y}{\mathrm{d}t}+5y=0,$$

这是二阶常系数线性齐次方程, 特征根为 $-1\pm 2\mathrm{i}$. 方程的通解为

$$y=\mathrm{e}^{-t}(C_1\cos 2t+C_2\sin 2t),$$

当 $x<0$ 时, 令 $x=-\mathrm{e}^t$, 利用同样做法, 所以回代 $t=\ln|x|$, 从而原方程的通解为

$$y=\frac{1}{|x|}\left(C_1\cos(\ln x^2)+C_2\sin(\ln x^2)\right).$$

(2) 显然 $x>0$, 所以令 $x=\mathrm{e}^t$, 方程化为

$$\frac{\mathrm{d}^2y}{\mathrm{d}t^2}-2\frac{\mathrm{d}y}{\mathrm{d}t}+2y=t\mathrm{e}^t,$$

其特征根为 $1\pm\mathrm{i}$. 设非齐次方程有特解 $y_{\mathrm{p}}=(a+bt)\mathrm{e}^t$, 代入上面方程得 $a=0,b=1$, 故此非齐次方程的通解为

$$y=\mathrm{e}^t(C_1\cos t+C_2\sin t)+t\mathrm{e}^t,$$

从而, 原方程的通解为

$$y=x(C_1\cos\ln x+C_2\sin\ln x+\ln x).$$

例 215 解下列方程:

(1) $y'''+y''+4y'+4y=\cos 2x$; (2) $x^3y'''+3x^2y''-2xy'+2y=2\ln|x|-3$.

解 (1) 解法 1 其特征方程为 $\lambda^3+\lambda^2+4\lambda+4=0$, 特征根为 -1 和 $\pm 2\mathrm{i}$, 所以对应的齐次方程的通解为

$$C_1\mathrm{e}^{-x}+C_2\cos 2x+C_3\sin 2x.$$

由原方程的非齐次项的形式, $2\mathrm{i}$ 为单特征根, 所以设原方程有特解 $x(a\cos 2x+b\sin 2x)$, 代入原方程得 $a=-\dfrac{1}{10},b=\dfrac{1}{20}$, 故原方程的通解为

$$y=C_1\mathrm{e}^{-x}+C_2\cos 2x+C_3\sin 2x+\frac{x}{20}(\sin 2x-2\cos 2x).$$

解法 2　原方程是辅助方程

$$y''' + y'' + 4y' + 4y = \mathrm{e}^{2\mathrm{i}x}$$

的实部方程, 变换 $y = z\mathrm{e}^{2\mathrm{i}x}$ 将辅助方程化为复系数线性方程

$$z''' + (1 + 6\mathrm{i})z'' + (4\mathrm{i} - 8)z' = 1.$$

显然, 上述方程有特解 $z_{\mathrm{p}} = \dfrac{x}{4\mathrm{i} - 8} = \dfrac{-2 - \mathrm{i}}{20}x$, 故辅助方程有特解

$$y_{\mathrm{p}} = z_{\mathrm{p}}\mathrm{e}^{2\mathrm{i}x} = \frac{-2 - \mathrm{i}}{20}x(\cos 2x + \mathrm{i}\sin 2x).$$

分离出 y_{p} 的实部便得到原方程的一个特解

$$\frac{x}{20}(\sin 2x - 2\cos 2x),$$

而原方程的特征根为 -1 和 $\pm 2\mathrm{i}$, 故原方程的通解为

$$y = C_1\mathrm{e}^{-x} + C_2\cos 2x + C_3\sin 2x + \frac{x}{20}(\sin 2x - 2\cos 2x).$$

(2) 这是三阶欧拉方程. 当 $x > 0$ 时, 令 $x = \mathrm{e}^t$, 则

$$\begin{aligned} y' &= \frac{\mathrm{d}y}{\mathrm{d}t}\frac{\mathrm{d}t}{\mathrm{d}x} = \frac{1}{x}\frac{\mathrm{d}y}{\mathrm{d}t}, \\ y'' &= \frac{1}{x^2}\left(\frac{\mathrm{d}^2y}{\mathrm{d}t^2} - \frac{\mathrm{d}y}{\mathrm{d}t}\right), \\ y''' &= \frac{1}{x^3}\left(\frac{\mathrm{d}^3y}{\mathrm{d}t^3} - 3\frac{\mathrm{d}^2y}{\mathrm{d}t^2} + 2\frac{\mathrm{d}y}{\mathrm{d}t}\right), \end{aligned}$$

代入方程得

$$\frac{\mathrm{d}^3y}{\mathrm{d}t^3} - 3\frac{\mathrm{d}y}{\mathrm{d}t} + 2y = 2t - 3.$$

特征方程为 $\lambda^3 - 3\lambda + 2 = 0$, 特征根为 -2 和 1(二重), 并有特解 t , 从而通解为

$$y = (C_1 + C_2t)\mathrm{e}^t + C_3\mathrm{e}^{-2t} + t.$$

当 $x < 0$ 时, 令 $x = -\mathrm{e}^t$, 利用同样做法, 回代 $t = \ln|x|$, 得原方程的通解

$$y = (C_1 + C_2\ln|x|)|x| + \frac{C_3}{x^2} + \ln|x|.$$

小　结

常系数线性微分方程及其定解问题:

1. 常系数齐次线性微分方程求解, 其基本解组可以从特征根的情况对应写出.

2. 用待定系数法求解常系数非齐次线性微分方程 (带特殊非齐次项) 的特解, 进而求得其通解.

3. 欧拉方程经变量代换 $x = \pm e^t$ 后, 可转换为常系数线性微分方程.

4. 从已知关系式导出变量所满足的 (二阶常系数线性) 微分方程或定解问题, 并求解该问题.

综合练习题

1. 设有定义在区间 $[1,+\infty)$ 中的可导函数 $f(x)$ 满足 $f(1)=1$, $f'(x)=\dfrac{1}{x^2+f^2(x)}$, 试证: $f(x)<1+\dfrac{\pi}{4}$, $x\in[1,+\infty)$.

2. 设 $g(x)$ 在闭区间 $[a,b]$ 上具有黎曼可积的二阶导数, 且 $g(x)$ 在 $[a,b]$ 上不是线性的 (不是形如 $cx+d$ 的函数), 试证:

   (1) $\displaystyle\int_a^b |g''(x)|\mathrm{d}x>0$;

   (2) $\left|\dfrac{g(b)-g(a)}{b-a}-g'(a)\right|<\displaystyle\int_a^b |g''(x)|\mathrm{d}x$;

   (3) $\left|\dfrac{g(b)-g(a)}{b-a}-g'(b)\right|<\displaystyle\int_a^b |g''(x)|\mathrm{d}x$.

3. 设 $f(x)$ 在闭区间 $[a,b]$ 上具有黎曼可积的二阶导数, $f(a)=f(b)=0$, 试证: 如果 $f(x)$ 在 $[a,b]$ 上不恒为零, 则对任意 $x\in[a,b]$ 都有

$$\frac{4}{b-a}\cdot|f(x)|<\int_a^b |f''(x)|\mathrm{d}x.$$

4. 设 $f(x)\in C^2[0,2]$, $f'(0)=f'(2)=0$, 试证: 存在 $\xi\in(0,2)$ 使

$$\int_0^2 f(x)\mathrm{d}x=f(0)+f(2)+\frac{1}{3}f''(\xi).$$

5. 设 $f(x)$ 在闭区间 $[0,2]$ 上非负连续且严格单调递减, 对自然数 n, 由积分中值定理确定 $x_n\in(0,2)$, 使 n 次幂的积分 $\displaystyle\int_0^2 f^n(x)\mathrm{d}x=2f^n(x_n)$, 试证: $\displaystyle\lim_{n\to\infty}x_n=0$.

6. 设 $f(x)$, $g(x)$ 在 $[a,b]$ 上可导, 并有 $f(b)\int_a^b g=g(b)\int_a^b f$, 试证: 存在 $\xi\in(a,b)$, 使得 $f'(\xi)\int_a^{\xi} g=g'(\xi)\int_a^{\xi} f$.

7. 设 $f(x)$ 在开区间 $(-1,1)$ 内是 C^{∞} 的, 并有 $\left|f^{(n)}(x)\right|\leqslant n!|x|$,$-1<x<1$, $n=1,2,\cdots$, 试证: $f(x)$ 是 $(-1,1)$ 内的常值函数.

8. 设 $f(x)$, $g(x)$ 在 $[a,b]$ 上可导, $f(a)=f(b)=0$, 且 $f'(x)g(x)\neq f(x)g'(x)$, $x\in[a,b]$. 试证: 存在 $\xi\in(a,b)$ 使 $g(\xi)=0$.

9. 设函数 $f(x)\in C^5[-a,a]$ $(a>0)$, $f(-a)=f(a),f'(0)=f'''(0)=0$. 试证: 存在 $\xi\in(-a,a)$ 使五阶导数 $f^{(5)}(\xi)=0$.

10. 设函数 $f(x)$ 在区间 $[-1,1]$ 上连续, 并有 $\int_{-1}^1 f(x)\mathrm{d}x=0$, $\int_{-1}^1(x+1)f(x)\mathrm{d}x=1$, 试证: $|f(x)|$ 在 $[-1,1]$ 上的最大值大于 1.

11. 设函数 $f(x)\in C^1[0,1],d_n=\int_0^1 f(x)\mathrm{d}x-\frac{1}{n}\cdot\sum_{k=0}^{n-1}f\left(\frac{k}{n}\right)$, $n=1,2\cdots$. 试证: $\lim_{n\to\infty} nd_n=\frac{1}{2}(f(1)-f(0))$.

12. 设 $f(x)$ 在区间 $(-\infty,+\infty)$ 上二阶可导, $f'(x)>0$, $f''(x)>0$, $x\in(-\infty,+\infty)$, 并满足 $f(0)=0$, 试证: 若令 $x_0>0$, $x_{n+1}=x_n-\frac{f(x_n)}{f'(x_n)}$, $n=0,1,2,\cdots$, 则数列 $\{x_n\}$ 严格单调递减趋于 0.

13. 设函数 $\varphi(t)$ 在闭区间 $[\alpha,\beta]$ 上具有黎曼可积的导函数, 并满足 $\varphi'(t)\geqslant m>0$. 试证:

$$\int_{\alpha}^{\beta}\frac{1}{1+\varphi^2(t)}\mathrm{d}t<\frac{\pi}{m}.$$

14. 函数 $f(x)$ 在区间 $[0,1]$ 上连续, 试证:

$$\lim_{\alpha\to 0^+}\int_0^1\frac{\alpha f(x)}{(x+\alpha)^2}\mathrm{d}x=f(0)=\lim_{\alpha\to 0^+}\int_0^1\frac{2}{\pi}\cdot\frac{\alpha f(x)}{x^2+\alpha^2}\mathrm{d}x.$$

15. 函数 $f(x)$ 在区间 $[0,2]$ 上可导, 并满足 $2f(0)=\int_0^2\mathrm{e}^{-3x}f(x)\mathrm{d}x$, 试证: 存在 $\xi\in(0,2)$ 使 $f'(\xi)=3f(\xi)$.

16. 设函数 $f(x)$ 在区间 $\left[0,\dfrac{1}{2}\right]$ 上二阶可导, $f(0)=f'(0)=0$, 且 $|f''(x)|\leqslant|f(x)|+|f'(x)|, x\in\left[0,\dfrac{1}{2}\right]$, 试证: $f(x)$ 在区间 $\left[0,\dfrac{1}{2}\right]$ 中恒为零.

17. 设函数 $f(x)$ 在 $[a,c]$ 上单调递增, 在 c 处左连续, $f(c)>f(b)$ $(a<b<c)$, 试证:

$$\frac{1}{b-a}\int_a^b f<\frac{1}{c-a}\int_a^c f,\quad \frac{1}{b-a}\int_a^b f<\frac{1}{c-b}\int_b^c f,\quad \frac{1}{c-a}\int_a^c f<\frac{1}{c-b}\int_b^c f.$$

18. 试证:

(1) 当 $-1<x\neq 0$ 时, $\dfrac{x}{1+x}<\ln(1+x)<x$;

(2) 记 $x_n=\sum\limits_{k=1}^{n}\dfrac{1}{k}-\ln n$, $y_n=\sum\limits_{k=1}^{n}\dfrac{1}{k}-\ln(n+1)$, 则有

$$y_n<y_{n+1}<x_{n+1}<x_n,\ n=1,2,\cdots;$$

(3) 数列 $\{x_n\}$ 与 $\{y_n\}$ 收敛到同一值 (记为 γ, 谓之欧拉常数, $\gamma\approx 0.577216$).

19. 函数 $f(x)$ 在区间 $[-a,a]$ $(a>0)$ 上二阶可导, 试证: 存在 $\xi\in(-a,a)$ 使得

$$af(-a)+af(a)-\int_{-a}^{a}f(x)\mathrm{d}x=\frac{2a^3}{3}f''(\xi).$$

20. 设函数 $f(x)$ 与 $g(x)$ 是闭区间 $[a,b]$ 上的两个不恒为零的非负连续函数, $p>1$, $q>1$, $\dfrac{1}{p}+\dfrac{1}{q}=1$, 试证: 赫尔德不等式

$$\int_a^b fg\leqslant\left(\int_a^b f^p\right)^{\frac{1}{p}}\left(\int_a^b g^q\right)^{\frac{1}{q}},$$

其中等号成立当且仅当存在正常数 λ 使 $f^p(x)=\lambda g^q(x)$, $x\in[a,b]$.

21. 设函数 $f(x)$ 与 $g(x)$ 是闭区间 $[a,b]$ 上的两个不恒为零的非负连续函数, $p>1$, 试证: 闵可夫斯基不等式

$$\left(\int_a^b (f+g)^p\right)^{\frac{1}{p}}\leqslant\left(\int_a^b f^p\right)^{\frac{1}{p}}+\left(\int_a^b g^p\right)^{\frac{1}{p}},$$

其中等号成立当且仅当存在正常数 λ 使 $f(x)=\lambda g(x)$, $x\in[a,b]$.

22. 实数 $r>0$, $M>0$, 函数 $f(x)$ 在开区间 $I=(x_0-2r,x_0+2r)$ 内有定义, 并满足:

(1) 有界性: $|f(x)|<M$, $x\in I$ ($\Longrightarrow f(x_1)-f(x_2)<2M$, x_1, $x_2\in I$);

(2) 均权凸性: $\dfrac{f(x_1)+f(x_2)}{2}\geqslant f\left(\dfrac{x_1+x_2}{2}\right)$, x_1, $x_2\in I$ ($\Longleftrightarrow f(x+h)-f(x)\leqslant\dfrac{1}{2}(f(x+2h)-f(x))$, $x\in I$, $x+2h\in I$).

试证: 对于子闭区间 $J=[x_0-r,x_0+r]$ 中的两点 s 与 $s+d$, 只要 $|d|<\dfrac{r}{2^n}$, 就有 $|f(s+d)-f(s)|<\dfrac{M}{2^{n-1}}$, $n=1,2,\cdots$ (由 n 的任意性推知 $f(x)$ 在 J 上一致连续, 特别地, $f(x)$ 在点 x_0 处连续; 进一步推知 $f(x)$ 在 I 内每一点处连续).

23. 设函数 $f(x)$ 在闭区间 $[0,1]$ 上连续, $f(0)=0$, 并满足均权凸性

$$\frac{f(x_1)+f(x_2)}{2}\geqslant f(\frac{x_1+x_2}{2}),\quad x_1,\ x_2\in[0,1].$$

试证: 对任给的 $\lambda\in(0,1)$, 有 $f(\lambda)\leqslant\lambda f(1)$.

24. 设常数 a,λ 满足 $0<\lambda<1<a$, 并记函数

$$f(x)=\begin{cases}(1-\lambda+\lambda a^x)^{\frac{1}{x}} & (x\neq 0),\\ a^\lambda & (x=0).\end{cases}$$

试证: (1) $f(x)$ 在 $(-\infty,+\infty)$ 中连续;

(2) 在区间 $(-\infty,+\infty)$ 中, $f(x)$ 是 C^1 的, 且导数 $f'(x)>0$;

(3) 无穷远处的极限 $f(+\infty)=a$, $f(-\infty)=1$.

25. 设函数 $f(x)$ 在区间 $[a,b]$ 上黎曼可积, 函数 $x=\varphi(t)$ 严格单调连续地将区间 $[\alpha,\beta]$ 映成区间 $[a,b]$, 并满足

$$\left|\frac{\varphi(t_2)-\varphi(t_1)}{t_2-t_1}\right|\geqslant m>0,\quad t_1,t_2\in[\alpha,\beta],\quad t_1\neq t_2.$$

试证: 函数 $f(\varphi(t))$ 在区间 $[\alpha,\beta]$ 上黎曼可积.

26. 设函数 $f(x)$ 在区间 $[a,b]$ 上有界, 可导函数 $\varphi(t)$ 在区间 $[\alpha,\beta]$ 上严格单调,

$$\varphi(\alpha)=a, \quad \varphi(\beta)=b, \quad 0<m\leqslant|\varphi'(t)|\leqslant M,$$

且导函数 $\varphi'(t)$ 在区间 $[\alpha,\beta]$ 上黎曼可积. 试证: 下述三条相互等价.

(1) 函数 $f(\varphi(t))$ 在区间 $[\alpha,\beta]$ 上黎曼可积;

(2) 函数 $f(x)$ 在区间 $[a,b]$ 上黎曼可积;

(3) 函数 $f(\varphi(t))\varphi'(t)$ 在区间 $[\alpha,\beta]$ 上黎曼可积.

27. 在 xy 平面中, $A(a,a\tan\alpha)$, $B(a,a\tan\beta)$ 两点连接直线段位置上有线密度为 ρ 的均匀细杆 $\left(a>0,\ \dfrac{-\pi}{2}<\alpha<\beta<\dfrac{\pi}{2}\right)$. 试求细杆 AB 对位于原点 $O(0,0)$ 处, 质量为 m 的质点的引力 $\boldsymbol{F}=(F_x,F_y)$ (引力系数为 G).

28. xy 平面中, 逃逸点 B 从原点 $(0,0)$ 出发, 以匀速沿 y 轴正向运动, 追逐点 A 从点 $(1,0)$ 与 B 同时出发, A 的速度大小是 B 的 $\dfrac{1}{k}$ 倍, 方向始终指向 B. 试求 A 的运动轨迹曲线 $y=y(x)$.

29. 函数 $f(x)$ 在区间 $(-\infty,+\infty)$ 内每一点处左右两侧的单侧导数都存在且有限, $f'_+(x)\geqslant 0$, $f'_-(x)\geqslant 0$, 试证: $f(x)$ 在 $(-\infty,+\infty)$ 上单调递增 (须注意, 该题不可用微分中值定理证).

部分综合练习题解答或提示

1. $f(x)=1+\int_1^x f'(t)\mathrm{d}t\leqslant 1+\int_1^x \frac{1}{t^2+1}\mathrm{d}t.$

2. (1) 记非负递增连续函数 $p(x)=\int_a^x |g''(t)|\mathrm{d}t,\ x\in[a,b]$, 有

$$0\leqslant |g'(x)-g'(a)|=\left|\int_a^x g''(t)\mathrm{d}t\right|\leqslant \int_a^x |g''(t)|\mathrm{d}t=p(x)\leqslant p(b),\quad x\in[a,b].$$

从上式易推得 $p(b)>0$, 并注意到, 在 $[a,b]$ 上, $p(x)$ 不恒等于 $p(b)$;

(2) $|g(b)-g(a)-g'(a)(b-a)|=\left|\int_a^b [g'(x)-g'(a)]\mathrm{d}x\right|\leqslant \int_a^b p(x)\mathrm{d}x<\int_a^b p(b)\mathrm{d}x;$

(3) 对函数 $h(x)=g(a+b-x)$ 使用 (2) 的结论, 便可推得 (3) 的结论.

3. 令 x_0 是 $|f(x)|$ 在 $[a,b]$ 上的一个最大值点, 则有 $a<x_0<b$, $f(x_0)\neq 0$, $f'(x_0)=0$, 以及

$$\begin{aligned}\frac{4}{b-a}\cdot|f(x_0)|&\leqslant\left|\frac{f(x_0)-f(a)}{x_0-a}-\frac{f(b)-f(x_0)}{b-x_0}\right|\\&\leqslant\left|\frac{f(x_0)-f(a)}{x_0-a}-f'(x_0)\right|+\left|f'(x_0)-\frac{f(b)-f(x_0)}{b-x_0}\right|,\end{aligned}$$

然后使用第 2 题的结论.

4. 记 C^3 函数 $F(x)=\int_0^x f(t)\mathrm{d}t,\ x\in[0,2]$. 分别写出 $F(1)$ 在 0, 2 两点处的二阶泰勒带余展式, 两展式相减 ……

5. $f^n(0)>f^n(x_n)=\frac{1}{2}\int_0^2 f^n(x)\mathrm{d}x>\frac{1}{2}\int_0^{\frac{1}{n}} f^n(x)\mathrm{d}x>\frac{1}{2n}f^n\left(\frac{1}{n}\right)\implies f(0)>f(x_n)>f\left(\frac{1}{n}\right)\cdot\sqrt[n]{\frac{1}{2n}}$, $n=1,2,\cdots$. 前式中令 $n\to\infty$, 并注意到 f 的反函数 f^{-1} 仍然是连续的 ……

7. $f^{(n)}(0)=0,\ n=1,2,\cdots$. 对任给的 $x\in(-1,1)$, 写出 $f(x)$ 的 n 阶麦克劳林带余展式, 对余项进行估计, 并令 $n\to\infty$.

10. 若 $|f(x)|$ 在 $[-1,1]$ 上的最大值小于或等于 1, 则可设法利用下述式子和题中条件推出矛盾:

$$1=\left|\int_{-1}^{1}xf(x)\mathrm{d}x\right|\leqslant\int_{-1}^{1}|xf(x)|\mathrm{d}x\leqslant\int_{-1}^{1}|x|\mathrm{d}x=1.$$

11. $d_n=\displaystyle\sum_{k=0}^{n-1}\int_{\frac{k}{n}}^{\frac{k+1}{n}}\frac{f(x)-f\left(\frac{k}{n}\right)}{x-\frac{k}{n}}\cdot\left(x-\frac{k}{n}\right)\mathrm{d}x$, 后用推广的积分中值定理 ……

12. 当 $x>0$ 时, 由微分中值定理有 $\dfrac{f(x)-f(0)}{x-0}<f'(x)$ 以及 $0<x-\dfrac{f(x)}{f'(x)}<x$.

13. 方法 1: $\displaystyle\int_{\alpha}^{\beta}\frac{1}{1+\varphi^2(t)}\mathrm{d}t=\int_{\alpha}^{\beta}\frac{1}{\varphi'(t)}\cdot\frac{\varphi'(t)}{1+\varphi^2(t)}\mathrm{d}t\leqslant\frac{1}{m}\cdot\int_{\alpha}^{\beta}\frac{\varphi'(t)}{1+\varphi^2(t)}\mathrm{d}t$;
方法 2: 用定积分的定义 (即它是黎曼和的极限), 此法不需要 $\varphi'(t)$ 可积这个条件.

14. 两式证法相同, 可选其一, 并先证 $f(0)=0$ 情形. 实际上, 当 $f(0)=0$ 时, 有 $I(\alpha)=\displaystyle\int_0^1\frac{\alpha f(x)}{(x+\alpha)^2}\mathrm{d}x=\int_0^{\sqrt[3]{\alpha}}\frac{\alpha f(x)}{(x+\alpha)^2}\mathrm{d}x+\int_{\sqrt[3]{\alpha}}^1\frac{\alpha f(x)}{(x+\alpha)^2}\mathrm{d}x=I_1(\alpha)+I_2(\alpha)$, 分别证 $I_1(\alpha)=o(1),I_2(\alpha)=o(1)\ (\alpha\to0^+)$.

15. 记可导函数 $F(x)=\mathrm{e}^{-3x}f(x),\ x\in[0,2]$, 对积分 $\displaystyle\int_0^2F$ 用中值定理, 并注意到 $f(0)=F(0)\cdots\cdots$

16. 记非负实数 $p=\sup\left\{|f''(x)|:0\leqslant x\leqslant\dfrac{1}{2}\right\}$. 由 $f(x)$ 在 $x=0$ 处的一阶泰勒带余展式可证 $|f(x)|\leqslant\dfrac{p}{8},\ x\in\left[0,\dfrac{1}{2}\right]$; 由 $f'(x)$ 在 $x=0$ 处的零阶泰勒带余展式可证 $|f'(x)|\leqslant\dfrac{p}{2},\ x\in\left[0,\dfrac{1}{2}\right]$; 结合 p 的定义与题中不等式得 $p\leqslant\dfrac{p}{8}+\dfrac{p}{2}=\dfrac{5p}{8}$, 因而 $p=0\cdots\cdots$

一般地, 用类似方法可证: 若 $f(x)$ 在 $(-\infty,+\infty)$ 上 $m\ (m\geqslant1)$ 阶可导,

$f^{(k)}(0)=0,\ k=0,1,2,\cdots,m-1$, 且

$$|f^{(m)}(x)|\leqslant\sum_{k=0}^{m-1}c_k|f^{(k)}(x)|\quad(-\infty<x<+\infty),$$

则 $f(x)$ 在 $(-\infty,+\infty)$ 上恒为零 (c_k 皆为正常数).

17. 从合比与分比的关系推知三个不等式等价, 选证中间那个不等式. 由连续点处的局部保序性, 可选 $c_0\in(b,c)$ 使 $f(c_0)>f(b)$. 现在有

$$\frac{1}{b-a}\int_a^b f\leqslant f(b)\leqslant\frac{1}{c_0-b}\int_b^{c_0}f\leqslant f(c_0)\leqslant\frac{1}{c-c_0}\int_{c_0}^c f,$$

并从 $\dfrac{1}{c-c_0}\displaystyle\int_{c_0}^c f\geqslant f(c_0)>f(b)$ 以及 $\dfrac{1}{c_0-b}\displaystyle\int_b^{c_0}f\geqslant f(b)$, 推知

$$\frac{1}{c-b}\int_b^c f>f(b)\geqslant\frac{1}{b-a}\int_a^b f.$$

19.

$$\frac{af(-a)+af(a)-\displaystyle\int_{-a}^a f(t)\mathrm{d}t}{a^3}=\frac{\left(xf(-x)+xf(x)-\displaystyle\int_{-x}^x f(t)\mathrm{d}t\right)\Big|_{x=0}^{x=a}}{x^3\Big|_{x=0}^{x=a}},$$

上式为两函数改变量的比值, 对它用柯西微分中值定理 ……

20. 记两正数 $A=\displaystyle\int_a^b f^p,\ B=\int_a^b g^q$, 则对所有 $x\in[a,b]$, 由加权均值不等式,

$$\frac{f(x)}{A^{\frac{1}{p}}}\cdot\frac{g(x)}{B^{\frac{1}{q}}}\leqslant\frac{1}{p}\cdot\frac{f^p(x)}{A}+\frac{1}{q}\cdot\frac{g^q(x)}{B},$$

其中等号成立当且仅当 $\dfrac{f^p(x)}{A}=\dfrac{g^q(x)}{B}$. 上述不等式两端在区间 $[a,b]$ 上积分 ……

21. $\displaystyle\int_a^b(f+g)^p=\int_a^b f(f+g)^{p-1}+\int_a^b g(f+g)^{p-1}$. 现令 $q>1,\ \dfrac{1}{p}+\dfrac{1}{q}=1$, 并对前式右边的两个积分用赫尔德不等式 ……

22. 对于区间 $J=[x_0-r,x_0+r]$ 上满足 $|d|<\dfrac{r}{2^n}$ 的两点 s 与 $s+d$, 有 $s\in J,\ s+2^nd\in I$, 以及 $f(s+d)-f(s)\leqslant\dfrac{1}{2}\big(f(s+2d)-f(s)\big)\leqslant\dfrac{1}{2^2}\big(f(s+2^2d)-f(s)\big)\leqslant\cdots\leqslant\dfrac{1}{2^n}\big(f(s+2^nd)-f(s)\big)<\dfrac{1}{2^n}\cdot2M=\dfrac{M}{2^{n-1}}$.

同理, $f(s)-f(s+d)<\dfrac{M}{2^{n-1}}$. 总之, $|f(s+d)-f(s)|<\dfrac{M}{2^{n-1}}$.

用此证明方法, 可证: 全区间 $(-\infty,+\infty)$ 上的有界凸 (凹) 函数必为常值函数.

23. 先对 n 用自然归纳法证明: 当 $\lambda\in\left\{\dfrac{1}{2^n}, \dfrac{2}{2^n}, \dfrac{3}{2^n}, \cdots, \dfrac{2^n-1}{2^n}\right\}$ 时, 题中结论成立, $n=1,2,\cdots$. 然后由 $f(x)$ 的连续性, 推出一般情形, 即实数 $\lambda\in(0,1)$ 的相应结论. 仅相差一个线性变换, 从该题结论实际已得到: (对于连续函数来说) 均权凸性与加权凸性是等价的.

24. 部分提示: $\lim\limits_{x\to0}f(x)=a^\lambda=f(0)$, 故 $f(x)$ 连续. 当 $x\neq0$ 时

$$f'(x)=f(x)(\lambda a^x\cdot\ln a^x-(1-\lambda+\lambda a^x)\ln(1-\lambda+\lambda a^x))\cdot x^{-2}\cdot(1-\lambda+\lambda a^x)^{-1},$$

利用 $t\ln t$ 在 $t>0$ 内是严格凸的, 可证得 $f'(x)>0$, $x\neq0$.

另有, $\lim\limits_{x\to0}f'(x)=\dfrac{1}{2}a^\lambda(\lambda-\lambda^2)\ln^2a=f'(0)>0$.

25. 设法利用闭区间上有界函数黎曼可积的等价刻画 (充分必要条件). 实际上, 函数 $x=\varphi(t)$ 及其反函数 $t=\psi(x)$ 将区间 $[\alpha,\beta]$ 的分割与区间 $[a,b]$ 的分割对应起来. 若用 ω_i 表示函数在第 i 个小区间上的振幅, $\varDelta_i$ 表示第 i 个小区间的长度, 具体地 (下面不妨仅针对 φ 严格单调递增来叙述)

$$\Delta x_i=x_i-x_{i-1}=\varphi(t_i)-\varphi(t_{i-1}),\quad \Delta t_i=|t_i-t_{i-1}|=|\psi(x_i)-\psi(x_{i-1})|,$$

则有

$$\sum\omega_i\Delta x_i=\sum\omega_i\frac{\Delta x_i}{\Delta t_i}\cdot\Delta t_i\geqslant m\sum\omega_i\Delta t_i\quad 或\quad \sum\omega_i\Delta t_i\leqslant\frac{1}{m}\sum\omega_i\Delta x_i\,,\cdots.$$

26. 充分利用第 25 题的结论, 并注意到两个事实:

(1) $x=\varphi(t)$ 的反函数 $t=\psi(x)$ 的导数满足

$$0<\frac{1}{M}\leqslant|\psi'(x)|=\frac{1}{|\varphi'(\psi(x))|}\leqslant\frac{1}{m};$$

(2) 可证得 $\dfrac{1}{\varphi'(t)}$ 在 $[\alpha,\beta]$ 上黎曼可积, 因而从第 25 题的结论知, $\psi'(x)=\dfrac{1}{\varphi'(\psi(x))}$ 在 $[a,b]$ 上黎曼可积.

用前述两事实证明 (1)(2)(3) 三条等价.

使用定积分的定义 (黎曼和的极限), 读者还可证明: 当可积时, (2) 与 (3) 中相应的两积分是相等的. 实际上, 若使用第 25 题的方法和记号, 则从微分中值定理,$\exists \eta_i \in (t_{i-1}, t_i)$,使

$$\Delta x_i = x_i - x_{i-1} = \varphi(t_i) - \varphi(t_{i-1}) = \varphi'(\eta_i)(t_i - t_{i-1}) = \varphi'(\eta_i)\Delta t_i.$$

现在考虑分割宽度趋于零时, 黎曼和 $\sum f(\varphi(\eta_i)) \cdot \varphi'(\eta_i)\Delta t_i = \sum f(\xi_i) \cdot \Delta x_i$ 的极限, 其中 $\xi_i = \varphi(\eta_i) \in (x_{i-1}, x_i)$.

27. 按微元分析法, 分别写出细杆 AB 上的两个定积分, 并算得

$$F_x = \int_{a\tan\alpha}^{a\tan\beta} \frac{Gm\rho a}{(a^2+y^2)^{\frac{3}{2}}}\mathrm{d}y = \frac{Gm\rho}{a}(\sin\beta - \sin\alpha) = \frac{2Gm\rho}{a}\sin\frac{\beta-\alpha}{2}\cos\frac{\beta+\alpha}{2},$$

$$F_y = \int_{a\tan\alpha}^{a\tan\beta} \frac{Gm\rho y}{(a^2+y^2)^{\frac{3}{2}}}\mathrm{d}y = \frac{Gm\rho}{a}(\cos\alpha - \cos\beta) = \frac{2Gm\rho}{a}\sin\frac{\beta-\alpha}{2}\sin\frac{\beta+\alpha}{2}.$$

故引力大小 $|\boldsymbol{F}| = \dfrac{2Gm\rho}{a}\sin\dfrac{\beta-\alpha}{2}$, 引力方向指向张角 $\angle AOB$ 的角平分线 (计算结果说明, 一般来说, 不可用质心质点化方法来计算两物体之间的引力, 甚至两物体之间的引力方向可能不平行于它们的质心连线方向).

28. 从 A, B 两点的速度大小关系, 得运动路径长度关系式: $k\displaystyle\int_x^1 \sqrt{1+y'^2(t)}\mathrm{d}t = y - xy'$, 进而原题化为微分方程定解问题 $\begin{cases} xy'' - k\sqrt{1+y'^2} = 0 \\ y(1) = 0,\ y'(1) = 0 \end{cases}$ $(x > 0$, 常数 $k > 0)$, 可算得 $y(x) = \displaystyle\int_1^x \frac{t^k - t^{-k}}{2}\mathrm{d}t,\ x > 0$ (可按 $k = 1$ 或 $k \neq 1$ 两情形, 分别具体写出函数 $y(x)$).

29. 部分提示: 对于 $s < t$, 记 $K_{s,t} = \dfrac{f(t) - f(s)}{t - s}$. 若正向闭区间 $[a, b]$ 满足 $K_{a,b} \leqslant c < 0$, 则必有 $K_{a_1,b_1} \leqslant c < 0$, 这里 $[a_1, b_1]$ 是 $[a, b]$ 的二等分闭子区间之一, 即 $\left[a, \dfrac{a+b}{2}\right]$ 或 $\left[\dfrac{a+b}{2}, b\right]$ 两区间中至少有一个满足对应斜率小于或等于 c. 反复进行前述过程, 则有 $K_{a_{n+1},b_{n+1}} \leqslant c < 0$, 这样 $[a, b] \supset [a_1, b_1] \supset \cdots \supset [a_n, b_n] \supset \cdots$, 用 x_0 表示所有区间的唯一交点, 则可推出 $f'_-(x_0) \leqslant c < 0$ 或 $f'_+(x_0) \leqslant c < 0$, 这与已知条件矛盾. 故对 $\forall a < b$, 总有 $f(b) \geqslant f(a) (\Longleftrightarrow K_{a,b} \geqslant 0)$.